Il Manuale Pratico delle Piante Carnivore

Coltivazione, Cura e Tecniche Avanzate
(Nuova Versione)

Indice

I. Introduzione alle Piante Carnivore 11

1. Origine e Evoluzione delle Piante Carnivore 11
2. Meccanismi di Cattura: Come Funzionano le Trappole 13
3. Diversità delle Piante Carnivore: Una Panoramica 16
4. Ruolo Ecologico delle Piante Carnivore 20
5. Adattamenti Unici alle Condizioni Ambientali 23
6. Interazioni con la Fauna: Predatori e Prede 27
7. Fisiologia delle Piante Carnivore: Nutrizione e Digestione 30
8. Distribuzione Geografica delle Principali Specie 34
9. Differenze tra Piante Carnivore e Non Carnivore 38
10. Importanza delle Piante Carnivore nella Ricerca Scientifica 43

II. Le Piante Carnivore più Diffuse 49

1. Venere Acchiappamosche (Dionaea muscipula): Trappole a Scatto e Cura. 49
2. Piante Trombetta (Sarracenia): Trappole a Caduta e Ambienti Ideali 54
3. Piante Brocca (Nepenthes): Trappole a Brocca e Condizioni di Crescita..... 59
4. Drosera: Trappole Appiccicose e Tecniche di Manutenzione 64
5. Utricularia: Trappole a Vescica e Coltivazione in Ambienti Acquatici........ 70
6. Byblis: Trappole Appiccicose e Adattamenti Ambientali 75
7. Cephalotus: Trappole a Brocca e Strategie di Coltivazione 79
8. Drosophyllum: Trappole Adesive e Considerazioni per il Terreno 85
9. Pinguicula: Trappole Adesive e Gestione dell'Umidità 91
10. Heliamphora: Trappole a Brocca e Esigenze Climatiche Specifiche........ 97

III. Habitat Naturali e Necessità Ambientali 103

1. Torbiere e Paludi: Gli Habitat Tipici delle Piante Carnivore 103
2. Clima e Temperature: Adattamenti delle Piante Carnivore ai Climi Estremi 107
3. Umidità Ambientale: Fondamentale per la Crescita delle Piante Carnivore 110
4. Luce e Ombra: Come la Luce Influenza le Piante Carnivore 114
5. Composizione del Suolo: Substrati Ideali per le Piante Carnivore 118
6. Acqua: Tipologie e Tecniche di Irrigazione per le Piante Carnivore 122
7. Flora e Fauna Associata: Le Interazioni con l'Habitat Naturale 127

8. Stagionalità e Cicli di Crescita: Adattamenti alle Variazioni Climatiche...131

9. Protezione dalle Condizioni Ambientali Estreme: Strategie di Sopravvivenza 134

10. Riproduzione e Colonizzazione: Come le Piante Carnivore Si Adattano agli Ambienti Naturali... 138

IV. Tecniche di Coltivazione per Principianti.............................143

1. Preparazione del Substrato: Scegliere e Miscelare il Terreno Ideale per Piante Carnivore.. 143
2. Sistemi di Irrigazione: Metodi Efficaci per Mantenere l'Umidità............ 146
3. Controllo della Luce: Come Fornire l'Illuminazione Adeguata................ 150
4. Gestione della Temperatura: Creare le Condizioni Ottimali di Calore...... 155
5. Monitoraggio dell'Umidità: Tecniche per Mantenere il Livello di Umidità Ideale.. 160
6. Piantagione e Trapianto: Come Piantare e Spostare le Piante Senza Stress 165
7. Fertilizzazione: Nutrienti e Frequenze per Favorire la Crescita................ 169
8. Pulizia e Manutenzione: Mantenere le Piante e il Loro Ambiente Sano.... 174
9. Prevenzione e Controllo dei Parassiti: Tecniche per Evitare Problemi Comuni... 178
10. Tecniche di Riproduzione: Metodi per Propagare le Piante Carnivore in Casa.. 183

V. Substrati e Terricci Specializzati..189

1. Composizione Ideale per Substrati delle Piante Carnivore....................... 189
2. Torba di Sphagnum: Proprietà e Benefici per le Piante Carnivore........... 192
3. Sabbia e Perlite: Ruolo nel Drenaggio e nella Aerazione del Substrato.....196
4. Miscele di Substrato per Piante Carnivore: Esempi e Proporzioni............ 200
5. Substrati per Piante Carnivore Tropicali vs. Temperate............................ 204
6. Preparazione del Terreno: Come Sterilizzare e Preparare il Substrato....... 208
7. Uso di Substrati Preconfezionati vs. Substrati Fatti in Casa..................... 212
8. Composti Organici e Minerali: Quando e Perché Aggiungerli al Terreno. 217
9. Gestione del pH del Substrato: Mantenere le Condizioni Ideali................ 222
10. Problemi Comuni dei Substrati e Come Risolverli.................................. 226

VI. Annaffiatura e Umidità Controllata......................................233

1. Tecniche di Annaffiatura per Piante Carnivore: Metodi e Tempistiche.....233
2. Importanza dell'Acqua Distillata: Perché Evitare l'Acqua del Rubinetto. .236

3. Sistemi di Irrigazione Automatizzati: Soluzioni per un'Annaffiatura Costante..................239

4. Monitoraggio dell'Umidità: Strumenti e Metodi per un Controllo Efficace 243

5. Come Evitare il Ristagno d'Acqua: Prevenire Problemi di Drenaggio......247

6. Regolazione della Frequenza di Annaffiatura in Base alla Stagione..........251

7. Rilevamento di Stress Idrico: Segnali da Osservare nelle Piante Carnivore 256

8. Tecniche di Nebulizzazione: Benefici e Modalità di Applicazione..........260

9. Utilizzo di Vasi e Contenitori con Drenaggio: Migliorare l'Assorbimento dell'Acqua..................265

10. Effetti dell'Umidità Ambientale sulla Crescita delle Piante Carnivore: Controllo e Ottimizzazione..................270

VII. Nutrizione e Fertilizzazione Appropriata..................277

1. Principi di Base della Nutrizione per Piante Carnivore..................277

2. Tipi di Nutrienti Essenziali: Macro e Micronutrienti..................280

3. Fertilizzanti Specifici per Piante Carnivore: Quali Scegliere?..................283

4. Frequenza di Fertilizzazione: Quando e Quanto Somministrare?..........287

5. Effetti dell'Eccesso di Nutrienti: Come Riconoscerli e Prevenirli..........292

6. Metodi di Applicazione dei Fertilizzanti: Liquidità, Granuli e Altro........296

7. Nutrizione per Diverse Tipologie di Piante Carnivore: Differenze e Esigenze 303

8. Integrazione di Nutrienti Naturali: Uso di Compost e Altri Additivi........309

9. Fertilizzazione durante il Ciclo di Crescita: Adattare le Strategie..........313

10. Problemi Comuni nella Nutrizione delle Piante Carnivore e Come Risolverli..................319

VIII. Propagazione e Riproduzione..................325

1. Tecniche di Propagazione per Piante Carnivore: Metodi e Vantaggi........325

2. Divisione dei Ciuffi: Come Separare e Trapiantare le Piante Carnivore....328

3. Riproduzione per Talea: Passaggi e Considerazioni per il Successo........332

4. Propagazione per Semina: Tecniche e Tempistiche per un'Impostazione Ottimale..................336

5. Uso di Clonazione e Micropropagazione: Metodi Avanzati per Piante Carnivore..................338

6. Cura e Gestione delle Piantine: Dalla Germinazione alla Crescita Iniziale 343

7. Problemi Comuni nella Propagazione: Come Risolverli Efficacemente....349

8. Riproduzione delle Piante Carnivore per Meristema: Procedura e Vantaggi 355

9. Preparazione e Conservazione dei Semi: Tecniche per Massimizzare la Germinazione..360

10. Trapianto e Acclimatazione delle Nuove Piantine: Strategie per il Successo a Lungo Termine..365

IX. Gestione di Parassiti e Malattie..371

1. Identificazione dei Parassiti Comuni nelle Piante Carnivore...................371
2. Tecniche di Controllo dei Afidi e dei Tripidi..373
3. Metodi per Gestire le Cocciniglie e gli Acari Raspatori...........................377
4. Trattamenti e Prevenzione delle Malattie Fungine nelle Piante Carnivore.382
5. Strategie per Combattere le Infezioni Batteriche e Virali........................386
6. Utilizzo di Insetticidi Naturali e Chimici per Piante Carnivore................391
7. Gestione dell'Infestazione da Nematodi nel Terreno...............................397
8. Prevenzione e Trattamento delle Malattie Legate all'Eccesso di Umidità. 401
9. Tecniche di Monitoraggio e Ispezione Regolare delle Piante..................406
10. Metodi di Disinfezione e Pulizia degli Strumenti di Giardinaggio..........411

X. Coltivazione Avanzata e Specie Rare..415

1. Coltivazione di Drosera Capensis: Tecniche Avanzate per una Crescita Ottimale... 415
2. Cura e Coltivazione della Nepenthes Rafflesiana: Strategie per un'Assistenza Specializzata..418
3. Coltivare Utricularia: Condizioni Ideali per Specie Acquatiche e Terrestri 421
4. Sphagnum e Il Suo Ruolo nella Coltivazione di Piante Carnivore Rare.....424
5. Gestione delle Temperature per la Collezione di Piante Carnivore Tropicali 427
6. Tecniche di Riproduzione e Propagazione per Specie Carnivore Rare......431
7. Sfide e Soluzioni nella Coltivazione di Piante Carnivore Endemiche........434
8. Creazione e Manutenzione di Habitat per Specie di Piante Carnivore Rare 438
9. Controllo delle Malattie e dei Parassiti nelle Specie Carnivore Non Comuni 443
10. Utilizzo di Terrari e Ambienti Controllati per la Coltivazione di Specie Rare..448

Alla fine di questo libro troverai un regalo esclusivo!

Il Manuale Pratico delle Piante Carnivore

Coltivazione, Cura e Tecniche Avanzate
(Nuova Versione)

I. Introduzione alle Piante Carnivore

1. Origine e Evoluzione delle Piante Carnivore

Le piante carnivore sono tra le meraviglie più affascinanti della botanica. La loro origine risale a milioni di anni fa, quando le condizioni ambientali e la competizione per i nutrienti hanno portato all'evoluzione di strategie uniche per la sopravvivenza. Le piante carnivore si sono evolute principalmente in ambienti dove il suolo è povero di nutrienti essenziali come l'azoto e il fosforo. Per compensare questa carenza, hanno sviluppato meccanismi di cattura che permettono loro di ottenere nutrienti supplementari dagli insetti e altri piccoli animali.

Meccanismi di Cattura

Le trappole delle piante carnivore possono essere classificate in vari tipi, ciascuno con un meccanismo di cattura unico. Ad esempio, la Dionaea muscipula, comunemente conosciuta come Venere acchiappamosche, utilizza trappole a scatto rapide per intrappolare le sue prede. Quando un insetto tocca i peli sensoriali presenti sulle foglie, la trappola si chiude in meno di un secondo. Un esempio pratico per chi coltiva questa pianta è assicurarsi di mantenere un'umidità elevata e un substrato ben drenato ma povero di nutrienti, come una miscela di torba e perlite.

Esempio Pratico: Sarracenia

Un'altra affascinante pianta carnivora è la Sarracenia, o pianta trombetta, che utilizza trappole a caduta. Le sue foglie formano lunghe brocche piene di un liquido digestivo in cui gli insetti cadono e vengono lentamente digeriti. Per coltivare con successo la Sarracenia, è essenziale posizionarla in pieno sole e utilizzare acqua piovana o distillata per evitare l'accumulo di sali minerali che potrebbero danneggiare la pianta.

Adattamenti e Evoluzione

Le piante carnivore hanno evoluto varie strategie adattative. Ad esempio, le trappole adesive delle Drosera, o piante sundew, catturano le prede con gocce appiccicose che ricoprono i peli delle loro foglie. Queste gocce sembrano rugiada, ma in realtà contengono enzimi digestivi. Per i coltivatori, è importante fornire a queste piante un ambiente umido e luminoso, evitando l'acqua del rubinetto che può essere dannosa a causa del contenuto di minerali.

Interazioni Ecologiche

Nel loro habitat naturale, le piante carnivore svolgono un ruolo cruciale. Ad esempio, le Nepenthes, o piante brocca tropicali, ospitano intere comunità di organismi nei loro ascidi. Questi ecosistemi in miniatura comprendono batteri, larve di insetti e persino piccole rane. Coltivare Nepenthes richiede una serra o un terrario con temperature e umidità costantemente elevate, oltre a una luce diffusa ma intensa.

Fisiologia e Nutrizione

La capacità delle piante carnivore di digerire insetti è dovuta a enzimi specializzati che scompongono le proteine in aminoacidi. Questi nutrienti vengono poi assorbiti attraverso le superfici fogliari. Fornire un'alimentazione supplementare a piante coltivate indoor può includere l'alimentazione manuale con piccoli insetti come moscerini della frutta o grilli, evitando però di sovralimentare, che può danneggiare la pianta.

Conclusione

L'origine e l'evoluzione delle piante carnivore sono testimoni di una straordinaria adattabilità e ingegnosità della natura. Comprendere questi meccanismi non solo arricchisce la nostra conoscenza botanica, ma offre anche spunti pratici per la coltivazione e la cura di queste affascinanti piante. Con le giuste tecniche e conoscenze, anche un principiante può trasformarsi in un esperto coltivatore, godendo della bellezza e unicità delle piante carnivore.

2. Meccanismi di Cattura: Come Funzionano le Trappole

Le piante carnivore sono dotate di trappole ingegnose che hanno evoluto per catturare e digerire le loro prede. Questi meccanismi possono essere suddivisi in diversi tipi, ciascuno con un funzionamento unico e affascinante. Esplorare questi meccanismi non solo arricchisce la nostra comprensione della biologia di queste piante, ma fornisce anche indicazioni pratiche per la loro coltivazione e cura.

Trappole a Scatto

Uno dei meccanismi di cattura più noti è quello della trappola a scatto, utilizzato dalla Dionaea muscipula, comunemente conosciuta come Venere acchiappamosche. Queste trappole sono composte da due lobi articolati che si chiudono rapidamente quando i peli sensoriali all'interno della trappola vengono stimolati. Questo movimento fulmineo è reso possibile da un complesso processo biofisico che include cambiamenti nella turgidità cellulare e segnali elettrici. Per coltivare con successo la Venere acchiappamosche, è fondamentale mantenere un ambiente umido e fornire luce solare intensa. Utilizzare acqua distillata o piovana è essenziale per evitare l'accumulo di minerali nel substrato. Un esempio pratico per stimolare la trappola senza danneggiarla è usare un piccolo pezzo di carta per toccare delicatamente i peli sensoriali, evitando di sovrastimolare la pianta.

Trappole Adesive

Le Drosera, o piante sundew, impiegano trappole adesive per catturare le loro prede. Le foglie di queste piante sono coperte di tentacoli ricoperti di una sostanza vischiosa che intrappola gli insetti. I tentacoli si avvolgono lentamente intorno alla preda, immobilizzandola e iniziando la digestione con enzimi presenti nel muco. Per coltivare con successo le Drosera, è importante mantenere un substrato costantemente umido e posizionare la pianta in una zona con luce indiretta ma intensa. Un esempio pratico per nutrire le Drosera in coltivazione è fornire piccoli insetti come moscerini della frutta, assicurandosi che la pianta non sia sovralimentata.

Trappole a Caduta

La Sarracenia, o pianta trombetta, utilizza trappole a caduta. Le foglie di questa pianta formano lunghi tubi riempiti di un liquido digestivo. Gli insetti sono attratti dal nettare prodotto dai bordi del tubo e, una volta entrati, scivolano lungo le pareti cerose e cadono nel liquido, dove vengono digeriti. Coltivare Sarracenia richiede un substrato acido composto da torba e sabbia, e l'uso di acqua distillata o piovana. Un ambiente con molta luce solare diretta è essenziale per la crescita sana della pianta. Per garantire la salute della pianta, è utile pulire periodicamente l'interno delle trappole per rimuovere eventuali detriti.

Trappole a Risucchio

Le Utricularia, o piante bladderwort, utilizzano trappole a risucchio che sono tra le più sofisticate del regno vegetale. Queste trappole consistono in piccole vesciche sott'acqua o nel terreno umido che creano una pressione negativa. Quando un piccolo organismo tocca i peli sensoriali all'ingresso della vescica, l'apertura si spalanca e l'organismo viene risucchiato all'interno, dove viene digerito. La coltivazione delle Utricularia richiede un ambiente acquatico o semi-acquatico con acqua pulita e non clorata. Un esempio pratico è creare un acquaterrario con substrato di torba e acqua distillata, assicurandosi che le vesciche siano sempre immerse.

Trappole a Carrucole

Le Genlisea, o piante trappola a carrucola, possiedono trappole uniche che funzionano come un meccanismo a carrucola. Le foglie modificate formano canali elicoidali che guidano i piccoli organismi verso l'interno della trappola, impedendo loro di uscire. Coltivare le Genlisea richiede un substrato molto umido e un ambiente con elevata umidità. Posizionarle in una zona con luce indiretta intensa e utilizzare acqua distillata è cruciale per il loro successo.

Conclusione

Comprendere i meccanismi di cattura delle piante carnivore è fondamentale per la loro coltivazione efficace. Ogni tipo di trappola richiede condizioni specifiche che devono essere rispettate per garantire la salute e la crescita ottimale delle piante. Con queste conoscenze e tecniche pratiche, anche i principianti possono diventare esperti nella coltivazione di queste affascinanti piante, assicurandosi che ogni specie riceva le cure necessarie per prosperare.

3. Diversità delle Piante Carnivore: Una Panoramica

Le piante carnivore rappresentano una sorprendente varietà di forme, dimensioni e meccanismi di cattura, che le rendono un gruppo affascinante e diversificato all'interno del regno vegetale. Queste piante si trovano in diverse regioni del mondo, adattate a una vasta gamma di habitat, dalle paludi acide ai climi tropicali umidi. Comprendere la diversità delle piante carnivore non solo ci aiuta a apprezzare la loro bellezza unica, ma ci fornisce anche informazioni preziose per la loro coltivazione e cura.

Dionaea muscipula (Venere acchiappamosche)

La Venere acchiappamosche è probabilmente la pianta carnivora più iconica e conosciuta. Originaria delle zone paludose della Carolina del Nord e del Sud, questa pianta è famosa per le sue trappole a scatto. Le foglie della Dionaea si aprono come una bocca e si chiudono rapidamente quando i peli sensoriali sono stimolati. Per coltivare con successo la Venere acchiappamosche, è essenziale utilizzare un substrato ben drenato composto da torba e perlite, mantenere l'umidità alta e fornire luce solare intensa. È importante utilizzare acqua distillata o piovana per evitare l'accumulo di minerali dannosi.

Drosera (Sundew)

Le Drosera, o piante sundew, sono un genere molto diversificato con oltre 200 specie. Queste piante sono note per le loro foglie ricoperte di tentacoli con gocce appiccicose che catturano gli insetti. Le Drosera possono essere trovate in vari habitat, da climi temperati a tropicali. Per coltivare le Drosera, è fondamentale mantenere un substrato umido e fornire luce intensa. Un esempio pratico è coltivare Drosera capensis, una delle specie più facili e resistenti, che può essere coltivata in un substrato di torba e sabbia e posizionata in una zona con luce indiretta intensa.

Sarracenia (Pianta trombetta)

Le piante trombetta sono originarie del Nord America e sono note per le loro trappole a caduta. Le foglie di Sarracenia formano lunghi tubi riempiti di liquido digestivo che attirano e catturano gli insetti. Queste piante prosperano in ambienti soleggiati con un substrato acido composto da torba e sabbia. Coltivare Sarracenia richiede molta luce solare diretta e l'uso di acqua distillata o piovana. Un esempio pratico è Sarracenia purpurea, che può essere coltivata all'aperto in climi temperati e necessita di un'adeguata esposizione solare e annaffiature regolari.

Nepenthes (Pianta brocca tropicale)

Le Nepenthes, o piante brocca tropicali, sono native delle regioni tropicali del Sud-est asiatico. Queste piante producono grandi trappole a forma di brocca che pendono dalle foglie e contengono un liquido che digerisce le prede. Le Nepenthes richiedono condizioni di coltivazione specifiche, tra cui elevata umidità, temperature calde e luce diffusa ma intensa. Un esempio pratico è Nepenthes ventricosa, che può essere coltivata in un terrario con un substrato di muschio di sfagno e perlite, mantenendo una temperatura costante e alta umidità.

Utricularia (Bladderwort)

Le Utricularia, o bladderwort, sono un genere che comprende oltre 200 specie, molte delle quali sono acquatiche. Queste piante utilizzano trappole a risucchio per catturare piccoli organismi acquatici. Le Utricularia crescono in acqua dolce e richiedono un ambiente pulito e ben ossigenato. Per coltivare le Utricularia, è possibile utilizzare un acquario con acqua distillata e un substrato di torba. Un esempio pratico è Utricularia gibba, una specie acquatica che può essere facilmente coltivata in un acquario con piante acquatiche e pesci piccoli.

Pinguicula (Butterwort)

Le Pinguicula, o butterwort, sono note per le loro foglie carnose e appiccicose che catturano piccoli insetti. Queste piante sono diffuse in Europa, Nord America e Sud America e crescono in ambienti umidi e ombrosi. Le Pinguicula richiedono un substrato ben drenato e umido, composto da torba e sabbia. Un esempio pratico è Pinguicula moranensis, una specie facile da coltivare che prospera in una zona con luce indiretta intensa e annaffiature regolari con acqua distillata.

Genlisea (Pianta trappola a carrucola)

Le Genlisea, o piante trappola a carrucola, sono un genere meno conosciuto ma affascinante. Queste piante utilizzano trappole sotterranee per catturare piccoli organismi. Le Genlisea richiedono un substrato molto umido e un ambiente con elevata umidità. Per coltivare Genlisea, è possibile utilizzare un terrario con un substrato di torba e sabbia, mantenendo l'umidità elevata e fornendo luce indiretta intensa.

Byblis (Pianta arcobaleno)

Le Byblis, o piante arcobaleno, sono originarie dell'Australia e sono note per le loro foglie ricoperte di ghiandole appiccicose. Queste piante crescono in ambienti soleggiati e richiedono un substrato ben drenato. Per coltivare Byblis, è fondamentale utilizzare un substrato di torba e sabbia e fornire molta luce solare diretta. Un esempio pratico è Byblis liniflora, che può essere coltivata all'aperto in climi caldi e necessita di un'adeguata esposizione solare e annaffiature regolari.

Cephalotus follicularis (Pianta brocca australiana)

Il Cephalotus follicularis, o pianta brocca australiana, è una specie unica e affascinante originaria dell'Australia sud-occidentale. Questa pianta produce piccole trappole a forma di brocca che catturano e digeriscono gli insetti. Il Cephalotus richiede un substrato ben drenato composto da torba e sabbia, e condizioni di coltivazione con alta umidità e luce diffusa. Un esempio pratico è coltivare il Cephalotus in un terrario con un substrato ben drenato e mantenere una temperatura costante e alta umidità.

Conclusione

La diversità delle piante carnivore è straordinaria, con ogni genere che presenta adattamenti unici per la cattura delle prede. Comprendere queste diversità non solo ci aiuta a godere della bellezza e dell'unicità di queste piante, ma fornisce anche le conoscenze necessarie per coltivarle con successo. Con le giuste tecniche e condizioni di coltivazione, anche i principianti possono diventare esperti nella cura delle piante carnivore, garantendo che ogni specie prosperi.

4. Ruolo Ecologico delle Piante Carnivore

Le piante carnivore non sono solo affascinanti curiosità botaniche, ma svolgono ruoli ecologici cruciali nei loro habitat naturali. La loro presenza e le loro interazioni con l'ambiente circostante influenzano significativamente la biodiversità e l'equilibrio degli ecosistemi in cui vivono. Esplorare il ruolo ecologico delle piante carnivore ci permette di comprendere meglio perché queste piante sono fondamentali e come possiamo replicare le loro condizioni ambientali per una coltivazione di successo.

Regolazione delle Popolazioni di Insetti

Uno dei ruoli principali delle piante carnivore è il controllo delle popolazioni di insetti. In molti habitat, queste piante fungono da predatori naturali, contribuendo a mantenere l'equilibrio ecologico. Ad esempio, la **Dionaea muscipula** (Venere acchiappamosche) e la **Drosera** (sundew) catturano insetti che altrimenti potrebbero proliferare e causare danni alle altre piante e agli animali dell'ecosistema. In ambienti umidi come le torbiere, dove le piante carnivore sono comuni, il loro ruolo predatorio aiuta a prevenire l'eccessiva proliferazione di insetti, creando un ambiente più stabile e sano.

Creazione di Microhabitat

Le piante carnivore, specialmente le **Nepenthes** (piante brocca tropicali), sono note per creare microhabitat unici all'interno delle loro trappole. Le brocche di Nepenthes ospitano una varietà di piccoli organismi, come batteri, larve di insetti e piccoli artropodi, che vivono e interagiscono all'interno del liquido digestivo. Questi microhabitat possono influenzare la composizione della flora e fauna microscopica dell'ecosistema, contribuendo alla diversità biologica. Coltivare Nepenthes in terrari o serre con condizioni simili a quelle naturali, come un'elevata umidità e temperature calde, consente di replicare questi microhabitat e osservare queste interazioni.

Impatto sul Suolo e sui Nutrienti

Le piante carnivore hanno un impatto significativo sul suolo e sulla disponibilità di nutrienti. Le **Sarracenia** (piante trombetta) e le **Utricularia** (bladderwort) vivono in ambienti poveri di nutrienti, come le torbiere e le zone paludose. Queste piante compensano la carenza di nutrienti nel suolo catturando e digerendo insetti, che forniscono nutrienti essenziali come azoto e fosforo. Questo processo non solo aiuta le piante carnivore a sopravvivere in ambienti difficili, ma contribuisce anche al ciclo dei nutrienti, influenzando la qualità del suolo e la disponibilità di risorse per altre piante e organismi.

Ruolo nelle Reti Trofiche

Le piante carnivore sono parte integrante delle reti trofiche dei loro habitat. Esse si trovano ai livelli inferiori della catena alimentare, catturando piccoli insetti e invertebrati che altrimenti potrebbero essere preda di animali più grandi. Le prede catturate dalle piante carnivore forniscono nutrienti a questi vegetali e, in alcuni casi, servono come fonte di cibo per predatori di insetti. La presenza di piante carnivore può quindi influenzare la struttura e la dinamica delle reti trofiche, contribuendo alla complessità ecologica degli ambienti in cui vivono.

Contribuzione alla Biodiversità

Le piante carnivore giocano un ruolo fondamentale nella promozione della biodiversità. I loro habitat specifici, come torbiere e paludi, ospitano una varietà di specie vegetali e animali che dipendono da queste piante e dalle loro trappole. Per esempio, alcune specie di **Drosera** crescono in ambienti di torbiere dove la loro presenza contribuisce a mantenere l'umidità e a sostenere altre piante e organismi. La protezione e la conservazione di questi habitat sono cruciali per preservare la biodiversità e mantenere l'equilibrio ecologico.

Tecniche di Coltivazione e Conservazione

Per coltivare piante carnivore con successo e replicare il loro ruolo ecologico, è fondamentale creare ambienti che imitano le loro condizioni naturali. Utilizzare substrati acidi e ben drenati per le **Sarracenia** e mantenere alte umidità e temperature per le **Nepenthes** sono pratiche essenziali. Inoltre, evitare l'uso di fertilizzanti minerali e acqua del rubinetto, che possono essere dannosi, è cruciale per mantenere la salute delle piante e la loro capacità di svolgere il ruolo ecologico previsto. L'uso di acqua distillata o piovana e la creazione di microhabitat adatti contribuiscono alla prosperità delle piante carnivore in coltivazione.

Conclusione

Il ruolo ecologico delle piante carnivore è complesso e multifacetico, influenzando vari aspetti degli ecosistemi in cui vivono. Dalla regolazione delle popolazioni di insetti alla creazione di microhabitat e all'impatto sul suolo, queste piante sono fondamentali per mantenere l'equilibrio ecologico. Comprendere il loro ruolo ci permette non solo di apprezzare la loro bellezza, ma anche di adottare tecniche di coltivazione che replicano le condizioni naturali, contribuendo alla loro conservazione e al mantenimento della biodiversità.

5. Adattamenti Unici alle Condizioni Ambientali

Le piante carnivore sono il risultato di una straordinaria evoluzione che ha permesso loro di adattarsi a condizioni ambientali spesso estreme e nutrienti limitati. Questi adattamenti non solo le rendono affascinanti dal punto di vista botanico, ma sono fondamentali per la loro sopravvivenza e prosperità negli habitat in cui vivono. Esplorare questi adattamenti ci aiuta a comprendere meglio le esigenze specifiche di ciascuna specie e come replicarle per garantire una coltivazione di successo.

Adattamenti ai Suoli Poveri di Nutrienti

Molte piante carnivore prosperano in suoli estremamente poveri di nutrienti, come torbiere e paludi, dove la competizione per le risorse è alta. Le **Sarracenia** (piante trombetta), per esempio, vivono in torbiere acide, dove il suolo è caratterizzato da un'elevata acidità e una bassa disponibilità di nutrienti. Per adattarsi a queste condizioni, le Sarracenia hanno sviluppato trappole a caduta che catturano e digeriscono insetti per ottenere nutrienti aggiuntivi. La coltivazione di Sarracenia richiede l'uso di un substrato acido, come una miscela di torba e sabbia, e l'evitare fertilizzanti chimici. Per garantire la salute delle piante, è fondamentale mantenere un'adeguata esposizione solare e utilizzare solo acqua distillata o piovana.

Adattamenti all'Alte Umidità e alla Luce Solare Intensa

Le **Nepenthes** (piante brocca tropicali) sono adatte a vivere in ambienti tropicali con alta umidità e luce solare intensa. Le loro trappole, a forma di brocca, sono progettate per raccogliere l'umidità e attrarre insetti attraverso il nettare secreto. Le Nepenthes richiedono un ambiente con elevata umidità, temperature calde e una luce diffusa ma intensa. Coltivare Nepenthes in un terrario o una serra con condizioni controllate aiuta a replicare il loro habitat naturale. È importante mantenere l'umidità alta, evitare l'acqua del rubinetto e fornire una luce adeguata. Per le specie di Nepenthes, come Nepenthes ventricosa, è utile utilizzare un substrato di muschio di sfagno e perlite, che consente un buon drenaggio e mantiene l'umidità.

Adattamenti ai Climi Temperati e alle Condizioni di Freddo

Le **Dionaea muscipula** (Venere acchiappamosche) e le **Drosera** (sundew) sono adattate a climi temperati, dove affrontano variazioni stagionali significative. La Venere acchiappamosche, ad esempio, entra in uno stato di dormienza durante l'inverno per sopravvivere alle basse temperature. In coltivazione, è importante simulare questo ciclo dormiente riducendo la temperatura e diminuendo le annaffiature. Un substrato di torba e perlite deve essere mantenuto leggermente umido ma non saturo. Analogamente, molte specie di Drosera richiedono un periodo di riposo freddo per favorire la fioritura e una crescita sana. Assicurarsi che le piante abbiano una fase di dormienza fredda e una luce adeguata durante il periodo di crescita attivo è cruciale.

Adattamenti alle Condizioni Acquatiche

Le **Utricularia** (bladderwort) sono adattate a vivere in ambienti acquatici e semi-acquatici. Queste piante hanno sviluppato trappole a risucchio, che sono piccole vesciche sotto l'acqua o nel terreno umido, capaci di catturare piccoli organismi acquatici. Per coltivare Utricularia, è necessario creare un ambiente acquatico o semi-acquatico utilizzando un substrato di torba e sabbia in un acquario con acqua distillata. Le Utricularia, come Utricularia gibba, richiedono acqua pulita e ben ossigenata. È utile aggiungere piante acquatiche e mantenere una temperatura costante per garantire una crescita sana.

Adattamenti ai Suoli Arenosi e Sabbiosi

Le **Byblis** (piante arcobaleno) e le **Genlisea** (trappole a carrucola) sono adattate a suoli arenosi e sabbiosi, che sono ben drenati ma poveri di nutrienti. Le Byblis, con le loro foglie ricoperte di ghiandole appiccicose, e le Genlisea, con le loro trappole sotterranee, sono progettate per trarre nutrimento da insetti catturati in questi ambienti aridi. Coltivare queste piante richiede un substrato ben drenato composto da una miscela di torba e sabbia. Assicurarsi che il substrato rimanga leggermente umido ma non inzuppato e fornire luce solare intensa è essenziale per la crescita.

Adattamenti alle Condizioni di Luce e Ombra

Le piante carnivore mostrano una varietà di adattamenti alle condizioni di luce. Le **Pinguicula** (butterwort), ad esempio, possono prosperare in ambienti ombrosi e umidi, dove le loro foglie carnose catturano piccoli insetti. Coltivare Pinguicula richiede l'uso di un substrato ben drenato e una luce indiretta intensa. Un esempio pratico è Pinguicula moranensis, che può essere coltivata in una zona con luce filtrata e annaffiata regolarmente con acqua distillata.

Conclusione

Gli adattamenti unici delle piante carnivore alle condizioni ambientali variabili sono una testimonianza della loro straordinaria evoluzione. Comprendere questi adattamenti ci permette di replicare le condizioni necessarie per la loro coltivazione e cura, garantendo che le piante prosperino in ambienti simulati. Utilizzando le tecniche e le conoscenze specifiche per ogni tipo di pianta, è possibile diventare abili coltivatori e assicurare la salute e la bellezza delle piante carnivore.

6. Interazioni con la Fauna: Predatori e Prede

Le piante carnivore non solo catturano e digeriscono insetti e altri piccoli organismi per ottenere nutrienti vitali, ma queste interazioni contribuiscono anche alla loro ecologia complessiva. Esplorare come le piante carnivore interagiscono con i loro predatori e prede offre una visione approfondita delle loro strategie di sopravvivenza e di come possono essere efficacemente coltivate e curate. Ogni specie ha sviluppato meccanismi unici per attrarre, catturare e digerire le prede, e queste strategie hanno implicazioni significative per la loro coltivazione.

Attrazione delle Prede

Le piante carnivore utilizzano una varietà di strategie per attirare le prede. Le **Nepenthes** (piante brocca tropicali), ad esempio, producono un nettare dolce e aromatico per attirare insetti verso le loro brocche. Le brocche, dotate di un bordo chiamato "peristoma", sono progettate per fungere da trappola visiva e olfattiva. Per replicare queste condizioni in coltivazione, è essenziale mantenere un ambiente ad alta umidità e una temperatura calda. La creazione di un terrario che simula il clima tropicale e l'uso di fertilizzanti organici per incoraggiare una crescita sana possono aiutare a mantenere la produzione di nettare e attrarre insetti.

Le **Drosera** (sundew) utilizzano un'altra strategia: le loro foglie sono ricoperte di tentacoli ghiandolari che secernono una sostanza appiccicosa. Questa sostanza non solo cattura gli insetti ma funge anche da esca visiva. Per coltivare Drosera con successo, è importante mantenere un substrato umido e utilizzare una luce intensa per stimolare la produzione di gocce appiccicose. Le Drosera come la **Drosera capensis** sono particolarmente adatte per i principianti, poiché sono robuste e adattabili, ma necessitano comunque di un ambiente che simuli le condizioni naturali.

Meccanismi di Cattura

Ogni specie di pianta carnivora ha sviluppato meccanismi di cattura distintivi per adattarsi ai suoi predatori naturali. Le **Dionaea muscipula** (Venere acchiappamosche) sono famose per le loro trappole a scatto, che si chiudono rapidamente quando i peli sensoriali all'interno delle trappole sono stimolati. Questo meccanismo consente di catturare prede come insetti e aracnidi, che sono successivamente digeriti. Per coltivare la Venere acchiappamosche, è fondamentale fornire un ambiente con alta umidità e luce solare intensa, oltre a utilizzare acqua distillata per prevenire l'accumulo di minerali che possono danneggiare le trappole.

Le **Sarracenia** (piante trombetta) catturano le prede attraverso trappole a caduta. Le loro foglie tubulari, riempite di un liquido digestivo, attirano gli insetti verso l'interno, dove scivolano e affogano nel liquido. Le Sarracenia prosperano in ambienti soleggiati e richiedono un substrato acido per imitare le condizioni delle torbiere. Per coltivare Sarracenia, è importante garantire una corretta esposizione al sole e mantenere il substrato costantemente umido.

Processo di Digestione

Una volta catturate, le prede devono essere digerite per fornire nutrienti alla pianta. Le **Utricularia** (bladderwort), ad esempio, utilizzano trappole a risucchio che si contraggono per intrappolare piccoli organismi acquatici. Il processo digestivo avviene all'interno delle vesciche delle trappole, che rilasciano enzimi per decomporre le prede. Coltivare Utricularia richiede un acquario o un ambiente acquatico con acqua pulita e ben ossigenata, mantenendo il substrato umido e privo di detriti per facilitare la cattura e la digestione delle prede.

Le **Pinguicula** (butterwort) possiedono foglie carnose e appiccicose che catturano e digeriscono piccoli insetti. La digestione avviene sulla superficie delle foglie, che secernono enzimi per scomporre le prede. Per coltivare Pinguicula, è essenziale utilizzare un substrato ben drenato e mantenere un'umidità moderata. La luce indiretta e le annaffiature regolari con acqua distillata aiutano a mantenere la salute delle piante e la loro capacità di catturare e digerire le prede.

Predatori Naturali e Minacce

Le piante carnivore non sono prive di nemici naturali. Alcuni insetti e animali possono danneggiare le trappole o competere per le prede. Per esempio, gli insetti parassiti come afidi e cocciniglie possono infettare le piante carnivore e compromettere le loro capacità di cattura e digestione. Per prevenire queste problematiche, è consigliabile utilizzare metodi di controllo biologico e mantenere un ambiente pulito. In caso di infestazione, l'uso di pesticidi naturali e il controllo manuale possono aiutare a proteggere le piante.

Tecniche di Cura e Coltivazione

Per coltivare con successo le piante carnivore e favorire le loro interazioni con la fauna, è fondamentale adottare tecniche specifiche per ciascuna specie. Utilizzare substrati appropriati, mantenere condizioni ambientali ottimali e fornire una dieta adeguata sono essenziali. Ad esempio, le piante come le **Nepenthes** e le **Sarracenia** beneficiano di un ambiente ricco di luce e umidità, mentre le **Drosera** richiedono una luce intensa e un substrato costantemente umido. Monitorare regolarmente la salute delle piante e intervenire prontamente in caso di infestazioni è cruciale per mantenere la loro prosperità e le loro capacità di cattura.

Conclusione

Le interazioni tra piante carnivore e fauna sono complesse e affascinanti, riflettendo le straordinarie strategie di adattamento e sopravvivenza di queste piante. Comprendere come le piante attraggono, catturano e digeriscono le prede, così come le minacce che affrontano, è essenziale per una coltivazione di successo. Adottare tecniche di cura e coltivazione basate su queste conoscenze non solo promuove la salute delle piante, ma favorisce anche una maggiore comprensione e apprezzamento per il loro ruolo ecologico.

7. Fisiologia delle Piante Carnivore: Nutrizione e Digestione

Le piante carnivore hanno sviluppato meccanismi fisiologici specializzati per ottenere i nutrienti necessari dalla cattura e digestione di piccoli animali, principalmente insetti. Questi adattamenti sono essenziali per la loro sopravvivenza in ambienti povere di nutrienti. In questo paragrafo, esploreremo in dettaglio i processi fisiologici che permettono alle piante carnivore di assimilare e utilizzare i nutrienti, fornendo anche indicazioni pratiche per ottimizzare la loro coltivazione e cura.

Meccanismi di Nutrizione

Le piante carnivore si sono evolute per compensare la carenza di nutrienti nel loro ambiente naturale mediante la cattura e digestione di prede. Queste piante hanno sviluppato una varietà di trappole specializzate che servono non solo a catturare le prede ma anche a massimizzare l'assorbimento dei nutrienti.

Trappole a Scatto: La **Dionaea muscipula** (Venere acchiappamosche) utilizza trappole a scatto, che si chiudono rapidamente quando i peli sensoriali all'interno delle trappole vengono stimolati. Queste trappole catturano insetti e aracnidi, che sono poi digeriti per estrarre nutrienti come azoto e fosforo. Il processo digestivo inizia con l'attivazione delle cellule ghiandolari che secernono enzimi digestivi per scomporre le prede. È cruciale fornire alla Venere acchiappamosche un substrato acido e ben drenato, oltre a mantenere una corretta umidità e luce per ottimizzare la funzionalità delle trappole.

Trappole a Caduta: Le **Sarracenia** (piante trombetta) catturano le prede con trappole a caduta. Le foglie tubolari contengono un liquido digestivo che dissolve gli insetti intrappolati. Le Sarracenia richiedono un substrato di torba e sabbia, che garantisce un buon drenaggio e mantiene l'acidità del suolo. L'esposizione alla luce solare diretta è fondamentale per mantenere l'efficienza delle trappole e la salute generale della pianta.

Trappole a Risucchio: Le **Utricularia** (bladderwort) utilizzano trappole a risucchio, piccole vesciche sotto l'acqua o nel terreno umido, che si contraggono rapidamente per catturare piccoli organismi acquatici. Queste trappole sono estremamente sensibili e richiedono un ambiente acquatico pulito. Utilizzare acqua distillata e mantenere il substrato umido sono pratiche essenziali per la salute e la funzionalità delle Utricularia.

Processo di Digestione

La digestione delle prede avviene attraverso la secrezione di enzimi digestivi dalle cellule ghiandolari all'interno delle trappole. Questi enzimi scompongono le proteine, i carboidrati e i grassi delle prede, permettendo alle piante di assorbire i nutrienti essenziali.

Enzimi Digestivi: Le piante carnivore producono enzimi proteolitici come la proteasi, che degrada le proteine delle prede. Questo processo è cruciale per ottenere aminoacidi e altri nutrienti essenziali. Le trappole delle **Dionaea muscipula**, ad esempio, rilasciano enzimi che iniziano a digerire le prede immediatamente dopo la chiusura delle trappole. La completa digestione può richiedere da una a due settimane, a seconda della dimensione della preda e delle condizioni ambientali.

Assorbimento dei Nutrienti: Una volta che le prede sono state digerite, i nutrienti vengono assorbiti attraverso le cellule della trappola e trasportati alle altre parti della pianta. Le piante carnivore sono particolarmente efficienti nell'assorbire azoto e fosforo, due nutrienti essenziali che spesso sono carenti nei loro habitat naturali. Ad esempio, le **Drosera** (sundew) utilizzano i nutrienti ricavati dalle prede per crescere e sviluppare nuove foglie e trappole.

Gestione della Digestione in Coltivazione

Coltivare piante carnivore richiede una comprensione approfondita dei loro processi di digestione per ottimizzare le condizioni di crescita. Ecco alcune pratiche chiave per supportare la fisiologia delle piante carnivore in coltivazione:

Fornire una Dieta Adeguata: In coltivazione, è importante fornire alle piante carnivore prede adeguate. Per la **Dionaea muscipula**, piccoli insetti come mosche e formiche sono ideali. Per le **Nepenthes**, insetti come mosche e piccoli ragni sono adatti. Assicurarsi di non sovraccaricare le trappole con prede troppo grandi, poiché questo può compromettere la loro capacità di digerire e assorbire i nutrienti.

Simulare Condizioni Naturali: Creare un ambiente che simuli le condizioni naturali delle piante carnivore è essenziale. Mantenere l'umidità alta, utilizzare substrati acidi per le Sarracenia e mantenere l'acqua pulita per le Utricularia sono aspetti fondamentali. La luce solare intensa e le temperature adeguate sono altrettanto cruciali per il corretto funzionamento delle trappole e il processo digestivo.

Monitoraggio della Salute: Controllare regolarmente la salute delle piante e le condizioni delle trappole aiuta a identificare e risolvere eventuali problemi. La presenza di muffe o parassiti può interferire con la digestione e compromettere la crescita della pianta. Utilizzare metodi di controllo biologico e mantenere un ambiente pulito può prevenire problemi di salute.

Conclusione

La fisiologia delle piante carnivore, comprendente i meccanismi di nutrizione e digestione, è complessa e affascinante. Comprendere questi processi è fondamentale per coltivare e curare queste piante in modo efficace. Applicare le tecniche descritte e simulare le condizioni ambientali naturali aiuta a garantire una crescita sana e una digestione efficiente, contribuendo così al successo nella coltivazione delle piante carnivore.

8. Distribuzione Geografica delle Principali Specie

La distribuzione geografica delle piante carnivore è tanto affascinante quanto variegata, e riflette le loro straordinarie capacità di adattamento a una vasta gamma di ambienti. Queste piante si trovano su tutti i continenti, ad eccezione dell'Antartide, e ciascuna specie ha sviluppato caratteristiche uniche per sopravvivere e prosperare nel proprio habitat naturale. Esplorare la distribuzione geografica delle principali specie di piante carnivore non solo ci fornisce una comprensione delle loro preferenze ambientali, ma offre anche indicazioni preziose per la loro coltivazione e cura in ambienti controllati.

America del Nord

Negli Stati Uniti e in Canada, è possibile trovare alcune delle specie di piante carnivore più iconiche e conosciute.

Dionaea muscipula (Venere acchiappamosche): Originaria delle paludi e delle torbiere della Carolina del Nord e del Sud, la Venere acchiappamosche è famosa per le sue trappole a scatto. In natura, cresce in ambienti umidi e soleggiati con suoli acidi e ben drenati. Per coltivarla, è necessario replicare queste condizioni in vaso, utilizzando una miscela di torba e sabbia e mantenendo il substrato umido e acido. È essenziale fornire una luce solare intensa e proteggere la pianta dal gelo durante i mesi invernali.

Sarracenia (Piante trombetta): Le specie di Sarracenia, come Sarracenia purpurea e Sarracenia leucophylla, sono native delle torbiere e delle paludi degli Stati Uniti orientali e del sud-est. Queste piante si trovano in ambienti che presentano un'elevata umidità e una bassa fertilità del suolo. Per coltivarle, è consigliabile utilizzare un substrato acido composto da torba e sabbia e garantire un'adeguata esposizione alla luce solare diretta.

America del Sud
In Sud America, la biodiversità delle piante carnivore è notevolmente ricca, con diverse specie adattate a climi tropicali e subtropicali.

Nepenthes (Piante brocca): Molte specie di Nepenthes, come Nepenthes rafflesiana e Nepenthes mirabilis, si trovano nelle foreste pluviali dell'Asia sudorientale, ma alcune specie si estendono anche fino al Brasile e alla Guyana. Queste piante crescono in ambienti umidi e ombrosi e sono caratterizzate da trappole a forma di brocca. Per la coltivazione domestica, è cruciale replicare le condizioni di alta umidità e temperatura calda, utilizzando un terrario o una serra. Un substrato di muschio di sfagno e perlite è ideale per garantire un buon drenaggio e una corretta umidità.

Drosera (Sundew): Diverse specie di Drosera, come Drosera capensis e Drosera aliciae, si trovano in Brasile e in altre regioni dell'America del Sud. Queste piante sono adattate a suoli acidi e poveri di nutrienti e possono prosperare in ambienti umidi e soleggiati. In coltivazione, utilizzare una miscela di torba e perlite e mantenere il substrato umido sono pratiche essenziali. Le Drosera possono anche essere coltivate all'interno di terrari con luce artificiale per simulare le condizioni naturali.

Africa

L'Africa ospita alcune delle piante carnivore più rare e uniche, particolarmente nelle regioni tropicali e subtropicali.

Utricularia (Bladderwort): Le specie di Utricularia, come Utricularia gibba e Utricularia inflata, sono diffuse in ambienti acquatici e semi-acquatici in Africa tropicale. Queste piante utilizzano trappole a risucchio per catturare piccoli organismi acquatici. In coltivazione, è necessario creare un ambiente acquatico o semi-acquatico utilizzando un substrato di torba e sabbia e mantenere l'acqua pulita e ben ossigenata.

Byblis (Piante arcobaleno): Byblis gigantea e altre specie di Byblis si trovano principalmente in Australia e nelle regioni aride e semiaride dell'Africa. Queste piante sono adattate a suoli sabbiosi e ben drenati e sono dotate di foglie appiccicose che catturano insetti volanti. Per coltivarle, è importante utilizzare un substrato ben drenato e fornire una luce solare intensa. Mantenere il substrato leggermente umido, ma evitare l'irrigazione eccessiva, è fondamentale per la salute delle piante.

Asia

In Asia, la distribuzione delle piante carnivore comprende sia ambienti tropicali che subtropicali.

Nepenthes (Piante brocca): Come già accennato, le Nepenthes sono diffuse anche in Asia sudorientale, dove si trovano in foreste pluviali e ambienti umidi. Queste piante richiedono condizioni di alta umidità e temperature calde per prosperare. In coltivazione, utilizzare terrari o serre e mantenere un substrato acido e ben drenato sono essenziali per replicare il loro habitat naturale.

Drosera (Sundew): Alcune specie di Drosera, come Drosera spatulata, sono presenti in regioni tropicali e subtropicali dell'Asia. Queste piante prosperano in suoli acidi e umidi. In coltivazione, è utile mantenere il substrato umido e fornire luce intensa, simulando le condizioni naturali della pianta.

Australia

L'Australia è un hotspot per le piante carnivore, ospitando numerose specie endemiche.

Drosera (Sundew): Australia ospita una vasta gamma di Drosera, tra cui Drosera schizandra e Drosera pygmaea. Queste piante si trovano in ambienti umidi e suoli acidi. Per coltivarle, è consigliabile utilizzare una miscela di torba e perlite e mantenere il substrato umido, replicando le condizioni del loro habitat naturale.

Cephalotus follicularis: Endemica dell'Australia occidentale, questa pianta è nota per le sue trappole a forma di brocca. Cresce in ambienti umidi e suoli acidi. In coltivazione, è importante mantenere l'umidità elevata e fornire un substrato acido e ben drenato, come una miscela di torba e sabbia.

Conclusione
La distribuzione geografica delle piante carnivore evidenzia una sorprendente diversità di habitat e adattamenti. Comprendere la provenienza di ciascuna specie è fondamentale per replicare le condizioni ambientali necessarie alla loro coltivazione e cura. Adattare le pratiche di coltivazione alle specifiche esigenze di ciascuna specie garantisce non solo la loro sopravvivenza ma anche una crescita sana e vigorosa. Che si tratti di replicare ambienti tropicali, subtropicali o temperati, seguire le indicazioni basate sulla loro distribuzione geografica è essenziale per il successo nella coltivazione delle piante carnivore.

9. Differenze tra Piante Carnivore e Non Carnivore

Le piante carnivore si distinguono nettamente dalle piante non carnivore per una serie di caratteristiche morfologiche, fisiologiche e ecologiche che riflettono il loro adattamento unico alla cattura e digestione di organismi viventi. Comprendere queste differenze non solo è affascinante ma anche cruciale per la coltivazione e la cura adeguata delle piante carnivore. In questo paragrafo, esploreremo le principali differenze tra piante carnivore e non carnivore, con esempi pratici e tecniche che possono aiutare i principianti a sviluppare competenze avanzate nella cura di queste piante straordinarie.

1. Meccanismi di Nutrizione

Piante Carnivore: Le piante carnivore hanno evoluto strutture specializzate per attrarre, catturare e digerire insetti e altri piccoli organismi. Questi meccanismi sono essenziali per compensare la carenza di nutrienti nel loro habitat naturale, spesso caratterizzato da suoli poveri e acidi. Le trappole possono essere di vario tipo, come le trappole a scatto della **Dionaea muscipula** (Venere acchiappamosche), le trappole a caduta delle **Sarracenia** (piante trombetta), e le trappole a risucchio delle **Utricularia** (bladderwort). Questi meccanismi non solo catturano le prede ma avviano anche processi digestivi complessi, che includono la secrezione di enzimi proteolitici per la degradazione delle proteine e l'assorbimento dei nutrienti.

Piante Non Carnivore: Le piante non carnivore, invece, ottengono i nutrienti principalmente attraverso la fotosintesi e l'assorbimento di minerali e acqua dal suolo. Le loro radici sono adattate a estrarre nutrienti dal suolo, che può essere ricco o povero a seconda della specie. Le piante non carnivore non hanno trappole specializzate e non digeriscono organismi viventi; al contrario, si basano su processi fotosintetici e sull'assorbimento di nutrienti per il loro metabolismo e crescita.

2. Strutture Specializzate

Piante Carnivore: Le strutture specializzate delle piante carnivore includono trappole, tentacoli e secrezioni adesive. Ad esempio, le **Drosera** (sundew) hanno foglie coperte di peli glandolari appiccicosi che catturano gli insetti. Le **Nepenthes** (piante brocca) possiedono trappole a forma di brocca che contengono un liquido digestivo per intrappolare e digerire le prede. Ogni tipo di trappola ha evoluto caratteristiche uniche per massimizzare l'efficacia della cattura e dell'assorbimento dei nutrienti.

Piante Non Carnivore: Le piante non carnivore possiedono strutture orientate verso la fotosintesi e l'assorbimento dei nutrienti dal suolo. Le foglie di queste piante sono adattate per massimizzare l'assorbimento della luce solare e possono variare notevolmente in forma e dimensione, ma non hanno trappole o strutture per catturare e digerire organismi viventi. Le radici sono progettate per assorbire acqua e minerali dal suolo, senza la necessità di attrarre e digerire prede.

3. Habitat e Adattamenti Ambientali

Piante Carnivore: Le piante carnivore si trovano spesso in ambienti difficili, come torbiere, paludi e terreni acidi dove i nutrienti sono scarsi. Questi ambienti richiedono adattamenti specifici per la sopravvivenza. Ad esempio, le **Sarracenia** prosperano in torbiere umide e suoli acidi, mentre le **Utricularia** vivono in ambienti acquatici o semi-acquatici. L'adattamento alla cattura e digestione delle prede è una risposta a condizioni di crescita limitate in termini di nutrienti.

Piante Non Carnivore: Le piante non carnivore possono adattarsi a una gamma più ampia di habitat, dai boschi e praterie a deserti e ambienti montani. Gli adattamenti includono vari tipi di foglie, radici e strategie di crescita per ottimizzare l'assorbimento di acqua e nutrienti dal suolo. Queste piante non sono vincolate alla cattura di prede e possono prosperare in una varietà di condizioni ambientali, a condizione che abbiano accesso ai nutrienti necessari.

4. Processi Digestivi

Piante Carnivore: Il processo digestivo nelle piante carnivore è altamente specializzato e varia a seconda del tipo di trappola. Ad esempio, le **Dionaea muscipula** rilasciano enzimi digestivi per scomporre le prede all'interno delle trappole a scatto. Le **Nepenthes** utilizzano un liquido digestivo contenuto nelle loro brocche per digerire gli insetti catturati. Questo processo consente alla pianta di assorbire nutrienti come azoto e fosforo direttamente dai resti delle prede.

Piante Non Carnivore: Le piante non carnivore non hanno meccanismi digestivi specializzati per scomporre organismi viventi. La loro digestione avviene principalmente attraverso la fotosintesi, dove le piante convertiscono l'energia solare in nutrienti. I nutrienti assorbiti dal suolo vengono utilizzati per la crescita e il metabolismo, senza la necessità di processi digestivi complessi associati alla cattura di prede.

5. Coltivazione e Cura

Piante Carnivore: Coltivare piante carnivore richiede una comprensione approfondita delle loro esigenze ambientali. Ad esempio, la **Dionaea muscipula** necessita di un substrato acido e ben drenato, come una miscela di torba e sabbia, e deve essere mantenuta in un ambiente umido e ben illuminato. Le **Nepenthes** richiedono alte temperature e umidità, e possono essere coltivate in terrari o serre. È importante fornire un'irrigazione adeguata e un'alimentazione regolare con insetti piccoli per supportare la loro crescita e la produzione di nuove trappole.

Piante Non Carnivore: Le piante non carnivore possono avere esigenze variabili a seconda della specie, ma generalmente richiedono un substrato che supporti il loro metodo di assorbimento dei nutrienti. Le piante da interno possono necessitare di un substrato ben aerato e fertilizzanti regolari, mentre le piante da esterno possono adattarsi a diverse condizioni di suolo e clima. La cura e la manutenzione delle piante non carnivore includono l'irrigazione, la potatura e, in alcuni casi, la fertilizzazione per garantire una crescita sana.

Conclusione

Le differenze tra piante carnivore e non carnivore sono notevoli e riflettono le loro strategie uniche per ottenere nutrienti e adattarsi agli ambienti in cui vivono. Mentre le piante carnivore hanno evoluto meccanismi complessi per catturare e digerire prede, le piante non carnivore si affidano a processi di fotosintesi e assorbimento dal suolo. Comprendere queste differenze è fondamentale non solo per l'identificazione e la cura delle piante carnivore ma anche per applicare correttamente le tecniche di coltivazione e manutenzione necessarie per il successo nella coltivazione di entrambe le categorie di piante.

10. Importanza delle Piante Carnivore nella Ricerca Scientifica

Le piante carnivore hanno suscitato un notevole interesse nella ricerca scientifica grazie alle loro caratteristiche uniche e ai meccanismi complessi che impiegano per la cattura e la digestione degli organismi viventi. Questo interesse si estende a vari campi della biologia, della chimica e dell'ecologia, offrendo opportunità per scoprire nuovi principi scientifici e sviluppare applicazioni pratiche in diversi settori. In questo paragrafo, esploreremo l'importanza delle piante carnivore nella ricerca scientifica, con un focus su come queste piante contribuiscono alla nostra comprensione della biologia, dei meccanismi ecologici e delle potenzialità applicazioni biotecnologiche.

1. Studio dei Meccanismi di Cattura e Digestione

Le piante carnivore offrono modelli unici per lo studio dei meccanismi di cattura e digestione, che possono essere applicati a una varietà di discipline scientifiche.

Meccanismi di Cattura: Le trappole delle piante carnivore, come le trappole a scatto della **Dionaea muscipula** e le trappole a caduta delle **Sarracenia**, sono esempi di evoluzione convergente, dove strutture simili si sono sviluppate in risposta a pressioni ambientali simili. Studi su questi meccanismi hanno fornito informazioni preziose sulla biomeccanica, l'ingegneria dei materiali e la fisiologia dei movimenti rapidi. Ad esempio, le trappole a scatto della Venere acchiappamosche si chiudono in meno di un decimo di secondo, e la ricerca ha rivelato dettagli affascinanti su come le forze elastiche e le strutture cellulari contribuiscano a questo rapido movimento.

Digestione e Assorbimento dei Nutrienti: La digestione nelle piante carnivore coinvolge l'uso di enzimi proteolitici per scomporre le proteine delle prede, un processo che è stato studiato per comprendere meglio le interazioni tra enzimi vegetali e proteine. Questo studio ha implicazioni per la biologia molecolare e la genetica, contribuendo alla nostra comprensione delle vie metaboliche e delle strategie adattative per l'assorbimento dei nutrienti in ambienti a basso contenuto nutritivo.

2. Applicazioni Biotecnologiche e Farmaceutiche

Le piante carnivore non solo hanno valore scientifico per i loro meccanismi biologici unici, ma offrono anche potenziali applicazioni in biotecnologia e farmacologia.

Scoperta di Nuovi Composti: Le secrezioni digestive delle piante carnivore contengono una varietà di composti bioattivi, inclusi enzimi, acidi organici e polipeptidi. Questi composti sono oggetto di studi per identificare potenziali applicazioni terapeutiche, come agenti antimicrobici o anti-infiammatori. Ad esempio, il mucillagine secreto dalle trappole di alcune specie di **Drosera** ha dimostrato di possedere proprietà antimicrobiche, e la ricerca continua per isolare e comprendere i composti responsabili di queste attività.

Ingegneria dei Materiali: Le strutture di cattura delle piante carnivore ispirano l'ingegneria dei materiali. Le trappole della **Dionaea muscipula** e le brocche delle **Nepenthes** hanno caratteristiche che sono state emulate per sviluppare nuovi materiali con proprietà adesive e di chiusura rapida. Questi sviluppi hanno applicazioni in robotica, design industriale e nanotecnologia, dove i principi di cattura e movimento delle piante carnivore possono essere adattati per creare dispositivi intelligenti e sistemi di controllo innovativi.

3. Studi di Adattamento e Evoluzione

Le piante carnivore rappresentano modelli ideali per lo studio dell'adattamento e dell'evoluzione, in particolare in ambienti estremi.

Adattamenti Evolutivi: La diversificazione delle trappole e delle strategie di cattura nelle piante carnivore è un esempio di adattamento evolutivo a condizioni ambientali specifiche. Studi comparativi tra le specie di **Nepenthes**, **Sarracenia**, e **Utricularia** hanno rivelato come le pressioni selettive abbiano modellato queste strutture per massimizzare l'efficienza nella cattura delle prede. La comprensione di questi adattamenti offre insight sul processo di evoluzione delle piante in risposta a variabili ambientali e competizione per le risorse.

Interazioni Ecologiche: Le piante carnivore giocano un ruolo cruciale nelle loro eco-comunità e influenzano le dinamiche ecologiche attraverso la loro predazione. Studiare queste interazioni aiuta a comprendere come le piante influenzino la struttura e la funzione degli ecosistemi in cui vivono. La ricerca su come le piante carnivore competono con altre specie vegetali e animali fornisce dati utili per la gestione della biodiversità e la conservazione degli habitat.

4. Implicazioni per la Conservazione

La ricerca scientifica sulle piante carnivore ha anche implicazioni significative per la conservazione, poiché molte di queste specie sono minacciate da perdita di habitat e cambiamenti climatici.

Protezione delle Specie Minacciate: Le piante carnivore, come la **Dionaea muscipula** e le specie di **Nepenthes**, sono spesso minacciate dalla distruzione degli habitat naturali e dal cambiamento climatico. La ricerca scientifica aiuta a monitorare le popolazioni, a comprendere i loro requisiti ecologici e a sviluppare strategie di conservazione efficaci. Ad esempio, programmi di ripristino dell'habitat e sforzi per coltivare piante carnivore in ambienti controllati contribuiscono alla conservazione delle specie e al mantenimento della biodiversità.

Educazione e Sensibilizzazione: La ricerca e la divulgazione scientifica sulle piante carnivore aumentano la consapevolezza pubblica riguardo alla loro importanza ecologica e alla necessità di protezione. Progetti educativi e mostre scientifiche aiutano a sensibilizzare il pubblico e a promuovere la conservazione, ispirando una nuova generazione di ricercatori e appassionati di botanica.

Conclusione

Le piante carnivore sono oggetto di un'ampia gamma di studi scientifici che spaziano dalla biologia dei meccanismi di cattura e digestione, alle applicazioni biotecnologiche e farmacologiche, fino all'ecologia e alla conservazione. Il loro studio non solo arricchisce la nostra comprensione della natura e dell'evoluzione, ma apre anche nuove vie per innovazioni tecnologiche e strategie di conservazione. Per i principianti che desiderano approfondire la coltivazione e la cura delle piante carnivore, è essenziale riconoscere il valore scientifico di queste piante e come le loro caratteristiche uniche possono contribuire a importanti scoperte e applicazioni pratiche.

II. Le Piante Carnivore più Diffuse

1. Venere Acchiappamosche (Dionaea muscipula): Trappole a Scatto e Cura

La **Venere acchiappamosche** (DIONAEA MUSCIPULA) è una delle piante carnivore più iconiche e riconoscibili, grazie alle sue trappole a scatto caratterizzate da una struttura affascinante e altamente specializzata. Originaria delle paludi della Carolina del Nord e del Sud, questa pianta ha attirato l'attenzione degli appassionati di botanica e dei coltivatori per la sua capacità di catturare e digerire insetti, un adattamento evolutivo unico in risposta alle condizioni ambientali povere di nutrienti. In questo paragrafo, esploreremo in dettaglio la struttura delle trappole a scatto della Venere acchiappamosche, le migliori pratiche per la sua coltivazione e cura, e i suggerimenti per garantire che questa pianta prosperi in un ambiente domestico.

1. Struttura delle Trappole a Scatto

Le trappole della **Dionaea muscipula** sono strutturate in modo sorprendente e altamente efficiente. Ogni trappola è composta da due metà concave, denominate "lobi", che sono circondate da denti seghettati chiamati "spine". Quando una preda, come un insetto, entra in contatto con i peli sensoriali situati all'interno della trappola, si innesca un meccanismo di chiusura rapido. Questo meccanismo di scatto è tra i più veloci nel regno vegetale e avviene in meno di un decimo di secondo. Le spine sui bordi dei lobi impediscono alla preda di fuggire una volta che la trappola si è chiusa, e le ghiandole digestive all'interno secernono enzimi per scomporre le proteine dell'insetto.

2. Condizioni Ambientali Ideali

Per coltivare con successo la Venere acchiappamosche, è essenziale replicare le condizioni del suo habitat naturale. Ecco alcune linee guida dettagliate:

- **Luce:** La **Dionaea muscipula** necessita di una luce intensa e diretta per almeno 12-14 ore al giorno. La luce solare diretta è preferibile, ma se coltivata in interni, si possono utilizzare lampade fluorescenti a spettro completo o LED specifici per piante carnivore. La mancanza di luce adeguata può compromettere la salute della pianta e ridurre la produzione di trappole.

- **Temperatura:** La Venere acchiappamosche prospera in temperature comprese tra 20 e 30 °C durante il periodo di crescita attivo (primavera e estate) e richiede una fase di riposo invernale con temperature tra 5 e 10 °C. Durante il periodo di dormienza, è importante ridurre l'irrigazione e mantenere la pianta in un luogo fresco e ben ventilato.

- **Umidità:** Questa pianta preferisce ambienti umidi, simili alle paludi naturali in cui cresce. Un'umidità del 50-60% è ottimale. Se l'aria in casa è troppo secca, si può aumentare l'umidità utilizzando un vassoio con ciottoli e acqua o un umidificatore.

3. Substrato e Irrigazione

- **Substrato:** La Venere acchiappamosche richiede un substrato acido e ben drenato. Una miscela ideale è composta da torba di sfagno e sabbia silicea in proporzioni di 1:1. Evitare l'uso di terricci comuni o fertilizzanti, poiché la pianta è sensibile ai sali e ai nutrienti eccessivi. Il substrato deve essere mantenuto costantemente umido ma non inzuppato.

- **Irrigazione:** Utilizzare acqua distillata, piovana o deionizzata per evitare l'accumulo di sali nel substrato. L'acqua del rubinetto, che contiene minerali e cloro, può danneggiare la pianta. Mantenere il substrato umido durante la stagione di crescita e ridurre l'irrigazione durante il periodo di dormienza invernale.

4. Alimentazione e Nutrizione

La **Dionaea muscipula** può catturare insetti autonomamente, ma è possibile integrare la dieta della pianta con alimenti supplementari. Gli insetti devono essere di dimensioni appropriate, generalmente non più grandi di un terzo della dimensione della trappola. È importante non sovralimentare la pianta: un singolo insetto ogni 2-4 settimane è sufficiente. Evitare di utilizzare cibo per animali domestici o carne cotta, poiché questi non sono adatti e possono danneggiare la pianta.

5. Potatura e Manutenzione

Per mantenere la pianta in buona salute e promuovere la crescita di nuove trappole, è essenziale effettuare una potatura regolare. Rimuovere le trappole morte o appassite tagliandole alla base con forbici sterili. Questo aiuta a prevenire la crescita di muffe e malattie. Durante la stagione di crescita, monitorare la pianta per segni di malattie o parassiti e trattare prontamente se necessario.

6. Propagazione della Venere Acchiappamosche

La propagazione della **Dionaea muscipula** può avvenire per seme o per divisione delle radici. La propagazione per seme richiede una germinazione a freddo, esponendo i semi a basse temperature per stimolare la germinazione. La divisione delle radici, effettuata durante il periodo di riposo invernale, prevede la separazione di nuovi germogli dalla pianta madre. Entrambi i metodi richiedono pazienza e condizioni di crescita ottimali per ottenere buoni risultati.

7. Problemi Comuni e Soluzioni

Parassiti e Malattie: La **Dionaea muscipula** può essere affetta da parassiti come afidi e acari, nonché da malattie fungine e batteriche. Trattamenti naturali, come l'uso di soluzioni di sapone insetticida e fungicidi specifici, possono essere utili. È importante mantenere un ambiente pulito e monitorare regolarmente la pianta per prevenire infestazioni e malattie.

Problemi Ambientali: Le trappole della Venere acchiappamosche possono mostrare segni di stress se non sono mantenute nelle condizioni ideali. Trappole deformi o malformate possono indicare una carenza di luce o di nutrienti. Monitorare e regolare l'ambiente di coltivazione può risolvere questi problemi.

8. Esperienze e Osservazioni

Coltivare la **Dionaea muscipula** può essere un'esperienza affascinante e gratificante. Osservare il rapido scatto delle trappole e il processo di digestione offre una visione unica dei meccanismi di adattamento delle piante carnivore.
Documentare le osservazioni e i cambiamenti nella crescita può fornire informazioni preziose per migliorare le tecniche di coltivazione e comprendere meglio le esigenze della pianta.

9. Utilizzo in Terrari e Giardini d'Inverno

La **Venere acchiappamosche** è spesso coltivata in terrari e giardini d'inverno per simulare le sue condizioni naturali e proteggere la pianta dalle condizioni climatiche esterne. Utilizzare contenitori trasparenti e sistemi di irrigazione automatica può facilitare la gestione dell'umidità e della luce, creando un ambiente ideale per la crescita della pianta.

10. Considerazioni Etiche e Legali

Infine, è importante considerare le implicazioni etiche e legali nella coltivazione della **Dionaea muscipula**. Assicurarsi che le piante siano acquistate da fonti legali e sostenibili, evitando il prelievo di esemplari selvatici. Promuovere la coltivazione responsabile e la conservazione delle specie naturali è essenziale per garantire la preservazione delle popolazioni di Venere acchiappamosche.

2. Piante Trombetta (Sarracenia): Trappole a Caduta e Ambienti Ideali

Le **piante trombetta** (SARRACENIA) sono tra le specie di piante carnivore più affascinanti e variabili, caratterizzate da trappole a forma di brocca che attirano e catturano insetti in modo altamente specializzato. Queste piante, originarie delle zone umide del Nord America, hanno sviluppato trappole uniche che si adattano a una varietà di condizioni ambientali. In questo paragrafo, esploreremo in dettaglio le trappole a caduta delle Sarracenia, i requisiti ambientali ideali per la loro coltivazione, e le migliori pratiche per garantire una crescita sana e vigorosa.

1. Struttura delle Trappole a Caduta

Le trappole delle Sarracenia sono strutturate come tubi o brocche verticali che si allargano verso l'alto, simili a trombe o bicchieri. Queste trappole, chiamate anche "brocche", sono progettate per attirare e intrappolare gli insetti in modo efficiente. Ogni brocca ha una forma cilindrica o conica con un bordo superiore espanso che funge da "cappello" per prevenire la fuga della preda.

- **Attrazione e Cattura:** Le brocche delle Sarracenia emettono un forte profumo e sono dotate di un nettare dolce che attrae gli insetti. All'interno delle brocche, le pareti sono rivestite con peli direzionali e una superficie viscosa che facilita la scivolata degli insetti verso il fondo. Una volta che l'insetto è all'interno, non può risalire a causa della struttura angolare delle pareti e dei peli che lo bloccano.

- **Digestione:** Alla base della brocca si trovano gli enzimi digestivi secreti dalle ghiandole della pianta, che scompongono le prede per assorbire i nutrienti necessari. La digestione può richiedere diverse settimane, a seconda della dimensione e della natura della preda.

2. Condizioni Ambientali Ideali

Per coltivare le **Sarracenia** con successo, è fondamentale replicare le condizioni ambientali naturali delle loro zone umide d'origine. Ecco alcuni aspetti chiave da considerare:

- **Luce:** Le Sarracenia richiedono una luce solare intensa e diretta per almeno 12-14 ore al giorno durante la stagione di crescita. Possono tollerare un'esposizione solare diretta, ma in ambienti chiusi, è consigliabile utilizzare lampade fluorescenti a spettro completo o LED progettati per piante carnivore. La mancanza di luce può causare una crescita debole e una riduzione della produzione di trappole.

- **Temperatura:** Queste piante sono adattate a una gamma di temperature variabili, ma generalmente prosperano in condizioni di temperatura che vanno da 20 a 30 °C durante il periodo di crescita attivo (primavera e estate). Durante l'inverno, le Sarracenia entrano in una fase di dormienza e richiedono temperature più fresche, tra 0 e 10 °C. È importante fornire un periodo di freddo per simulare le condizioni invernali e stimolare una crescita vigorosa nella stagione successiva.

- **Umidità:** Le Sarracenia preferiscono ambienti umidi con un'umidità relativa del 50-60%. Per mantenere l'umidità, è utile collocare la pianta su un vassoio con ciottoli e acqua, evitando che il fondo del vaso tocchi direttamente l'acqua. Un umidificatore può essere utilizzato per aumentare l'umidità ambientale in ambienti troppo secchi.

3. Substrato e Irrigazione

- **Substrato:** Il substrato ideale per le Sarracenia deve essere acido e ben drenato. Una miscela comune è composta da torba di sfagno e sabbia silicea in proporzioni di 1:1. Questo substrato imita le condizioni dei terreni acidi delle paludi naturali e previene l'accumulo di sali e nutrienti in eccesso. Evitare l'uso di terricci normali o fertilizzanti, poiché possono danneggiare la pianta.

- **Irrigazione:** Le Sarracenia sono sensibili ai sali e ai minerali presenti nell'acqua del rubinetto. Utilizzare acqua distillata, piovana o deionizzata per mantenere il substrato umido. L'irrigazione deve essere abbondante durante la stagione di crescita, mantenendo il substrato sempre umido ma non inzuppato. Durante il periodo di dormienza invernale, ridurre l'irrigazione e consentire al substrato di asciugarsi leggermente.

4. Alimentazione e Nutrizione

Le Sarracenia catturano insetti in modo autonomo, ma possono beneficiare di alimentazione supplementare se coltivate in ambienti chiusi. Gli insetti devono essere di dimensioni appropriate, preferibilmente piccoli insetti come moscerini o formiche. Non sovralimentare la pianta: un'integrazione di una preda ogni 2-4 settimane è sufficiente. Evitare di utilizzare alimenti non naturali, poiché possono causare malattie e problemi digestivi.

5. Potatura e Manutenzione

Per mantenere una pianta sana, è necessario effettuare una potatura regolare. Rimuovere le brocche morte o appassite tagliandole alla base con forbici sterili per prevenire malattie e infestazioni. Durante la stagione di crescita, monitorare la pianta per segni di parassiti e malattie e trattare tempestivamente se necessario.

6. Propagazione delle Sarracenia

La propagazione delle Sarracenia può avvenire tramite seme o divisione dei rizomi. La propagazione per seme richiede un processo di stratificazione a freddo, esponendo i semi a basse temperature per stimolare la germinazione. La divisione dei rizomi, effettuata durante il periodo di dormienza invernale, comporta la separazione dei rizomi maturi per creare nuove piante. Entrambi i metodi richiedono attenzione e condizioni di crescita adeguate per ottenere risultati ottimali.

7. Problemi Comuni e Soluzioni

Parassiti e Malattie: Le Sarracenia possono essere soggette a parassiti come afidi, cocciniglie e acari, oltre a malattie fungine e batteriche. L'uso di trattamenti naturali e specifici, come soluzioni di sapone insetticida e fungicidi, può aiutare a gestire questi problemi. È importante mantenere un ambiente pulito e monitorare regolarmente la pianta.

Problemi Ambientali: Le brocche deformi o con crescita stentata possono indicare problemi con la luce, la temperatura o l'umidità. Regolare le condizioni ambientali e fornire il supporto adeguato può aiutare a risolvere questi problemi e a garantire una crescita sana.

8. Esperienze e Osservazioni

Coltivare le **Sarracenia** offre un'opportunità unica per osservare il comportamento e le strategie di cattura di queste piante straordinarie. Documentare le osservazioni e i cambiamenti nella crescita può fornire preziose informazioni per migliorare le tecniche di coltivazione e comprendere meglio le esigenze specifiche delle diverse specie di Sarracenia.

9. Utilizzo in Terrari e Giardini d'Inverno

Le Sarracenia possono essere coltivate con successo in terrari e giardini d'inverno, dove le condizioni di luce e umidità possono essere facilmente controllate. Utilizzare contenitori trasparenti e sistemi di irrigazione automatica può semplificare la gestione dell'ambiente e favorire una crescita ottimale.

10. Considerazioni Etiche e Legali

Assicurarsi che le piante Sarracenia siano acquistate da fonti legali e sostenibili è essenziale per promuovere la conservazione delle specie naturali. La coltivazione responsabile e la protezione dell'habitat naturale delle Sarracenia aiutano a garantire la preservazione a lungo termine di queste piante uniche.

3. Piante Brocca (Nepenthes): Trappole a Brocca e Condizioni di Crescita

Le **piante brocca** (NEPENTHES), conosciute anche come "brocche volanti", sono tra le più affascinanti e complesse piante carnivore, grazie alla loro intricato sistema di trappole a brocca che rappresenta un capolavoro evolutivo. Originarie delle foreste pluviali tropicali e delle zone montane del Sud-est asiatico, queste piante hanno sviluppato trappole sofisticate che catturano e digeriscono insetti con un'elevata efficienza. In questo paragrafo, esploreremo la struttura e il funzionamento delle trappole a brocca delle Nepenthes, nonché le condizioni ideali per la loro coltivazione e cura.

1. Struttura delle Trappole a Brocca

Le trappole delle Nepenthes hanno una forma caratteristica che le distingue dalle altre piante carnivore. Ogni trappola è costituita da una struttura allungata e tubolare, nota come "brocca", che si sviluppa all'estremità di un picciolo lungo e slanciato. La brocca è formata da un tubo cilindrico con un'apertura superiore a forma di "cappello" chiamata "coperchio" o "opercolo", che impedisce alla preda di uscire una volta entrata.

- **Attrazione e Cattura:** Le Nepenthes attraggono gli insetti grazie al nettare dolce e agli odori emessi dalle trappole. Il coperchio della brocca e le colorazioni vivaci delle trappole attirano gli insetti, mentre la superficie interna, spesso ricoperta di peli microscopici e secrezioni viscose, facilita la discesa della preda verso il fondo. Alcune specie hanno anche una zona viscida situata all'interno della brocca che aumenta l'attrattiva per le prede.

- **Digestione:** Una volta che l'insetto è all'interno della brocca, scivola verso il fondo, dove si accumula un liquido digestivo prodotto dalle ghiandole presenti. Questo liquido contiene enzimi che scompongono le prede, consentendo alla pianta di assorbire i nutrienti essenziali. La digestione può durare diverse settimane e, una volta completata, il residuo viene espulso attraverso l'apertura della brocca o rimane al suo interno.

2. Condizioni Ambientali Ideali

Le Nepenthes sono piante tropicali che richiedono condizioni ambientali specifiche per prosperare. Ecco i principali requisiti ambientali per una crescita ottimale:

- **Luce:** Le Nepenthes preferiscono una luce intensa e indiretta, simile a quella che riceverebbero sotto la canopia di una foresta pluviale. Una esposizione alla luce solare diretta può essere dannosa, mentre una luce artificiale fluorescente a spettro completo o LED a bassa intensità può essere utilizzata se coltivate in ambienti chiusi. È consigliabile fornire una luce di circa 12-14 ore al giorno per stimolare la crescita e la produzione di trappole.

- **Temperatura:** Queste piante richiedono temperature relativamente stabili e calde per prosperare. La maggior parte delle specie di Nepenthes preferisce temperature comprese tra 20 e 30 °C durante il giorno e tra 15 e 20 °C durante la notte. Alcune specie montane, tuttavia, possono tollerare temperature più fresche. È importante evitare sbalzi termici estremi e garantire una ventilazione adeguata per mantenere una temperatura costante.

- **Umidità:** Le Nepenthes prosperano in ambienti ad alta umidità, tipicamente tra il 50% e l'80%. La mantenimento dell'umidità può essere facilitato utilizzando un umidificatore, un vassoio con ciottoli e acqua, o ponendo la pianta su un letto di muschio di sfagno umido. Evitare ambienti troppo secchi che possono compromettere la crescita e la produzione di trappole.

3. Substrato e Irrigazione

- **Substrato:** Le Nepenthes richiedono un substrato acido e ben drenato. Una miscela efficace può essere composta da torba di sfagno, perlite e una piccola quantità di sabbia silicea. Questa combinazione garantisce un buon drenaggio e mantiene il substrato leggero e aerato, simile ai terreni delle foreste pluviali. È essenziale evitare l'uso di terricci comuni o fertilizzanti, poiché possono danneggiare la pianta.

- **Irrigazione:** Utilizzare acqua distillata, piovana o deionizzata per evitare l'accumulo di sali nel substrato. L'acqua del rubinetto può contenere minerali e cloro che sono dannosi per le Nepenthes. Mantenere il substrato leggermente umido, evitando però l'eccesso di acqua che potrebbe provocare marciume delle radici. Durante i mesi più caldi, un vassoio d'acqua sotto il vaso può aiutare a mantenere l'umidità ambientale.

4. Alimentazione e Nutrizione

Le Nepenthes catturano insetti per integrare la loro dieta, che in natura è povera di nutrienti. Gli insetti devono essere di dimensioni appropriate, generalmente non più grandi di un terzo della dimensione della brocca. È possibile integrare la dieta della pianta con piccoli insetti come moscerini e formiche, ma evitare alimenti non naturali che possono causare problemi digestivi o malattie.

5. Potatura e Manutenzione

La potatura delle Nepenthes è importante per mantenere la pianta in buona salute e promuovere la crescita di nuove trappole. Rimuovere le trappole morte o danneggiate tagliandole alla base con forbici sterili. Inoltre, è utile monitorare la pianta per segni di parassiti e malattie e trattare prontamente se necessario.

6. Propagazione delle Nepenthes

La propagazione delle Nepenthes può avvenire tramite seme o talee di brocca. La propagazione per seme richiede condizioni di germinazione specifiche, come una stratificazione a freddo o una germinazione in un ambiente caldo e umido. La propagazione per talea di brocca, che comporta la radicazione di porzioni di brocca, è un metodo più comune e può essere eseguita durante la stagione di crescita attiva.

7. Problemi Comuni e Soluzioni

Parassiti e Malattie: Le Nepenthes possono essere soggette a parassiti come afidi, cocciniglie e acari, oltre a malattie fungine e batteriche. Utilizzare trattamenti naturali e specifici, come soluzioni di sapone insetticida e fungicidi, può aiutare a gestire questi problemi. È importante mantenere un ambiente pulito e monitorare regolarmente la pianta.

Problemi Ambientali: Problemi come la crescita stentata delle trappole o il deterioramento delle brocche possono indicare un'illuminazione inadeguata, temperature errate o umidità insufficiente. Regolare le condizioni ambientali e fornire un adeguato supporto può aiutare a risolvere questi problemi e a garantire una crescita sana.

8. Esperienze e Osservazioni

Coltivare le Nepenthes offre una visione affascinante dei meccanismi di cattura e digestione di queste piante complesse. Documentare le osservazioni e le risposte della pianta ai cambiamenti ambientali può fornire preziose informazioni per migliorare le tecniche di coltivazione e ottenere una crescita ottimale.

9. Utilizzo in Terrari e Giardini d'Inverno

Le Nepenthes sono ideali per essere coltivate in terrari o giardini d'inverno dove le condizioni di luce, temperatura e umidità possono essere controllate con precisione. Utilizzare contenitori trasparenti e sistemi di irrigazione automatica può facilitare la gestione dell'ambiente e garantire una crescita sana.

10. Considerazioni Etiche e Legali

Infine, è fondamentale assicurarsi che le Nepenthes siano acquistate da fonti legali e sostenibili. La coltivazione responsabile e la protezione degli habitat naturali delle Nepenthes aiutano a garantire la preservazione di queste piante straordinarie per le generazioni future.

4. Drosera: Trappole Appiccicose e Tecniche di Manutenzione

Le **Drosera**, conosciute anche come "piante sole" o "piante gocciolanti", sono tra le piante carnivore più affascinanti e diversificate, apprezzate per le loro trappole appiccicose che catturano e digeriscono insetti. Con oltre 200 specie conosciute, le Drosera presentano una varietà di adattamenti per la cattura delle prede, che vanno da semplici foglie appiccicose a elaborati tentacoli mucillaginosi. In questo paragrafo, esploreremo le caratteristiche uniche delle trappole appiccicose delle Drosera, nonché le tecniche di manutenzione e cura necessarie per mantenere queste piante in salute e favorire la loro crescita ottimale.

1. Struttura delle Trappole Appiccicose

Le trappole delle Drosera sono caratterizzate da foglie coperte di peli glandolari chiamati "tricomi" o "tentacoli", che secernono una sostanza appiccicosa e digestiva. Questi peli hanno una funzione cruciale nell'attrazione e nella cattura delle prede.

- **Tipologie di Trappole:** Esistono diverse forme di trappole appiccicose tra le specie di Drosera:

- **Drosera capensis:** Questa specie ha foglie lunghe e strette ricoperte di tentacoli rossi che secernono una sostanza appiccicosa. Le prede si attaccano alla superficie delle foglie, dove vengono digerite.

- **Drosera rotundifolia:** Le foglie rotonde di questa specie hanno tentacoli molto visibili che formano una sorta di "tetto" su cui gli insetti rimangono intrappolati.

- **Drosera spatulata:** Questa specie presenta foglie larghe e spatolate con una disposizione più densa di tentacoli sulla superficie superiore.

- **Funzione dei Tentacoli:** I tentacoli delle Drosera sono dotati di ghiandole che secernono un liquido viscido, composto da enzimi e sostanze chimiche che attraggono e immobilizzano gli insetti. La sostanza appiccicosa non solo trattiene la preda ma inizia anche il processo di digestione, scomponendo le proteine per facilitare l'assorbimento dei nutrienti dalla preda.

2. Condizioni Ambientali Ideali

Le Drosera sono piante che preferiscono condizioni di crescita che imitano il loro habitat naturale, come le zone umide e le paludi.

- **Luce:** Le Drosera richiedono luce intensa per crescere bene. Una esposizione alla luce solare diretta, sebbene non sempre facile da replicare in ambienti interni, è ideale. Se coltivate in casa, utilizzare lampade fluorescenti a spettro completo o LED con un'intensità di circa 12-14 ore al giorno è una buona alternativa. Alcune specie possono tollerare anche condizioni di luce indiretta, ma una buona illuminazione è cruciale per mantenere la salute e la capacità di cattura delle trappole.

- **Temperatura:** La maggior parte delle Drosera cresce meglio in temperature moderate. La temperatura ideale varia a seconda della specie:

    - **Specie tropicali:** Come Drosera capensis, preferiscono temperature comprese tra 20 e 30 °C durante il giorno e tra 15 e 20 °C durante la notte.

    - **Specie temperate:** Come Drosera rotundifolia, necessitano di un periodo di dormienza invernale con temperature più fresche, tra 0 e 10 °C, e un periodo di crescita più caldo durante la primavera e l'estate.

- **Umidità:** Le Drosera prosperano in ambienti ad alta umidità. Mantenere un'umidità relativa del 50-70% è generalmente ideale. L'uso di un umidificatore, una teca di coltivazione o un vassoio d'acqua sotto il vaso può aiutare a mantenere il livello di umidità necessario. Assicurarsi che l'acqua utilizzata sia distillata o piovana, poiché l'acqua del rubinetto può contenere minerali dannosi.

3. Substrato e Irrigazione

- **Substrato:** Le Drosera richiedono un substrato acido e ben drenato per prevenire il marciume delle radici. Una miscela comune per queste piante include torba di sfagno e perlite in rapporto 1:1, o una miscela di torba di sfagno e sabbia silicea. Evitare l'uso di terricci comuni o fertilizzanti, poiché possono alterare il pH del substrato e danneggiare la pianta.

- **Irrigazione:** Come con molte altre piante carnivore, l'uso di acqua distillata o piovana è cruciale. Evitare l'acqua del rubinetto, che può contenere minerali e sostanze chimiche dannose. Mantenere il substrato umido ma non eccessivamente bagnato. Durante la stagione di crescita attiva, l'irrigazione dovrebbe essere regolare, mentre durante il periodo di dormienza (per le specie temperate), ridurre la frequenza di irrigazione ma evitare di far seccare completamente il substrato.

4. Alimentazione e Nutrizione

Le Drosera ottengono i nutrienti necessari dalla digestione degli insetti. La cattura di prede è essenziale per il loro benessere. È importante offrire prede di dimensioni appropriate, generalmente insetti piccoli come moscerini o afidi. Evitare di alimentare la pianta con cibo non naturale o cibo umano, poiché può causare problemi digestivi o malattie.

5. Potatura e Manutenzione

- **Potatura:** Le Drosera non richiedono una potatura regolare, ma è utile rimuovere le foglie morte o danneggiate per prevenire problemi di marciume e mantenere un aspetto sano. Utilizzare forbici sterili per evitare la trasmissione di malattie.

- **Manutenzione:** Monitorare le piante per segni di parassiti come afidi, acari o cocciniglie. L'uso di insetticidi naturali e trattamenti specifici può aiutare a controllare infestazioni. Inoltre, è consigliabile evitare l'eccessiva manipolazione delle trappole per prevenire danni e stress alla pianta.

6. Propagazione delle Drosera

La propagazione delle Drosera può avvenire tramite seme o talee di foglia. La semina richiede un substrato acido e una temperatura calda e umida per germinare. Le talee di foglia, che vengono radicate in un substrato umido, sono un metodo più rapido e semplice per propagare le piante. La propagazione è un modo eccellente per espandere la tua collezione e condividere le Drosera con altri appassionati.

7. Problemi Comuni e Soluzioni

Parassiti e Malattie: Le Drosera possono essere colpite da parassiti come afidi e acari, così come da malattie fungine. Monitorare regolarmente la pianta e trattare prontamente con insetticidi naturali o fungicidi specifici può aiutare a prevenire e gestire questi problemi.

Problemi Ambientali: Problemi come foglie appiccicose che non producono il liquido viscido o piante che non crescono bene possono indicare condizioni ambientali inappropriate. Regolare l'umidità, la temperatura e l'illuminazione per soddisfare le esigenze specifiche della specie può risolvere molti di questi problemi.

8. Esperienze e Osservazioni

Coltivare le Drosera offre un'opportunità unica per osservare da vicino i meccanismi di cattura e digestione delle piante carnivore. Documentare le risposte delle piante a diversi ambienti e condizioni di cura può fornire preziose informazioni per ottimizzare le tecniche di coltivazione e ottenere risultati migliori.

9. Utilizzo in Terrari e Giardini d'Inverno

Le Drosera sono ideali per terrari o giardini d'inverno dove è possibile controllare le condizioni ambientali con precisione. Utilizzare contenitori trasparenti e sistemi di irrigazione automatica può aiutare a mantenere l'umidità e la temperatura ideali per una crescita sana.

10. Considerazioni Etiche e Legali

Assicurarsi che le Drosera siano acquistate da fonti sostenibili e legali è fondamentale per la conservazione di queste piante straordinarie. La coltivazione responsabile e la protezione degli habitat naturali delle Drosera contribuiscono a garantire la loro preservazione per il futuro.

5. Utricularia: Trappole a Vescica e Coltivazione in Ambienti Acquatici

Le **Utricularia**, comunemente note come "piante vescica" o "piante uccello," sono tra le piante carnivore più intriganti e specializzate, dotate di trappole a vescica che catturano piccole prede acquatiche e terrestri. Questa sezione esplorerà in dettaglio le caratteristiche delle trappole a vescica delle Utricularia e fornirà indicazioni pratiche per la loro coltivazione in ambienti acquatici.

1. Struttura e Funzione delle Trappole a Vescica

Le Utricularia sono caratterizzate da trappole specializzate conosciute come "vesciche" che si trovano sotto il substrato o sulla superficie dell'acqua. Queste trappole sono incredibilmente complesse e sofisticate, progettate per catturare e digerire piccole prede, come zooplancton, larve e piccoli insetti acquatici.

- **Struttura delle Vesciche:** Le vesciche sono piccole sacche che si estendono dal sistema radicale o dal fusto della pianta. Sono dotate di un'apertura con una valvola che si apre e si chiude rapidamente, creando un effetto di aspirazione che intrappola le prede.

  - **Utricularia vulgaris:** Una delle specie più diffuse, possiede vesciche con aperture a forma di fessura che si chiudono istantaneamente quando una preda tocca i peli sensoriali situati vicino all'apertura.

- **Utricularia inflata:** Questa specie ha vesciche più grandi e globose, adattate per catturare prede di dimensioni leggermente superiori rispetto ad altre specie.

- **Meccanismo di Cattura:** Le vesciche sono dotate di una membrana elastica e di peli sensoriali. Quando una preda tocca i peli sensoriali situati vicino all'apertura della vescica, la valvola si apre bruscamente e crea una risucchiatura che intrappola e trasporta la preda all'interno della vescica. Una volta dentro, l'apertura si richiude, impedendo alla preda di scappare. La digestione avviene all'interno della vescica, dove gli enzimi scompongono i nutrienti.

2. Condizioni Ambientali per la Coltivazione delle Utricularia

Le Utricularia richiedono condizioni ambientali specifiche per prosperare, che variano leggermente a seconda della specie. Generalmente, queste piante possono essere coltivate sia in ambienti acquatici che terrestri, ma è fondamentale replicare le loro condizioni naturali.

- **Luce:** Le Utricularia preferiscono una luce indiretta o una luce solare filtrata. In ambienti acquatici, è importante evitare l'esposizione diretta alla luce solare intensa, che può causare un eccessivo riscaldamento dell'acqua e danneggiare le piante. L'uso di lampade fluorescenti a spettro completo è spesso consigliato per simulare le condizioni di luce naturale.

- **Temperatura:** La temperatura ideale per le Utricularia varia a seconda della specie:

- **Specie temperate:** Come Utricularia vulgaris, crescono meglio in temperature comprese tra 15 e 25 °C.

- **Specie tropicali:** Come Utricularia graminifolia, preferiscono temperature più calde, tra 20 e 30 °C.

- **Umidità e Acqua:** Le Utricularia possono essere coltivate in ambienti acquatici, dove l'umidità è elevata e l'acqua è un elemento cruciale. Utilizzare acqua distillata, piovana o deionizzata per evitare accumuli di minerali. Assicurarsi che l'acqua sia mantenuta a un livello costante e che non si asciughi. Cambiare regolarmente l'acqua per evitare la proliferazione di alghe e la formazione di batteri.

3. Substrato e Ambienti di Coltivazione

- **Substrato:** Per le specie terrestri di Utricularia, un substrato acido e ben drenato è essenziale. Una miscela di torba di sfagno, sabbia silicea e perlite è spesso ideale. Per le specie acquatiche, non è necessario un substrato solido, poiché le piante possono crescere liberamente nell'acqua o su un substrato galleggiante come torba di sfagno.

- **Coltivazione in Acquario:** Le Utricularia acquatiche possono essere coltivate in acquari o terrari con acqua stagnante. Utilizzare un acquario con un coperchio per mantenere l'umidità e prevenire l'evaporazione dell'acqua. È possibile decorare l'acquario con rocce e piante acquatiche per creare un ambiente naturale simile al loro habitat.

- **Coltivazione Terrestre:** Per le Utricularia terrestri, utilizzare contenitori con fori di drenaggio per evitare ristagni d'acqua e marciume delle radici. Posizionare i contenitori in un ambiente con umidità elevata e una buona ventilazione per evitare l'accumulo di condensa.

4. Nutrizione e Alimentazione

Le Utricularia catturano principalmente piccoli organismi acquatici o insetti terrestri per ottenere nutrienti. Nella coltivazione in ambiente acquatico, l'uso di piccoli zooplancton o larve di insetti può fornire una dieta adeguata. Per le specie terrestri, piccole prede come afidi, moscerini e piccoli insetti sono ideali. È importante evitare il sovralimentamento, poiché può portare a problemi di digestione e alla proliferazione di batteri.

5. Manutenzione e Problemi Comuni

- **Manutenzione:** Le Utricularia non richiedono una manutenzione intensiva, ma è essenziale monitorare le condizioni dell'acqua e mantenere l'ambiente pulito. Rimuovere le foglie morte o danneggiate e controllare regolarmente per segni di parassiti come alghe o insetti. La pulizia periodica dell'acquario o del contenitore di coltivazione aiuta a prevenire problemi di salute.

- **Problemi Comuni:** I problemi più comuni includono la formazione di alghe, marciume delle radici e infestazioni di parassiti. L'uso di acqua pulita e la manutenzione regolare dell'ambiente di coltivazione possono aiutare a prevenire questi problemi. In caso di infestazioni, trattare con rimedi naturali o prodotti specifici per piante carnivore.

6. Propagazione delle Utricularia

La propagazione delle Utricularia può avvenire tramite seme o divisione delle piante. La semina richiede condizioni di alta umidità e temperatura calda. Le talee di piante mature possono essere divise e piantate separatamente per ottenere nuove piante. Assicurarsi di mantenere un ambiente adeguato per favorire la crescita delle nuove piante.

7. Esperienze e Osservazioni

Osservare le Utricularia in azione offre un'opportunità unica per studiare i meccanismi di cattura e digestione delle piante carnivore. Documentare le risposte delle piante a diverse condizioni ambientali e nutrizionali può fornire preziose informazioni per migliorare le tecniche di coltivazione e ottenere risultati ottimali.

8. Considerazioni Finali

La coltivazione delle Utricularia, sia in ambienti acquatici che terrestri, richiede attenzione ai dettagli e una comprensione approfondita delle loro esigenze specifiche. Fornire le condizioni ambientali giuste, mantenere una corretta alimentazione e monitorare la salute della pianta sono essenziali per il successo nella coltivazione di queste affascinanti piante carnivore.

6. Byblis: Trappole Appiccicose e Adattamenti Ambientali

Il **Byblis**, noto anche come "piante di resina" o "piante del sole," è una pianta carnivora affascinante e unica che utilizza trappole appiccicose per catturare le sue prede. Questa pianta si distingue per i suoi adattamenti ambientali e le sue tecniche di cattura specializzate. In questo paragrafo esploreremo le caratteristiche delle trappole appiccicose del Byblis, i suoi adattamenti ambientali e le migliori pratiche per la sua coltivazione.

1. Struttura e Funzione delle Trappole Appiccicose

Il Byblis è noto per le sue trappole appiccicose che si estendono lungo il fusto e le foglie della pianta. Queste trappole sono rivestite di una sostanza vischiosa che intrappola e digerisce piccoli insetti e altri organismi. La struttura e la funzione delle trappole sono fondamentali per comprendere come questa pianta cattura le prede e si adatta ai vari ambienti.

- **Struttura delle Trappole:** Le trappole del Byblis sono costituite da peli ghiandolari che secernono una resina adesiva. Questi peli, o "triche," sono distribuiti lungo le foglie e il fusto della pianta e sono responsabili della cattura delle prede.

  - **Byblis guehoi:** Questa specie ha peli appiccicosi più lunghi e numerosi, che possono ricoprire gran parte della superficie delle foglie, aumentando la probabilità di cattura di insetti in volo.

- **Byblis liniflora:** Presenta peli appiccicosi più brevi e distribuiti lungo le foglie in modo meno denso, ma comunque efficaci nella cattura di prede.

- **Meccanismo di Cattura:** Quando un insetto o una preda tocca i peli appiccicosi, rimane intrappolato nella resina. La pianta secernisce enzimi digestivi che iniziano a decomporre e assorbire i nutrienti dalla preda. La resina non solo intrappola, ma anche immobilizza la preda, consentendo alla pianta di digerire lentamente gli organismi catturati.

2. Adattamenti Ambientali e Coltivazione

Il Byblis è originario di ambienti umidi e ben drenati e richiede condizioni specifiche per prosperare. Questi adattamenti ambientali sono cruciali per la salute della pianta e il successo della coltivazione.

- **Luce:** Il Byblis preferisce una luce intensa e indiretta. La pianta può tollerare esposizioni brevi alla luce solare diretta, ma in generale, una luce solare filtrata o una lampada a spettro completo è l'ideale. In casa, posizionare la pianta vicino a una finestra orientata a est o ovest per fornire una luce sufficiente.

- **Temperatura:** Le temperature ideali per il Byblis variano a seconda della specie:

  - **Byblis guehoi:** Preferisce temperature calde tra 20 e 30 °C durante il giorno e leggermente più fresche durante la notte.

- **Byblis liniflora:** Tende a tollerare un intervallo di temperatura più ampio, dai 15 ai 25 °C, ma può adattarsi anche a temperature più alte.

- **Umidità:** Come molte piante carnivore, il Byblis richiede un'alta umidità per prosperare. La pianta deve essere mantenuta in ambienti con umidità elevata, preferibilmente tra l'80 e il 90%. Per garantire l'umidità adeguata, si può utilizzare un umidificatore o posizionare la pianta su un vassoio di ciottoli bagnati, assicurandosi che il fondo del vaso non sia immerso nell'acqua.

- **Substrato:** Il Byblis cresce meglio in un substrato acido e ben drenato. Una miscela ideale include torba di sfagno, perlite e sabbia silicea. Questo substrato fornisce un buon drenaggio e mantiene l'umidità senza causare ristagni d'acqua.

- **Acqua:** Utilizzare solo acqua distillata, piovana o deionizzata per evitare accumuli di minerali e solfati che potrebbero danneggiare la pianta. Mantenere il substrato umido ma non eccessivamente bagnato. Evitare di lasciare la pianta in un ambiente con ristagni d'acqua, poiché questo può portare al marciume delle radici.

3. Tecniche di Manutenzione e Cura

La manutenzione del Byblis richiede una certa attenzione per garantire che le condizioni ambientali rimangano ottimali e che la pianta continui a prosperare.

- **Pulizia:** Rimuovere regolarmente le foglie morte o appassite per evitare problemi di decomposizione e infestazioni di parassiti. Pulire delicatamente le foglie e il fusto con un panno morbido e umido per rimuovere polvere e detriti senza danneggiare i peli appiccicosi.

- **Nutrizione:** Il Byblis non richiede una fertilizzazione intensa, poiché ottiene la maggior parte dei nutrienti dalle prede. Tuttavia, durante i periodi di crescita attiva, è possibile fornire una leggera fertilizzazione con un fertilizzante specifico per piante carnivore, diluito a una frazione della dose consigliata. Evitare l'uso eccessivo di fertilizzanti, che potrebbe danneggiare la pianta.

- **Parassiti e Malattie:** Monitorare la pianta per segni di parassiti come afidi, ragnetti rossi o muffe. Utilizzare trattamenti naturali o specifici per piante carnivore per controllare eventuali infestazioni. Assicurarsi che l'ambiente di coltivazione sia ben ventilato per prevenire malattie fungine e batteriche.

4. Propagazione

Il Byblis può essere propagato tramite seme o talee. La semina richiede condizioni di alta umidità e temperatura calda. Per le talee, selezionare una sezione sana della pianta e radicarla in un substrato umido. Mantenere le talee in un ambiente umido e caldo fino a quando non sviluppano radici e iniziano a crescere.

5. Esperienze e Osservazioni

Osservare il Byblis in azione offre uno sguardo affascinante sulle tecniche di cattura e le adattabilità ambientali delle piante carnivore. Documentare le risposte della pianta a diverse condizioni di luce, temperatura e umidità può fornire informazioni preziose per ottimizzare le pratiche di coltivazione e migliorare la salute e la crescita delle piante.

6. Considerazioni Finali

Il Byblis è una pianta carnivora unica con trappole appiccicose specializzate che richiedono attenzione particolare per prosperare. Fornire le condizioni ambientali adeguate, mantenere una corretta manutenzione e comprendere le necessità specifiche di questa pianta sono essenziali per una coltivazione di successo.

7. Cephalotus: Trappole a Brocca e Strategie di Coltivazione

Il **Cephalotus follicularis**, comunemente noto come "piante brocca australiane" o "Cephalotus," è una pianta carnivora distintiva e affascinante con trappole a brocca. Questo paragrafo esaminerà in dettaglio le caratteristiche delle trappole a brocca del Cephalotus e fornirà linee guida specifiche per la sua coltivazione e cura, adatte sia ai principianti che agli appassionati esperti.

1. Struttura e Funzione delle Trappole a Brocca

Le trappole a brocca del Cephalotus sono tra le più complesse tra le piante carnivore e presentano una serie di adattamenti unici per la cattura e la digestione delle prede. Ogni brocca è una struttura cilindrica o a forma di coppa che raccoglie le prede attraverso meccanismi specializzati.

- **Struttura delle Trappole:** Le trappole del Cephalotus sono caratterizzate da una forma a brocca, con un bordo superiore ricurvo che crea una sorta di "coperchio". Questo coperchio aiuta a prevenire che la preda scappi una volta entrata nella brocca.

  - **Coperchio:** Il coperchio è sollevato e presenta una superficie vischiosa con colori vivaci per attirare gli insetti. Questo coperchio è spesso caratterizzato da delle striature colorate e da una superficie lucida che emette riflessi accattivanti.

  - **Pareti interne:** Le pareti interne della brocca sono rivestite di peli o strutture microscopiche che rendono difficile per la preda risalire verso l'uscita. Questi peli sono progettati per indirizzare la preda verso il fondo della brocca, dove avviene la digestione.

  - **Fondo della Brocca:** Al fondo della brocca si trova una miscela di enzimi digestivi e acidi che facilitano la decomposizione della preda, consentendo alla pianta di assorbire i nutrienti essenziali.

- **Meccanismo di Cattura:** La cattura avviene quando la preda viene attratta dalle caratteristiche visive e dalle secrezioni adesive della brocca. Una volta all'interno, l'insetto scivola verso il fondo a causa della struttura scivolosa e delle pareti inclinate. La pianta secernente enzimi digestivi per decomporre e assorbire i nutrienti dalla preda.

2. Condizioni Ambientali Ideali

Il Cephalotus richiede condizioni specifiche per una crescita ottimale. Questo include una gestione attenta della temperatura, dell'umidità e della luce.

- **Luce:** Il Cephalotus prospera in condizioni di luce intensa e indiretta. È ideale posizionare la pianta sotto una luce fluorescente o LED a spettro completo se coltivata in ambienti interni. Se coltivata all'aperto, deve essere riparata dalla luce solare diretta intensa, che può danneggiare le foglie e le trappole.

  - **Luce naturale:** Se possibile, collocare la pianta vicino a una finestra esposta a sud o est, evitando l'esposizione diretta alla luce solare che può causare scottature sulle foglie.

- **Temperatura:** Il Cephalotus preferisce temperature moderate, tipicamente tra i 20 e i 25 °C durante il giorno e tra i 10 e i 15 °C durante la notte. Questa gamma di temperatura è cruciale per mantenere la pianta sana e stimolare la produzione di nuove brocche.

  - **Temperature invernali:** Durante l'inverno, la pianta può tollerare temperature più basse, ma è importante evitare temperature sotto i 5 °C, che possono danneggiare le radici e le trappole.

- **Umidità:** La pianta richiede un'alta umidità per prosperare. Mantenere l'umidità tra il 50 e l'80% è ideale. Utilizzare un umidificatore o posizionare la pianta su un vassoio di ciottoli bagnati per mantenere i livelli di umidità elevati.

- **Monitoraggio dell'umidità:** Utilizzare un misuratore di umidità per assicurarsi che il livello rimanga costante e adeguato.

- **Substrato:** Il substrato ideale per il Cephalotus è un mix di torba di sfagno e perlite, che offre un buon drenaggio e un'acidità adeguata. Evitare l'uso di terreni ricchi di nutrienti o argillosi, poiché possono causare marciume radicale.

  - **Preparazione del substrato:** Utilizzare una miscela di torba di sfagno a lunga fibra e perlite in rapporto 1:1, con una piccola aggiunta di sabbia se necessario per migliorare il drenaggio.

- **Acqua:** Utilizzare solo acqua distillata, piovana o deionizzata per irrigare il Cephalotus. L'acqua del rubinetto può contenere minerali e sostanze chimiche dannose per la pianta. Assicurarsi che il substrato rimanga umido, ma evitare ristagni d'acqua che possono portare al marciume delle radici.

  - **Tecnica di irrigazione:** Innaffiare il substrato fino a quando non è uniformemente umido, evitando di inondare la pianta. Durante i periodi più freschi, ridurre la frequenza dell'irrigazione.

3. Tecniche di Manutenzione e Cura

La manutenzione del Cephalotus richiede attenzione per garantire che la pianta continui a prosperare e produrre nuove trappole.

- **Potatura e Pulizia:** Rimuovere regolarmente le foglie morte o appassite per prevenire la formazione di muffe e malattie. Pulire delicatamente le brocche e le foglie con un panno morbido e umido per rimuovere polvere e detriti. È importante evitare di danneggiare le trappole durante la pulizia.

  - **Potatura:** Potare le foglie e le trappole danneggiate o morte alla base della pianta per incoraggiare la crescita di nuove brocche.

- **Nutrizione:** Il Cephalotus ottiene la maggior parte dei nutrienti dalle sue prede, quindi non richiede una fertilizzazione frequente. Tuttavia, durante la stagione di crescita attiva, può essere utile fornire una leggera fertilizzazione con un fertilizzante bilanciato per piante carnivore, diluito a una frazione della dose raccomandata.

  - **Fertilizzazione:** Usare fertilizzanti liquidi a bassa concentrazione e applicare solo durante la fase di crescita attiva. Evitare l'eccesso di fertilizzazione, che può danneggiare le trappole e il substrato.

- **Parassiti e Malattie:** Monitorare la pianta per segni di parassiti come afidi, mosche bianche e ragnetti rossi. In caso di infestazioni, trattare con insetticidi specifici per piante carnivore o metodi naturali come il sapone insetticida. Anche le malattie fungine possono colpire il Cephalotus, quindi mantenere una buona ventilazione e evitare l'umidità eccessiva.

- **Prevenzione:** Assicurarsi che il Cephalotus sia in un ambiente ben ventilato e non eccessivamente umido per prevenire malattie fungine e marciume.

4. Propagazione

Il Cephalotus può essere propagato tramite seme, divisione dei cespi o talee fogliari. La propagazione per seme richiede condizioni di calore e umidità costanti, con una germinazione che può richiedere diverse settimane. Le divisioni dei cespi dovrebbero essere fatte con attenzione, assicurandosi che ogni segmento abbia radici e una parte sana della pianta.

- **Seme:** Seminare i semi su un substrato leggero e umido e mantenere una temperatura di circa 20-25 °C. Fornire luce indiretta e alta umidità fino alla germinazione.

- **Divisione dei cespi:** Separare i cespi con attenzione durante la stagione di crescita attiva, assicurandosi che ogni porzione abbia radici e foglie.

5. Osservazioni e Adattamenti

Osservare il Cephalotus e le sue risposte alle variazioni ambientali offre preziose informazioni su come ottimizzare le condizioni di crescita. Documentare le variazioni nel colore delle trappole, nella produzione di nuove brocche e nella risposta ai cambiamenti ambientali può aiutare a migliorare le pratiche di coltivazione.

6. Considerazioni Finali

Il Cephalotus è una pianta carnivora che, se coltivata con attenzione, può diventare una spettacolare aggiunta a qualsiasi collezione di piante. Comprendere le esigenze specifiche delle trappole a brocca e gestire le condizioni ambientali in modo adeguato sono fondamentali per il successo nella coltivazione di questa pianta affascinante.

8. Drosophyllum: Trappole Adesive e Considerazioni per il Terreno

Il **Drosophyllum lusitanicum**, noto anche come "piante goccia di rugiada" o semplicemente "Drosophyllum," è una pianta carnivora unica che presenta trappole adesive simili a gocce di rugiada. Originaria delle regioni aride e semi-aride dell'Europa e del Nord Africa, questa pianta ha adattamenti speciali per sopravvivere in ambienti con scarsa disponibilità di acqua. Questo paragrafo esplorerà le caratteristiche delle trappole adesive del Drosophyllum e fornirà indicazioni dettagliate per la coltivazione, la cura e le esigenze specifiche del terreno.

1. Struttura e Funzione delle Trappole Adesive

Le trappole del Drosophyllum sono costituite da foglie lunghe e sottili, coperte da numerosi peli glandolari che secernono una sostanza vischiosa. Questi peli, chiamati TENTACOLI, sono altamente specializzati nella cattura e digestione delle prede.

- **Trappole Adesive:** Le foglie del Drosophyllum si estendono verticalmente verso l'alto, con i tentacoli che sporgono dalla superficie. Questi tentacoli secernono una sostanza appiccicosa che cattura gli insetti e altre piccole prede. La funzione principale di questi tentacoli è attrarre e immobilizzare la preda, permettendo alla pianta di digerire e assorbire i nutrienti.

- **Tentacoli:** Ogni tentacolo è dotato di una ghiandola che secerne una colla vischiosa. La sostanza è progettata per essere altamente adesiva e resistente, in grado di trattenere la preda anche se questa tenta di muoversi.

- **Foglie:** Le foglie sono lunghe e sottili, con una struttura che consente una massima esposizione alla luce solare e facilita la cattura di insetti che volano vicino alla pianta.

- **Meccanismo di Cattura e Digestione:** Quando un insetto o un'altra piccola preda tocca i tentacoli, viene intrappolato dalla sostanza adesiva. La pianta poi secreta enzimi digestivi attraverso i peli, che iniziano il processo di decomposizione della preda. Questo processo permette alla pianta di assorbire i nutrienti essenziali dalla preda.

- **Tempo di Digestione:** La digestione della preda può richiedere da pochi giorni a diverse settimane, a seconda della dimensione e del tipo di preda. Durante questo periodo, i nutrienti vengono assorbiti attraverso la superficie della foglia.

2. Condizioni Ambientali Ideali

Il Drosophyllum è adattato a condizioni di crescita molto specifiche e necessita di un ambiente simile al suo habitat naturale per prosperare. La pianta preferisce condizioni aride e ben drenate, con una particolare attenzione alla temperatura e all'umidità.

- **Luce:** Il Drosophyllum necessita di luce intensa per crescere e prosperare. Posizionare la pianta in un'area che riceve luce solare diretta per almeno 6 ore al giorno è ideale. Se coltivata in interni, utilizzare lampade fluorescenti o LED a spettro completo per simulare le condizioni di luce naturale.

  - **Luce naturale:** Collocare la pianta vicino a una finestra esposta a sud o a est, dove può ricevere luce solare diretta. Se la luce naturale è insufficiente, integrare con luci artificiali.

- **Temperatura:** Questa pianta prospera in temperature calde e può tollerare una gamma di temperature che va da 20 a 35 °C durante il giorno. È importante evitare temperature troppo basse, poiché il Drosophyllum non è resistente al freddo e può soffrire se esposto a temperature sotto i 10 °C.

  - **Temperature notturne:** La temperatura notturna può scendere leggermente, ma non dovrebbe scendere sotto i 10 °C. Fornire una variazione di temperatura tra giorno e notte può favorire una crescita sana.

- **Umidità:** Il Drosophyllum è una pianta che si adatta bene a condizioni di bassa umidità, tipiche dei suoi habitat naturali. Non richiede un'umidità elevata e può prosperare in ambienti con umidità relativa intorno al 30-50%.

- **Gestione dell'umidità:** Evitare ambienti eccessivamente umidi che possono favorire la formazione di muffe e malattie. Utilizzare un ventilatore per migliorare la circolazione dell'aria se necessario.

- **Substrato:** Il substrato ideale per il Drosophyllum deve essere ben drenante e simile a quello che si trova nei suoi habitat naturali. Una miscela di sabbia, perlite e torba di sfagno è consigliata per garantire un buon drenaggio e prevenire ristagni d'acqua. Il substrato deve essere leggermente acido, con un pH intorno a 5.5-6.5.

  - **Preparazione del substrato:** Combinare sabbia e perlite in un rapporto 1:1 con una piccola quantità di torba di sfagno. Questo mix offre una buona aerazione e un drenaggio eccellente.

- **Acqua:** Utilizzare acqua distillata, piovana o deionizzata per irrigare il Drosophyllum. L'acqua del rubinetto può contenere minerali che possono accumularsi nel substrato e danneggiare la pianta. Mantenere il substrato leggermente umido, ma evitare ristagni d'acqua.

  - **Tecnica di irrigazione:** Innaffiare con parsimonia e assicurarsi che il substrato sia ben drenato. Evitare di mantenere l'acqua stagnante nel sottovaso.

3. Tecniche di Manutenzione e Cura

La cura del Drosophyllum richiede un'attenzione particolare per garantire che la pianta rimanga sana e prosperi nel tempo.

- **Potatura e Pulizia:** Rimuovere le foglie morte o appassite regolarmente per evitare la formazione di muffe e malattie. Utilizzare forbici sterili e pulite per la potatura. Inoltre, pulire periodicamente i tentacoli e le foglie con un panno morbido e asciutto per rimuovere la polvere.

    - **Pulizia dei tentacoli:** Evitare l'uso di acqua o sostanze chimiche per pulire i tentacoli, in quanto ciò potrebbe danneggiare le ghiandole adesive.

- **Nutrizione:** Il Drosophyllum ottiene i suoi nutrienti principalmente dalle prede catturate. Tuttavia, durante la stagione di crescita, può beneficiare di una leggera fertilizzazione con un fertilizzante diluito per piante carnivore. Applicare il fertilizzante in piccole quantità e con moderazione per evitare l'accumulo di sali nel substrato.

    - **Fertilizzazione:** Usare fertilizzanti liquidi a bassa concentrazione e applicare solo durante la fase di crescita attiva. Evitare fertilizzazioni eccessive.

- **Parassiti e Malattie:** Il Drosophyllum è relativamente resistente a parassiti e malattie, ma è comunque importante monitorare la pianta per eventuali segni di infestazione. Parassiti comuni includono afidi e mosche bianche, che possono essere trattati con insetticidi naturali o sapone insetticida. Prevenire malattie fungine mantenendo una buona ventilazione e un substrato ben drenato.

- **Prevenzione dei parassiti:** Monitorare regolarmente le foglie e i tentacoli per segni di infestazioni. Utilizzare trappole adesive per catturare e monitorare gli insetti volanti.

4. Propagazione

La propagazione del Drosophyllum può avvenire tramite seme, ma richiede condizioni di calore e umidità specifiche. Seminare i semi su un substrato leggero e ben drenato e mantenere una temperatura di circa 20-25 °C. I semi richiedono luce per germinare, quindi è importante non coprire i semi con il substrato.

- **Seme:** Seminare i semi sulla superficie del substrato, evitando di interrarli. Fornire una leggera copertura di plastica trasparente per mantenere l'umidità fino alla germinazione.

5. Osservazioni e Adattamenti

Osservare il Drosophyllum e la risposta della pianta alle condizioni ambientali può fornire informazioni preziose su come ottimizzare la cura. Notare la crescita dei tentacoli e la frequenza delle catture può aiutare a migliorare le pratiche di coltivazione.

6. Considerazioni Finali

Il Drosophyllum è una pianta carnivora affascinante che, se coltivata con attenzione e nelle giuste condizioni ambientali, può diventare una parte spettacolare e funzionale di qualsiasi collezione di piante carnivore. Le trappole adesive e le esigenze specifiche del terreno devono essere comprese e gestite con cura per garantire una crescita sana e una lunga vita alla pianta.

9. Pinguicula: Trappole Adesive e Gestione dell'Umidità

La **Pinguicula**, comunemente nota come "pianta grasso" o "pinguicola", è un'affascinante pianta carnivora appartenente alla famiglia delle Lentibulariaceae. Questo genere comprende diverse specie che presentano trappole adesive e una varietà di adattamenti ambientali. Originaria di regioni temperate e tropicali, la Pinguicula è particolarmente apprezzata per la sua capacità di catturare insetti attraverso foglie ricoperte di una sostanza vischiosa. In questo paragrafo, esploreremo in dettaglio la struttura e la funzione delle trappole adesive della Pinguicula e come gestire l'umidità per garantire una coltivazione ottimale.

1. Struttura e Funzione delle Trappole Adesive

Le foglie della Pinguicula sono la parte principale della pianta responsabile della cattura delle prede. Queste foglie sono caratterizzate da una superficie appiccicosa, ricoperta di peli ghiandolari che secernono una sostanza vischiosa. La combinazione di questi adattamenti consente alla Pinguicula di catturare e digerire insetti e altri piccoli organismi.

- **Trappole Adesive:** Le foglie della Pinguicula si presentano solitamente come rosette piatte o leggermente concave. La loro superficie è ricoperta da numerosi peli ghiandolari, che rilasciano una mucillagine appiccicosa. Questa sostanza non solo intrappola gli insetti che entrano in contatto con essa, ma contiene anche enzimi digestivi che iniziano il processo di decomposizione e assorbimento dei nutrienti.

- **Tentacoli Ghiandolari:** I peli ghiandolari sono disposti densamente sulla superficie delle foglie e secernono una colla vischiosa che attira e intrappola gli insetti. Questi peli sono altamente sensibili e possono rispondere anche ai leggeri movimenti delle prede.

- **Digestione:** Una volta che l'insetto è intrappolato, la mucillagine rilascia enzimi digestivi che iniziano a decomporre il corpo della preda. I nutrienti liberati vengono assorbiti attraverso la superficie della foglia, fornendo alla pianta le sostanze nutritive necessarie.

- **Meccanismo di Cattura:** La cattura avviene quando un insetto viene attratto dalla sostanza appiccicosa e rimane incastrato. La mucillagine non solo trattiene la preda, ma impedisce anche che questa si liberi, permettendo alla pianta di completare il processo digestivo.

  - **Tempo di Digestione:** Il tempo necessario per la digestione varia a seconda delle dimensioni dell'insetto e delle condizioni ambientali, ma può richiedere da alcuni giorni a diverse settimane. Durante questo periodo, la foglia può apparire leggermente rigonfia e modificare il colore mentre gli enzimi lavorano sulla preda.

2. Gestione dell'Umidità

La gestione dell'umidità è cruciale per la salute e la crescita ottimale della Pinguicula. Queste piante sono adattate a condizioni variabili di umidità, a seconda delle specie e delle loro origini geografiche. Una comprensione approfondita delle esigenze di umidità può garantire che la pianta prosperi e mantenga le sue caratteristiche uniche.

- **Umidità Ideale:** La maggior parte delle specie di Pinguicula preferisce ambienti con umidità moderata. Un'umidità relativa del 50-60% è generalmente ideale per la crescita. Tuttavia, alcune specie possono tollerare condizioni più secche o più umide a seconda della loro origine.

  - **Umidità Ambientale:** In ambienti secchi, può essere utile utilizzare un umidificatore per mantenere il livello di umidità appropriato. Anche la collocazione della pianta in una zona con buona circolazione dell'aria e lontana da fonti di calore diretto può aiutare a mantenere un'umidità stabile.

- **Irrigazione:** La Pinguicula richiede un'irrigazione adeguata per mantenere il substrato umido, ma non bagnato. Utilizzare acqua distillata o piovana è preferibile, poiché l'acqua del rubinetto può contenere minerali e sostanze chimiche che possono danneggiare la pianta. Irrigare regolarmente per mantenere il substrato leggermente umido, evitando i ristagni d'acqua.

- **Tecnica di Irrigazione:** Innaffiare il substrato fino a quando non si vede l'acqua uscire dai fori di drenaggio del vaso. Evitare di mantenere il substrato costantemente inzuppato. Durante i periodi di crescita attiva, la frequenza di irrigazione può aumentare leggermente.

- **Sottovaso e Drenaggio:** È fondamentale assicurare un buon drenaggio per evitare che l'acqua ristagni e causi marciume radicale. Utilizzare vasi con fori di drenaggio e un substrato ben aerato, composto da una miscela di torba di sfagno e perlite o sabbia.

  - **Preparazione del Substrato:** Mescolare torba di sfagno con perlite in un rapporto 1:1 o 2:1 per garantire una buona aerazione e drenaggio. Questo mix aiuta a prevenire il ristagno d'acqua e a mantenere l'umidità nel substrato.

- **Ambiente di Coltivazione:** Se coltivata in ambienti interni, la Pinguicula può trarre beneficio da un terrario o da un'area con umidità controllata. Utilizzare terrari con coperchi o ambienti chiusi può aiutare a mantenere l'umidità necessaria senza eccessivi rischi di malattie fungine.

  - **Terrari e Contenitori:** Assicurarsi che ci sia una buona ventilazione anche nei terrari per prevenire l'accumulo di umidità eccessiva. Utilizzare ventilatori a bassa velocità o lasciare uno spazio di ventilazione per migliorare la circolazione dell'aria.

- **Periodo di Riposo:** Alcune specie di Pinguicula entrano in una fase di riposo durante l'inverno, riducendo la loro crescita e l'assorbimento di nutrienti. Durante questo periodo, ridurre l'irrigazione e mantenere l'umidità più bassa, ma non lasciar asciugare completamente il substrato.

  - **Gestione durante il Riposo:** Monitorare attentamente le condizioni ambientali e adattare l'irrigazione e l'umidità in base alla fase di crescita della pianta.

3. Tecniche di Manutenzione e Cura

La cura della Pinguicula richiede attenzione ai dettagli per mantenere la pianta sana e vigorosa.

- **Potatura:** Rimuovere regolarmente le foglie morte o danneggiate per evitare la formazione di muffe e malattie. Utilizzare forbici sterilizzate e fare attenzione a non danneggiare le foglie sane.

  - **Pulizia:** Pulire delicatamente le foglie con un panno morbido e asciutto per rimuovere polvere e detriti. Evitare l'uso di acqua o prodotti chimici che potrebbero danneggiare la mucillagine.

- **Nutrizione:** La Pinguicula ottiene la maggior parte dei nutrienti dalle prede catturate. Tuttavia, durante la stagione di crescita, può beneficiare di una leggera fertilizzazione con un fertilizzante liquido diluito. Applicare il fertilizzante con moderazione per evitare accumuli di sali nel substrato.

- **Fertilizzazione:** Utilizzare fertilizzanti a basso contenuto di nutrienti e applicare solo durante la fase di crescita attiva. Evitare l'uso eccessivo che potrebbe compromettere la salute della pianta.

- **Parassiti e Malattie:** La Pinguicula può essere suscettibile a parassiti come afidi e mosche bianche, così come a malattie fungine se l'umidità è troppo alta. Monitorare regolarmente la pianta e trattare tempestivamente con insetticidi naturali o fungicidi specifici per piante carnivore.

- **Prevenzione:** Migliorare la ventilazione e mantenere un'umidità equilibrata per prevenire problemi di malattie e parassiti.

4. Propagazione

La propagazione della Pinguicula può avvenire tramite talea fogliare o divisione della pianta. Le talee fogliari dovrebbero essere prelevate da foglie giovani e sane e piantate in un substrato umido fino a quando non sviluppano radici.

- **Talea Fogliare:** Tagliare una foglia sana alla base e piantarla in un substrato ben drenato. Mantenere l'umidità e la luce indiretta fino alla radicazione. Trasferire le nuove piante in vasi separati quando raggiungono una dimensione adeguata.

5. Osservazioni e Adattamenti

Osservare attentamente la Pinguicula e adattare le pratiche di coltivazione in base alla risposta della pianta. Le esigenze di umidità, luce e nutrienti possono variare tra le diverse specie e ambienti.

- **Adattamenti:** Regolare le condizioni ambientali in base alla specie specifica e alle osservazioni delle esigenze della pianta. Le Pinguicula coltivate in ambienti diversi possono richiedere aggiustamenti nelle pratiche di cura per ottimizzare la crescita e la salute della pianta.

Con questi dettagli, i coltivatori di Pinguicula possono ottenere una gestione efficace e una crescita sana delle loro piante carnivore. Seguire queste linee guida aiuterà a garantire che le Pinguicula prosperino e mantengano le loro caratteristiche uniche di trappola adesiva.

10. Heliamphora: Trappole a Brocca e Esigenze Climatiche Specifiche

Heliamphora, comunemente conosciuta come "pianta a brocca del Monte Roraima", è un genere di piante carnivore che appartiene alla famiglia delle Lentibulariaceae. Originaria delle alte terre della Guyana e del Venezuela, la Heliamphora è nota per le sue trappole a brocca, che sono straordinariamente adatte alle condizioni uniche dei suoi habitat naturali. Questo paragrafo esplorerà in dettaglio la struttura e la funzione delle trappole a brocca della Heliamphora e le specifiche esigenze climatiche per una coltivazione di successo.

1. Struttura e Funzione delle Trappole a Brocca

Le trappole a brocca della Heliamphora sono uno degli esempi più affascinanti di adattamento evolutivo tra le piante carnivore. Queste trappole sono caratterizzate da una struttura tubolare che cattura e trattiene gli insetti, sfruttando le condizioni ambientali delle loro regioni di origine.

- **Design della Brocca:** Le trappole a brocca della Heliamphora si presentano come tubi verticali, che possono variare in altezza e forma a seconda della specie. Questi tubi sono solitamente verdi, ma possono avere sfumature di rosso o viola. La parte superiore della brocca è dotata di un coperchio o opercolo che aiuta a proteggere l'interno della brocca e ad attrarre le prede.

  - **Struttura Interna:** All'interno della brocca, le pareti sono rivestite di una mucillagine appiccicosa e di peli direzionali che indirizzano le prede verso il fondo. Il fondo della brocca è spesso coperto da una sostanza scivolosa e acida che facilita la digestione.

  - **Attrazione delle Prede:** La Heliamphora utilizza un mix di colori vivaci e secrezioni di nettare per attirare gli insetti. Le prede sono attratte dalla luce e dal profumo, e una volta che entrano nella brocca, trovano difficile uscire a causa dei peli direzionali e della superficie scivolosa.

- **Meccanismo di Cattura e Digestione:** Una volta che l'insetto è entrato nella brocca, esso scivola verso il fondo dove viene intrappolato. I peli direzionali impediscono alla preda di risalire e le secrezioni acide e gli enzimi digestivi iniziano il processo di decomposizione.

  - **Tempo di Digestione:** Il processo di digestione può richiedere diverse settimane, durante le quali la brocca può cambiare colore e forma. La digestione è lenta ma efficace, permettendo alla pianta di assorbire i nutrienti necessari.

2. Esigenze Climatiche Specifiche

Le Heliamphora sono piante alpine che crescono nelle regioni di alta quota, come i tepui del Venezuela e della Guyana. Questi ambienti offrono condizioni climatiche specifiche che devono essere replicate per garantire una coltivazione di successo.

- **Temperature:** La Heliamphora prospera in temperature fresche e costanti, con un intervallo ideale di 15-25°C durante il giorno e 10-15°C durante la notte. Queste piante non tollerano temperature elevate e possono soffrire se esposte a calore eccessivo.

    - **Risoluzione delle Temperature:** Se coltivate in ambienti interni, utilizzare condizionatori o ventilatori per mantenere temperature fresche e costanti. Durante i mesi più caldi, evitare di collocare le piante in luoghi esposti alla luce solare diretta che può innalzare la temperatura.

- **Umidità:** Le Heliamphora richiedono un'alta umidità ambientale per replicare le condizioni delle loro regioni naturali. L'umidità ideale dovrebbe essere compresa tra l'80% e il 90%.

    - **Gestione dell'Umidità:** Utilizzare umidificatori o terrari per mantenere livelli elevati di umidità. Assicurarsi che il substrato sia sempre umido, ma non eccessivamente bagnato. Monitorare regolarmente l'umidità ambientale e aggiustare l'irrigazione di conseguenza.

- **Luce:** La Heliamphora preferisce luce indiretta e diffusa. L'esposizione diretta alla luce solare intensa può danneggiare le trappole e compromettere la crescita della pianta.

  - **Posizione Ideale:** Collocare le piante in un'area con luce filtrata o utilizzare lampade fluorescenti a spettro completo per simulare le condizioni di luce naturali. Evitare l'uso di lampade alogene o HID che emettono calore eccessivo.

- **Substrato:** Il substrato per la Heliamphora deve essere altamente drenante e acido, simile a quello delle torbiere alpine. Una miscela di torba di sfagno, perlite e sabbia è raccomandata.

  - **Preparazione del Substrato:** Utilizzare una miscela di torba di sfagno a bassa acidità, perlite e sabbia in un rapporto di 2:1:1 per garantire un buon drenaggio e mantenere il substrato leggermente acido. Assicurarsi che il vaso abbia fori di drenaggio per evitare ristagni d'acqua.

3. Tecniche di Coltivazione e Cura

Coltivare Heliamphora richiede una cura particolare e attenzione ai dettagli per replicare l'ambiente naturale di queste piante.

- **Irrigazione:** Utilizzare acqua distillata o piovana per irrigare, poiché l'acqua del rubinetto può contenere minerali dannosi. Mantenere il substrato umido, ma evitare i ristagni d'acqua.

- **Tecnica di Irrigazione:** Irrigare il substrato regolarmente e mantenere una leggera umidità. Durante i periodi di crescita attiva, le Heliamphora possono richiedere irrigazioni più frequenti.

- **Fertilizzazione:** Le Heliamphora sono piante a crescita lenta e non necessitano di molta fertilizzazione. Applicare un fertilizzante liquido diluito ad alto contenuto di azoto una volta al mese durante la stagione di crescita.

  - **Fertilizzazione Moderata:** Utilizzare fertilizzanti specifici per piante carnivore e applicare solo durante la fase di crescita. Evitare di sovraccaricare la pianta con fertilizzante.

- **Potatura:** Rimuovere regolarmente le foglie morte o danneggiate per evitare accumuli di umidità e malattie. Utilizzare forbici sterilizzate per evitare contaminazioni.

  - **Potatura e Manutenzione:** Monitorare costantemente la salute della pianta e rimuovere eventuali trappole danneggiate o malate per mantenere la pianta sana.

- **Parassiti e Malattie:** Le Heliamphora possono essere suscettibili a parassiti come afidi e muffe fungine. Trattare tempestivamente con metodi naturali o prodotti specifici per piante carnivore.

- **Prevenzione e Controllo:** Migliorare la ventilazione e mantenere l'umidità bilanciata per prevenire le malattie. Controllare regolarmente la pianta per eventuali segni di infestazione.

4. Propagazione

La Heliamphora può essere propagata tramite talea o semina, ma la talea è il metodo più comune e pratico.

- **Talea:** Prelevare una talea dalla parte apicale della pianta e piantarla in un substrato umido e acido. Mantenere le condizioni di umidità e temperatura ideali per favorire la radicazione.

  - **Semina:** Seminare i semi di Heliamphora in un substrato sterile e mantenerli umidi fino alla germinazione. La germinazione può richiedere diverse settimane, e le piantine dovrebbero essere trattate con cura.

5. Osservazioni e Adattamenti

Osservare attentamente le Heliamphora e adattare le condizioni di crescita in base alla risposta della pianta.

- **Adattamenti Ambientali:** Regolare le condizioni di luce, umidità e temperatura in base alle osservazioni della pianta. Le Heliamphora possono richiedere aggiustamenti specifici a seconda delle variazioni ambientali e delle condizioni di crescita.

Seguendo queste linee guida dettagliate, è possibile coltivare e curare con successo le Heliamphora, replicando le loro condizioni naturali e garantendo una crescita sana e vigorosa.

III. Habitat Naturali e Necessità Ambientali

1. Torbiere e Paludi: Gli Habitat Tipici delle Piante Carnivore

Le torbiere e le paludi rappresentano gli habitat naturali ideali per molte specie di piante carnivore. Questi ambienti, caratterizzati da specifiche condizioni ecologiche, offrono le condizioni ottimali per la crescita e lo sviluppo delle piante che hanno evoluto meccanismi unici per catturare e digerire insetti e altri piccoli organismi. Questo paragrafo esplorerà le caratteristiche di torbiere e paludi, analizzando perché questi habitat sono così cruciali per le piante carnivore e come replicare tali condizioni in coltivazione.

1. Caratteristiche delle Torbiere

Le torbiere sono ecosistemi umidi e acidi, con suoli ricchi di torba, un tipo di materiale organico parzialmente decomposto che si accumula in ambienti bagnati. Questi terreni si formano in condizioni di bassa temperatura e umidità elevata, dove la decomposizione dei materiali organici è lenta, permettendo l'accumulo di torba.

- **Composizione del Suolo:** Il suolo delle torbiere è composto principalmente da torba, che è altamente acida e povera di nutrienti. Questo substrato è ideale per le piante carnivore, che sono adattate a condizioni di bassa fertilità e si nutrono di insetti per compensare la mancanza di nutrienti nel suolo.

- **Preparazione del Substrato:** Per coltivare piante carnivore in casa, è essenziale utilizzare una miscela di torba di sfagno e perlite o sabbia. Questa combinazione imita le condizioni di acidità e drenaggio delle torbiere, creando un ambiente simile a quello naturale delle piante.

- **Umidità e Drenaggio:** Le torbiere sono caratterizzate da un alto livello di umidità, con il suolo spesso saturo d'acqua. L'acqua stagnante contribuisce alla formazione di torba e mantiene l'ambiente costantemente umido.

  - **Gestione dell'Umidità:** In un ambiente coltivato, è fondamentale mantenere un alto livello di umidità. Utilizzare terrari, umidificatori o piattini con acqua sotto il vaso per garantire che l'umidità rimanga elevata. È importante evitare l'uso di acqua del rubinetto, preferendo acqua distillata o piovana per prevenire l'accumulo di sali e minerali nel substrato.

- **Clima e Temperatura:** Le torbiere si trovano in climi temperati e freddi, con temperature che variano da miti a fredde durante l'anno. Le piante carnivore delle torbiere sono adattate a temperature fresche e stagioni di crescita brevi.

  - **Controllo della Temperatura:** In coltivazione, assicurarsi di replicare le temperature fresche e stagionali. Utilizzare ventilatori o condizionatori per mantenere temperature fresche e simili a quelle dell'habitat naturale durante la crescita delle piante.

2. Caratteristiche delle Paludi

Le paludi sono ecosistemi caratterizzati da suoli saturi d'acqua e da un'abbondante vegetazione acquatica. Questi ambienti sono tipicamente meno acidi rispetto alle torbiere e possono ospitare una varietà di piante carnivore che si adattano a condizioni di alta umidità e ricchezza organica.

- **Composizione del Suolo:** I suoli delle paludi sono ricchi di materia organica e meno acidi rispetto alle torbiere. Tuttavia, possono variare in termini di drenaggio e nutrienti, a seconda della posizione e delle condizioni locali.

  - **Preparazione del Substrato:** Per le piante carnivore provenienti da paludi, utilizzare una miscela di torba di sfagno, sabbia e perlite per ottenere un substrato ben drenante e umido. Questo aiuta a simulare le condizioni delle paludi e a mantenere un equilibrio tra umidità e drenaggio.

- **Umidità e Drenaggio:** Le paludi sono ambienti molto umidi, con un costante livello di acqua che può variare da pochi centimetri a diversi metri di profondità. La vegetazione acquatica, come le alghe e le piante subacquee, contribuisce a mantenere un'alta umidità e una buona circolazione dell'acqua.

  - **Gestione dell'Umidità:** In coltivazione, utilizzare piatti con acqua sotto i vasi per mantenere il substrato costantemente umido. Le piante carnivore delle paludi possono beneficiare di ambienti acquatici o di terrari con elevata umidità.

- **Clima e Temperatura:** Le paludi si trovano in climi tropicali e subtropicali, con temperature generalmente calde e umide tutto l'anno. Le piante carnivore delle paludi sono adattate a condizioni di calore e umidità costanti.

  - **Controllo della Temperatura:** Mantenere temperature calde e stabili in coltivazione, simili a quelle delle paludi naturali. Utilizzare riscaldatori o lampade riscaldanti per mantenere una temperatura adeguata durante tutto l'anno.

3. Tecniche di Coltivazione Basate sugli Habitat Naturali

Per replicare con successo le condizioni delle torbiere e delle paludi, è essenziale adattare le pratiche di coltivazione alle esigenze specifiche delle piante carnivore. Ecco alcune tecniche pratiche per creare ambienti simili a quelli naturali:

- **Terrari e Contenitori:** Utilizzare terrari o contenitori con coperchio per mantenere l'umidità alta e stabilizzare la temperatura. I terrari imitano l'ambiente chiuso delle torbiere e delle paludi, aiutando a mantenere condizioni costanti.

- **Monitoraggio Ambientale:** Monitorare regolarmente umidità, temperatura e livello dell'acqua. Utilizzare strumenti come igrometri e termometri per assicurarsi che le condizioni rimangano entro gli intervalli ottimali per la crescita delle piante carnivore.

- **Manutenzione del Substrato:** Controllare e sostituire il substrato quando necessario per evitare la compattazione e mantenere un buon drenaggio. Rinnovare la torba di sfagno e altre miscele per evitare l'accumulo di sali e nutrienti in eccesso.

Replicare le condizioni delle torbiere e delle paludi è fondamentale per il successo nella coltivazione delle piante carnivore. Comprendere le caratteristiche di questi habitat e applicare tecniche di coltivazione appropriate permetterà di creare ambienti favorevoli per la crescita e la prosperità delle piante.

2. Clima e Temperature: Adattamenti delle Piante Carnivore ai Climi Estremi

Le piante carnivore, con le loro eccezionali strategie di cattura e digestione, hanno evoluto adattamenti sorprendenti per sopravvivere in una varietà di climi estremi. Questo paragrafo esamina come queste piante si sono adattate a condizioni climatiche variabili, dalle regioni tropicali e subtropicali calde e umide ai climi temperati e freddi, e come queste informazioni possano essere applicate nella coltivazione domestica per ottimizzare la crescita e la salute delle piante.

1. Adattamenti al Clima Tropicale e Subtropicale

Le piante carnivore originarie di climi tropicali e subtropicali, come le Nepenthes e le Drosera, sono adattate a temperature elevate e umidità costante. In questi ambienti, le condizioni climatiche sono caratterizzate da temperature che possono variare da 20°C a 35°C e umidità che spesso supera il 60%. Le piante in questi climi devono affrontare sfide come l'eccessiva umidità e la forte radiazione solare.

- **Gestione della Temperatura:** Per coltivare piante carnivore tropicali come le Nepenthes, è cruciale mantenere temperature calde e costanti. Utilizzare riscaldatori o lampade riscaldanti per simulare le temperature elevate. I terrari chiusi possono aiutare a mantenere una temperatura stabile e un'umidità elevata. Se si coltivano queste piante in ambienti non tropicali, l'uso di riscaldatori e umidificatori è essenziale per replicare le condizioni di crescita ottimali.

- **Umidità e Ventilazione:** Le piante carnivore tropicali richiedono un ambiente umido per prosperare. Utilizzare umidificatori per mantenere l'umidità alta, o posizionare i vasi su piattini con acqua per aumentare l'umidità ambientale. È importante garantire anche una buona ventilazione per prevenire la formazione di muffa e malattie fungine, che possono prosperare in ambienti molto umidi e poco ventilati.

- **Luce:** Le piante tropicali come le Nepenthes beneficiano di una luce intensa, simile a quella che ricevono nei loro habitat naturali. Utilizzare lampade fluorescenti o LED ad alta intensità per imitare la luce solare. Assicurarsi che le piante ricevano almeno 12 ore di luce al giorno, poiché la luce insufficiente può limitare la loro crescita e capacità di cattura.

2. Adattamenti al Clima Temperato e Freddo

Le piante carnivore che provengono da climi temperati e freddi, come la Dionaea muscipula (Venere acchiappamosche) e le Sarracenia, sono adattate a temperature più basse e a stagioni di crescita limitate. Queste piante devono affrontare temperature che possono scendere sotto lo zero e variazioni stagionali significative.

- **Gestione della Temperatura:** Le piante carnivore temperate richiedono una dormienza invernale, un periodo di raffreddamento durante il quale la crescita rallenta e le piante riposano. Durante questo periodo, le temperature devono essere mantenute basse, tra 5°C e 10°C, per simulare le condizioni invernali naturali. Utilizzare frigoriferi o stanze fresche per mantenere la temperatura adeguata. In primavera e estate, le temperature possono essere rialzate a 20°C-25°C per favorire la crescita attiva.

- **Ciclo Stagionale:** Le piante temperate necessitano di un ciclo stagionale chiaro per mantenere la loro salute e vitalità. I cambiamenti di temperatura e luce stimolano i periodi di crescita e dormienza. Assicurarsi che le piante ricevano una riduzione della luce e della temperatura in inverno e un incremento della luce e del calore in primavera e estate.

- **Protezione dal Freddo Estremo:** In ambienti domestici non temperati, proteggere le piante carnivore dalle gelate e dalle temperature estremamente basse. Utilizzare coperture protettive o posizionare i vasi in aree protette durante i periodi di freddo intenso. Per le coltivazioni in serra, regolare la temperatura e l'umidità per simulare le condizioni delle stagioni naturali.

3. Tecniche di Coltivazione Adattate ai Climi

Per ottimizzare la coltivazione delle piante carnivore in climi estremi, è fondamentale adattare le tecniche di coltivazione alle specifiche esigenze climatiche delle piante.

- **Controllo Ambientale:** Utilizzare strumenti di monitoraggio ambientale per mantenere temperature e umidità ottimali. Termometri, igrometri e riscaldatori/umidificatori possono aiutare a creare e mantenere le condizioni ideali per ciascun tipo di pianta carnivora.

- **Simulazione dell'Habitat:** Creare ambienti controllati che imitano le condizioni naturali delle piante carnivore. I terrari e le serre sono strumenti efficaci per replicare le condizioni di crescita specifiche, come temperature calde e umidità elevata per le piante tropicali o temperature fredde per quelle temperate.

Comprendere e replicare le condizioni climatiche ottimali è cruciale per il successo nella coltivazione delle piante carnivore. Adattare le tecniche di coltivazione alle esigenze climatiche delle piante non solo favorisce una crescita sana, ma migliora anche la loro capacità di cattura e sopravvivenza.

3. Umidità Ambientale: Fondamentale per la Crescita delle Piante Carnivore

L'umidità ambientale è un elemento cruciale nella coltivazione delle piante carnivore. Queste piante, adattate a habitat specifici con umidità elevata, necessitano di condizioni di crescita che imitino i loro ambienti naturali per prosperare. In questo paragrafo, esploreremo perché l'umidità è così importante, come mantenerla adeguata, e le tecniche pratiche per gestirla efficacemente.

1. Importanza dell'Umidità per le Piante Carnivore

Le piante carnivore, che si sono evolute in ambienti umidi e ricchi di nutrienti limitati, richiedono livelli di umidità superiori rispetto ad altre piante. L'umidità elevata aiuta a prevenire la disidratazione, supporta la funzione ottimale delle trappole e favorisce un metabolismo attivo.

- **Prevenzione della Disidratazione:** In habitat naturali, molte piante carnivore vivono in torbiere e paludi, dove l'alta umidità previene l'eccessiva perdita d'acqua. In ambienti domestici, l'umidità insufficiente può causare il rinsecchimento delle trappole e la morte della pianta. Ad esempio, la **Dionaea muscipula** (Venere acchiappamosche) e le **Drosera** necessitano di un'alta umidità per mantenere le loro trappole appiccicose attive e funzionanti. Senza umidità sufficiente, queste trappole diventano meno efficaci nel catturare insetti.

- **Sostegno alla Funzione Metabolica:** Un'adeguata umidità favorisce un metabolismo sano e il processo digestivo delle trappole carnivore. Ad esempio, le **Nepenthes**, con le loro trappole a brocca, richiedono un'umidità elevata per mantenere il liquido digestivo all'interno delle brocche. Questo liquido è essenziale per la digestione degli insetti e l'assorbimento dei nutrienti.

2. Tecniche per Mantenere l'Umidità Adeguata

Mantenere un livello ottimale di umidità può essere sfidante, soprattutto in ambienti domestici con condizioni climatiche variabili. Tuttavia, ci sono diverse tecniche che possono aiutare a mantenere l'umidità elevata e costante.

- **Utilizzo di Umidificatori:** Gli umidificatori sono strumenti molto efficaci per mantenere l'umidità elevata, specialmente in ambienti chiusi come serra o terrari. Scegliere umidificatori ad ultrasuoni o a evaporazione che possano coprire l'area in cui sono coltivate le piante. Assicurarsi che l'umidificatore sia regolabile per mantenere l'umidità intorno al 50-70%, il range ideale per molte piante carnivore.

- **Tavoletta di Umidità:** Utilizzare piattini con acqua sotto i vasi può aiutare ad aumentare l'umidità ambientale intorno alle piante. L'acqua evaporata crea un microclima umido intorno alle piante. Questo metodo è particolarmente utile per piante come le **Sarracenia** e le **Drosophyllum**, che richiedono un'umidità ambientale costante.

- **Terrari e Serre:** I terrari e le serre sono strutture ideali per controllare l'umidità. Utilizzare terrari in vetro o plastica per creare un ambiente chiuso che trattiene l'umidità e la temperatura. Monitorare regolarmente l'umidità interna con un igrometro e regolare le aperture per permettere una ventilazione adeguata senza ridurre l'umidità troppo rapidamente.

- **Spruzzature Regolari:** Per le piante carnivore in ambienti più secchi, una spruzzatura regolare con acqua distillata può fornire l'umidità necessaria. Utilizzare uno spruzzatore a nebbia fine per evitare di bagnare eccessivamente il substrato o le foglie. Questa tecnica è utile soprattutto per piante come le **Pinguicula**, che beneficiano di una leggera umidità sulle foglie per migliorare l'efficacia delle trappole adesive.

3. Considerazioni per Diverse Specie

Le esigenze di umidità possono variare tra le diverse specie di piante carnivore, e comprendere queste differenze è essenziale per una coltivazione di successo.

- **Piante Tropicali e Subtropicali:** Le piante carnivore tropicali, come le **Nepenthes** e le **Drosera**, prosperano in ambienti con umidità molto alta. È fondamentale mantenere livelli di umidità costanti e elevati. Le soluzioni includono l'uso di umidificatori e terrari per simulare le condizioni dei loro habitat naturali.

- **Piante Temperate e Aride:** Le piante carnivore temperate, come le **Dionaea muscipula** e le **Sarracenia**, richiedono umidità elevata durante la stagione di crescita, ma possono tollerare periodi di bassa umidità durante la dormienza invernale. Durante il periodo di crescita, mantenere umidità alta attraverso l'uso di piattini con acqua o serra. Durante la dormienza, ridurre gradualmente l'umidità ma non lasciarle seccare completamente.

4. Problemi Comuni e Soluzioni

- **Eccesso di Umidità:** Troppa umidità può portare a problemi come la formazione di muffa o marciume radicale. Assicurarsi che le piante abbiano una buona ventilazione e che il substrato non rimanga costantemente bagnato. Utilizzare terrari con aperture regolabili o ventilatori per migliorare la circolazione dell'aria.

- **Bassa Umidità:** La bassa umidità può causare disidratazione e riduzione dell'efficacia delle trappole. Utilizzare metodi di umidificazione e monitorare regolarmente i livelli di umidità per prevenire questi problemi.

L'umidità ambientale è un fattore cruciale per il benessere e la prosperità delle piante carnivore. Utilizzando le tecniche descritte e monitorando attentamente le condizioni ambientali, è possibile garantire che le piante carnivore ricevano il livello di umidità necessario per una crescita sana e vigorosa.

4. Luce e Ombra: Come la Luce Influenza le Piante Carnivore

La luce è un elemento essenziale per la crescita e il benessere delle piante carnivore. Queste piante hanno sviluppato adattamenti unici per ottimizzare l'assorbimento della luce, che è fondamentale non solo per la fotosintesi ma anche per il loro comportamento predatorio e la loro salute generale. In questo paragrafo, esamineremo come la luce influisce sulle piante carnivore, quali sono le necessità specifiche di diverse specie e le tecniche per garantire una corretta esposizione alla luce.

1. Importanza della Luce per le Piante Carnivore

La luce svolge un ruolo cruciale nella fotosintesi, il processo attraverso il quale le piante producono energia per la crescita e il mantenimento delle loro strutture. Per le piante carnivore, una luce adeguata è altrettanto importante per:

- **Stimolare la Crescita e lo Sviluppo:** La luce solare o artificiale di qualità aiuta a stimolare la crescita delle piante carnivore, supportando lo sviluppo delle trappole e delle foglie. Ad esempio, la **Dionaea muscipula** (Venere acchiappamosche) e le **Sarracenia** richiedono luce solare diretta o intensa per produrre trappole robuste e funzionali. Senza una quantità sufficiente di luce, queste piante potrebbero produrre trappole deboli o non riuscire a catturare insetti efficacemente.

- **Regolare il Ciclo di Crescita e Dormienza:** Molte piante carnivore hanno cicli di crescita stagionali che sono influenzati dalla quantità di luce disponibile. Le **Nepenthes**, ad esempio, necessitano di una luce costante e di alta intensità durante la stagione di crescita per mantenere il loro vigore. Le piante temperate come le **Sarracenia** e la **Dionaea muscipula** hanno una fase di dormienza invernale che è stimolata dalla riduzione della luce e delle temperature.

- **Favorire la Produzione di Trappole:** La produzione di trappole e la loro qualità dipendono in gran parte dall'esposizione alla luce. Trappole ben illuminate sono più efficienti nella cattura degli insetti e nella digestione. Per esempio, le **Drosera** (sundews) producono i loro tentacoli appiccicosi migliori in risposta a una luce intensa.

2. Esigenze di Luce per Diverse Specie di Piante Carnivore

Le esigenze di luce possono variare notevolmente tra le diverse specie di piante carnivore. È essenziale adattare le condizioni di luce in base ai requisiti specifici di ogni specie per garantire una crescita ottimale.

- **Piante Tropicali e Subtropicali:** Le piante carnivore tropicali, come le **Nepenthes** e le **Drosera**, prosperano sotto luce intensa e indiretta. Per queste piante, una buona esposizione a una luce di alta qualità è fondamentale, soprattutto se coltivate in ambienti chiusi. Utilizzare luci fluorescenti a spettro completo o luci a LED specifiche per piante può simulare le condizioni di luce intensa che queste piante riceverebbero nel loro habitat naturale.

- **Piante Temperate e di Clima Freddo:** Le piante carnivore temperate come la **Dionaea muscipula** e le **Sarracenia** richiedono una luce solare diretta per la maggior parte della giornata durante la stagione di crescita. Se coltivate in ambienti chiusi, è consigliabile utilizzare lampade di crescita che emettono una luce ad alta intensità per simulare la luce solare. Durante la dormienza, queste piante possono tollerare una riduzione della luce, ma è importante che il periodo di riduzione sia graduale per evitare stress eccessivo.

3. Tecniche per Fornire la Giusta Quantità di Luce

Garantire che le piante carnivore ricevano la giusta quantità di luce può richiedere un po' di pianificazione e attenzione. Ecco alcune tecniche per ottimizzare l'esposizione alla luce:

- **Posizionamento Ottimale:** Se coltivate all'aperto, posizionare le piante in aree che ricevono luce solare diretta per almeno 6 ore al giorno. Per le piante in vaso, ruotare periodicamente i vasi per garantire che tutte le parti della pianta ricevano una luce uniforme. Se coltivate in casa, posizionare le piante vicino a finestre che ricevono luce solare diretta o utilizzare lampade di crescita per garantire un'illuminazione adeguata.

- **Utilizzo di Lampade di Crescita:** Per la coltivazione indoor, scegliere lampade a spettro completo o LED specifici per piante che imitano la luce solare naturale. Le lampade fluorescenti a spettro completo sono anche una buona scelta e possono essere montate sopra le piante a una distanza che consenta una luce intensa senza bruciare le foglie. Regolare l'intensità e la durata dell'illuminazione in base alla specie e alla fase di crescita delle piante.

- **Monitoraggio e Regolazione:** Utilizzare un luxmetro per misurare l'intensità luminosa e assicurarsi che le piante ricevano la giusta quantità di luce. Monitorare la crescita delle piante e apportare modifiche all'illuminazione se si notano segni di scarsa crescita o etiolazione (allungamento anomalo delle foglie).

4. Problemi Comuni e Soluzioni

- **Scarsa Luce:** La mancanza di luce può causare crescita lenta, trappole deformi o deboli e scarsa produzione di trappole. Assicurarsi che le piante ricevano abbastanza luce e, se necessario, aumentare l'intensità dell'illuminazione. Per piante in casa, considerare l'uso di luci di crescita supplementari.

- **Eccesso di Luce:** Anche se le piante carnivore amano la luce, un'eccessiva esposizione alla luce diretta, soprattutto se combinata con temperature elevate, può causare scottature delle foglie e stress. Fornire ombra parziale durante le ore più calde del giorno e mantenere un ambiente ben ventilato.

La luce è un aspetto cruciale della coltivazione delle piante carnivore e influisce significativamente sulla loro salute e sul loro sviluppo. Fornendo una luce adeguata e monitorando attentamente le esigenze specifiche di ogni specie, è possibile garantire che le piante carnivore prosperino e sviluppino trappole efficaci e vitali.

5. Composizione del Suolo: Substrati Ideali per le Piante Carnivore

La scelta del substrato giusto è cruciale per la salute e la crescita ottimale delle piante carnivore. Queste piante hanno esigenze specifiche in termini di composizione del suolo, che riflettono i loro habitat naturali, spesso caratterizzati da suoli poveri di nutrienti e ben drenati. In questo paragrafo, esploreremo i vari tipi di substrati ideali per le piante carnivore, le loro caratteristiche e le migliori pratiche per prepararli e mantenerli.

1. Caratteristiche Fondamentali dei Substrati per Piante Carnivore

Le piante carnivore sono adattate a suoli con basse concentrazioni di nutrienti e una buona capacità di drenaggio. Ecco le principali caratteristiche che un substrato ideale dovrebbe avere:

- **Drenaggio Eccellente:** Le piante carnivore, come le **Dionaea muscipula** (Venere acchiappamosche) e le **Sarracenia** (piante trombetta), richiedono substrati che dreni bene l'acqua per evitare il ristagno, che può portare a marciumi radicali. Un substrato ben drenante garantisce che le radici non siano sommerse in acqua stagnante, riducendo il rischio di malattie fungine e batteriche.

- **Povero di Nutrienti:** Le piante carnivore sono abituate a suoli poveri di nutrienti e hanno sviluppato trappole per catturare insetti e altri piccoli organismi per ottenere i nutrienti di cui hanno bisogno. È quindi fondamentale utilizzare substrati che non contengano fertilizzanti o nutrienti aggiunti che potrebbero danneggiare la pianta.

- **Acidità:** La maggior parte delle piante carnivore preferisce substrati con un pH acido, solitamente compreso tra 4 e 5. Un pH più alto può influire negativamente sulla crescita e sulla capacità di cattura degli insetti.

2. Substrati Ideali per le Piante Carnivore

Diversi tipi di piante carnivore hanno esigenze diverse in termini di substrato, ma in generale, i substrati ideali sono costituiti da una combinazione di materiali che imitano le condizioni dei loro habitat naturali. Ecco alcune miscele comuni e consigliate:

- **Torba di Sphagno:** La torba di sphagno è uno dei substrati più utilizzati per le piante carnivore. È acida, leggera e ben drenante. Per le **Dionaea muscipula** e le **Sarracenia**, una miscela di torba di sphagno e perlite è spesso utilizzata. La torba di sphagno è anche un ottimo elemento per mantenere l'umidità senza causare ristagni d'acqua.

- **Perlite:** La perlite è un minerale vulcanico espanso che aiuta a migliorare il drenaggio e l'aerazione del substrato. È comunemente miscelata con torba di sphagno in proporzioni di 1:1 o 1:2. Questo mix è particolarmente utile per le **Dionaea muscipula** e le **Sarracenia**, fornendo un ambiente ben drenato e aerato.

- **Sabbia Silicea:** La sabbia silicea è un componente importante nei substrati per molte piante carnivore, in particolare per le **Nepenthes**. La sabbia silicea contribuisce a un buon drenaggio e può essere mescolata con torba di sphagno e perlite in proporzioni variabili. Una miscela comune è 1 parte di torba di sphagno, 1 parte di perlite e 1 parte di sabbia silicea.

- **Fibra di Coco:** La fibra di coco, derivata dalla parte esterna del cocco, è un substrato alternativo che può essere utilizzato per alcune piante carnivore. È simile alla torba di sphagno in termini di drenaggio e acidità ma è considerata più ecologica. Può essere miscelata con perlite o sabbia silicea per migliorare la struttura del substrato.

3. Preparazione e Manutenzione del Substrato

Preparare il substrato giusto per le piante carnivore richiede attenzione ai dettagli. Ecco alcune linee guida per garantire che il substrato sia adatto e mantenuto correttamente:

- **Miscelazione:** Quando si preparano miscele di substrato, è importante mescolare accuratamente i componenti per ottenere una consistenza uniforme. Ad esempio, per una miscela di torba di sphagno e perlite, assicurarsi che le due componenti siano ben amalgamate per evitare aree di ristagno d'acqua.

- **Sterilizzazione:** Per prevenire malattie e infestazioni di insetti, è consigliabile sterilizzare il substrato prima dell'uso. La sterilizzazione può essere effettuata riscaldando il substrato in forno a 180°C per circa 30 minuti o utilizzando metodi alternativi come l'autoclave.

- **Controllo dell'Acidità:** Monitorare il pH del substrato è essenziale per garantire che rimanga all'interno dell'intervallo ideale per le piante carnivore. Testare il pH regolarmente e apportare modifiche se necessario utilizzando additivi specifici per mantenere l'acidità.

- **Rinovamento:** Il substrato può deteriorarsi nel tempo, perdendo parte delle sue proprietà di drenaggio e acidità. È utile rinnovare il substrato ogni 1-2 anni, sostituendo il materiale vecchio con una nuova miscela per garantire condizioni ottimali di crescita.

4. Errori Comuni e Soluzioni

- **Eccesso di Nutrienti:** L'uso di terricci o fertilizzanti ricchi di nutrienti può danneggiare le piante carnivore. Assicurarsi che il substrato sia specificamente progettato per piante carnivore e non contenga fertilizzanti aggiunti.

- **Ristagno d'Acqua:** Il ristagno d'acqua è una delle principali cause di marciume radicale. Utilizzare substrati ben drenanti e assicurarsi che i vasi abbiano fori di drenaggio adeguati. Controllare il livello di umidità e assicurarsi che l'acqua in eccesso possa defluire facilmente.

- **pH Inadeguato:** Un pH troppo alto può compromettere la salute delle piante carnivore. Utilizzare torba di sphagno e materiali simili che mantengano un pH acido e testare regolarmente il substrato per apportare modifiche se necessario.

La composizione del suolo è fondamentale per il successo della coltivazione delle piante carnivore. Utilizzando substrati adeguati e mantenendoli correttamente, è possibile creare un ambiente ideale che favorisca una crescita sana e una produzione efficace di trappole.

6. Acqua: Tipologie e Tecniche di Irrigazione per le Piante Carnivore

L'acqua è un elemento cruciale per la coltivazione delle piante carnivore, e le sue caratteristiche e modalità di somministrazione devono essere scelte con attenzione per garantire la salute e la crescita ottimale delle piante. Le piante carnivore hanno esigenze specifiche riguardo alla qualità dell'acqua e alle tecniche di irrigazione, che riflettono i loro habitat naturali caratterizzati da ambienti umidi e ben drenati. In questo paragrafo, esploreremo le tipologie di acqua più adatte, le tecniche di irrigazione e le migliori pratiche per assicurare che le piante carnivore ricevano l'idratazione di cui hanno bisogno.

1. Tipologie di Acqua per le Piante Carnivore

La qualità dell'acqua utilizzata per le piante carnivore è fondamentale, poiché queste piante sono particolarmente sensibili ai minerali e ai contaminanti che possono essere presenti nelle fonti d'acqua comuni. Ecco le principali tipologie di acqua adatte per le piante carnivore:

- **Acqua Distillata:** L'acqua distillata è una scelta eccellente per le piante carnivore poiché è priva di minerali, sali e altre impurità che potrebbero danneggiare le radici. Questo tipo di acqua è ottenuto tramite distillazione, un processo che rimuove quasi tutti i contaminanti. Per garantire la qualità dell'acqua, è consigliabile utilizzare acqua distillata soprattutto per piante sensibili come le **Nepenthes** e le **Drosophyllum**.

- **Acqua Piovana:** L'acqua piovana è una fonte naturale di acqua pura e acida, ideale per le piante carnivore. Poiché è priva di sali e di minerali in eccesso, è particolarmente adatta per piante come le **Sarracenia** e le **Dionaea muscipula**. Raccogliere e utilizzare acqua piovana può essere una soluzione economica ed ecologica, ma è importante assicurarsi che la raccolta avvenga in contenitori puliti per evitare contaminazioni.

- **Acqua deionizzata:** Simile all'acqua distillata, l'acqua deionizzata è trattata per rimuovere ioni di minerali e impurità. Questo tipo di acqua è anch'esso molto adatto per le piante carnivore, poiché non contiene sali o contaminanti che potrebbero compromettere la loro crescita. È particolarmente utile per l'irrigazione regolare e per i rinvasi delle piante carnivore.

- **Acqua di Rubinetto Filtrata:** Anche se l'acqua di rubinetto filtrata può essere utilizzata in alcuni casi, è importante assicurarsi che il filtro rimuova efficacemente i minerali e i contaminanti. Verificare la qualità dell'acqua filtrata con un test di pH e di conducibilità elettrica può aiutare a garantire che non contenga impurità dannose.

2. Tecniche di Irrigazione per le Piante Carnivore

Le tecniche di irrigazione devono essere adattate alle esigenze specifiche delle piante carnivore. Ecco alcune pratiche comuni e consigliate:

- **Irrigazione dal Basso:** L'irrigazione dal basso è una tecnica molto utile per le piante carnivore. Consiste nell'inserire il vaso della pianta in un contenitore con acqua, permettendo così al substrato di assorbire l'acqua per capillarità. Questa tecnica aiuta a mantenere il substrato umido senza bagnare eccessivamente la superficie. È particolarmente adatta per piante come le **Dionaea muscipula** e le **Sarracenia**, che preferiscono un ambiente costantemente umido.

- **Spruzzatura:** Per alcune piante carnivore, come le **Drosera** e le **Pinguicula**, la spruzzatura dell'acqua sulle foglie può aiutare a mantenere l'umidità ambientale e a fornire una leggera umidificazione. Utilizzare uno spruzzatore fine e assicurarsi che l'acqua non ristagni sui fogli per evitare marciumi.

- **Irrigazione Diretta:** Per piante che crescono in ambienti molto umidi o in substrati con un buon drenaggio, come le **Nepenthes**, l'irrigazione diretta attraverso il substrato può essere adeguata. Utilizzare un annaffiatoio con beccuccio fine e annaffiare lentamente fino a quando il substrato è uniformemente umido. È importante evitare ristagni d'acqua nel sottovaso.

- **Controllo dell'Umidità:** Utilizzare un igrometro per monitorare l'umidità ambientale può aiutare a regolare l'irrigazione e mantenere le condizioni ottimali per le piante carnivore. Un'umidità elevata è particolarmente importante per piante come le **Nepenthes** e le **Drosera**, che prosperano in ambienti umidi e nebbiosi.

3. Errori Comuni e Soluzioni

- **Ristagno d'Acqua:** Un problema comune è il ristagno d'acqua, che può portare al marciume radicale. Utilizzare vasi con fori di drenaggio e tecniche di irrigazione come l'irrigazione dal basso possono aiutare a evitare questo problema. Assicurarsi che l'acqua in eccesso possa defluire facilmente e che il substrato non rimanga troppo bagnato.

- **Acqua Contaminata:** L'uso di acqua contaminata o ricca di minerali può danneggiare le piante carnivore. Utilizzare acqua distillata, piovana o deionizzata per evitare l'introduzione di sali e contaminanti nel substrato. Testare regolarmente la qualità dell'acqua può prevenire problemi di crescita.

- **Irrigazione Inadeguata:** Troppa o troppo poca acqua può influenzare negativamente le piante carnivore. Adattare la frequenza di irrigazione alle esigenze specifiche delle piante e alle condizioni ambientali. Monitorare l'umidità del substrato e dell'aria può aiutare a mantenere il bilancio giusto.

4. Strategie di Irrigazione per Diverse Specie

- **Dionaea muscipula (Venere Acchiappamosche):**
  Queste piante preferiscono un substrato sempre umido, quindi l'irrigazione dal basso è particolarmente efficace. Assicurarsi che l'acqua utilizzata sia distillata o piovana.

- **Sarracenia (Piante Trombetta):** Richiedono un substrato costantemente umido. L'irrigazione dal basso o un metodo di annaffiatura che garantisca una umidità continua è ideale.

- **Nepenthes (Piante Brocca):** Queste piante necessitano di alta umidità ambientale e substrati umidi. L'irrigazione diretta e l'uso di un umidificatore per mantenere l'umidità sono altamente raccomandati.

- **Drosera (Rosa del Deserto):** Preferiscono l'umidità ambientale, quindi la spruzzatura regolare e l'irrigazione dal basso possono aiutare a mantenere le condizioni ideali.

In sintesi, la gestione dell'acqua è essenziale per la salute delle piante carnivore. Utilizzando le tipologie di acqua appropriate e le tecniche di irrigazione adatte, è possibile garantire che le piante ricevano l'idratazione di cui hanno bisogno per prosperare.

7. Flora e Fauna Associata: Le Interazioni con l'Habitat Naturale

Le piante carnivore non esistono in isolamento nei loro habitat naturali; esse interagiscono strettamente con la flora e la fauna circostanti. Queste interazioni sono essenziali per mantenere l'equilibrio ecologico e influenzano direttamente le strategie di crescita e sopravvivenza delle piante carnivore. Questo paragrafo esplorerà le principali relazioni ecologiche tra le piante carnivore e gli organismi che condividono i loro ambienti naturali, offrendo indicazioni su come questi aspetti possono influenzare la coltivazione e la cura delle piante carnivore in ambienti controllati.

1. Interazioni con la Flora Associata

La flora associata alle piante carnivore può variare notevolmente a seconda del tipo di habitat. Questi ambienti comprendono torbiere, paludi e foreste pluviali tropicali, e ciascuno ospita un insieme unico di piante che possono influenzare le piante carnivore in vari modi:

- **Torbiere e Paludi:** Nelle torbiere e paludi, le piante carnivore come le **Dionaea muscipula** e le **Sarracenia** coesistono con altre piante adattate a condizioni di suolo acido e umido. Specie come muschi, licheni e alcune piante erbacee formano un tappeto vegetale che contribuisce a mantenere l'umidità del suolo e a limitare l'evaporazione. La presenza di questi muschi, come il **Sphagnum**, è cruciale poiché aiuta a mantenere il substrato acido e ben drenato, creando un ambiente ideale per le piante carnivore. Durante la coltivazione domestica, l'uso di torba di muschio di sfagno può riprodurre queste condizioni, fornendo un substrato simile a quello naturale.

- **Foreste Pluviali Tropicali:** In questi habitat, le piante carnivore come le **Nepenthes** e le **Heliamphora** vivono in stretta associazione con una vegetazione lussureggiante e altre piante tropicali. Le foreste pluviali offrono ombra e alta umidità, essenziali per la crescita delle **Nepenthes**. Le liane e le piante epifite, come le bromelie, possono fornire supporto fisico e influenzare le condizioni di luce e umidità. Riprodurre queste condizioni nelle serre domestiche, utilizzando substrati simili e tecniche di coltivazione che imiteranno l'ombra e l'umidità dell'ambiente tropicale, aiuterà a mantenere la salute delle piante.

2. Interazioni con la Fauna Associata

La fauna associata alle piante carnivore gioca un ruolo cruciale sia nella loro ecologia naturale che nella loro coltivazione. Le piante carnivore sono evolute per catturare e digerire insetti e altri piccoli invertebrati, ma queste interazioni vanno ben oltre la semplice cattura della preda:

- **Invertebrati e Insetti:** Gli insetti rappresentano la principale fonte di nutrienti per le piante carnivore. In natura, ogni specie di pianta carnivora ha una strategia specifica per attirare, catturare e digerire questi insetti. Per esempio, le **Dionaea muscipula** utilizzano trappole a scatto per catturare le prede, mentre le **Sarracenia** attraggono gli insetti con un nector dolce e li intrappolano in tubi scivolosi. In ambienti coltivati, è possibile incentivare la presenza di insetti utili introducendo trappole per insetti o garantendo un ambiente che favorisca la loro proliferazione, come l'uso di terrari o di ambienti con una umidità controllata.

- **Predatori Naturali e Competizione:** In alcuni casi, le piante carnivore possono essere soggette a predatori naturali o competere con altre specie vegetali per risorse. Ad esempio, alcune specie di **Nepenthes** possono essere predate da insetti più grandi o da altri animali che si nutrono di insetti. Allo stesso tempo, la competizione con piante non carnivore per la luce e i nutrienti può influenzare la crescita delle piante carnivore. In un ambiente di coltivazione domestica, monitorare la presenza di parassiti e gestire la competizione tra le piante attraverso una pianificazione adeguata dell'illuminazione e dello spazio può aiutare a mantenere le piante in salute.

3. Implicazioni per la Coltivazione Domestica

Nella coltivazione delle piante carnivore in ambienti controllati, come serre o terrari, è fondamentale riprodurre le condizioni ecologiche naturali per ottenere risultati ottimali. Alcuni suggerimenti pratici includono:

- **Creazione di Microhabitat:** Utilizzare muschi di sfagno e substrati acidi per imitare l'ambiente delle torbiere e delle paludi. Incorporare piante epifite e altre piante compatibili per riprodurre le condizioni delle foreste pluviali tropicali.

- **Gestione della Fauna:** Introdurre insetti vivi o utilizzare trappole per mantenere un equilibrio ecologico e fornire nutrienti alle piante. Monitorare e gestire eventuali predatori o parassiti che potrebbero influenzare la salute delle piante.

- **Simulazione delle Condizioni Ambientali:** Utilizzare umidificatori, luci specifiche e tecniche di irrigazione per mantenere le condizioni ideali di umidità, luce e temperatura, riflettendo il più possibile gli habitat naturali delle piante carnivore.

4. Monitoraggio e Manutenzione

Monitorare le interazioni ecologiche e la salute delle piante carnivore è essenziale per una coltivazione di successo. Controllare regolarmente le condizioni del substrato, l'umidità, e la presenza di insetti o altre forme di vita può prevenire problemi e garantire che le piante carnivore prosperino.

In conclusione, comprendere e replicare le interazioni ecologiche tra le piante carnivore e il loro ambiente naturale è fondamentale per la loro coltivazione. Attraverso la simulazione accurata delle condizioni ecologiche e la gestione consapevole delle relazioni con la flora e la fauna associate, è possibile garantire una crescita sana e sostenibile delle piante carnivore in ambienti controllati.

8. Stagionalità e Cicli di Crescita: Adattamenti alle Variazioni Climatiche

Le piante carnivore, come molte altre piante, sono soggette a cicli di crescita e periodi di dormienza che rispondono alle variazioni climatiche e stagionali del loro habitat naturale. Questi adattamenti sono fondamentali per garantire la sopravvivenza e la prosperità delle piante in ambienti con condizioni climatiche variabili. Comprendere e replicare questi cicli di crescita nelle coltivazioni domestiche è essenziale per mantenere la salute e la vitalità delle piante carnivore. In questo paragrafo, esploreremo come la stagionalità influisce sui cicli di crescita delle piante carnivore e offriremo suggerimenti pratici per replicare questi adattamenti nei propri ambienti di coltivazione.

1. Adattamenti Stagionali e Cicli di Crescita Naturali

Le piante carnivore, come le **Dionaea muscipula**, **Sarracenia**, e **Nepenthes**, mostrano diversi adattamenti stagionali a seconda dell'ambiente in cui vivono. Questi adattamenti possono includere periodi di crescita attiva, dormienza, e fioritura, tutti influenzati dalle variazioni climatiche:

- **Dionaea muscipula (Venere Acchiappamosche):** Originaria delle torbiere del Sud-est degli Stati Uniti, la **Dionaea muscipula** ha un ciclo di crescita ben definito con una fase di dormienza invernale. Durante l'inverno, la pianta entra in una fase di riposo, riducendo significativamente la sua attività metabolica e sospendendo la crescita. In questo periodo, le foglie diventano più piccole e i trapani cessano di chiudersi. Per replicare questo ciclo in coltivazione, è importante ridurre la temperatura e diminuire l'irrigazione durante i mesi invernali, simulando le condizioni fredde del suo habitat naturale.

- **Sarracenia (Piante Trombetta):** Le **Sarracenia**, che si trovano nelle torbiere del Nord America, hanno una fase di crescita che coincide con la primavera e l'estate. Durante questi mesi, producono nuove trappole e foglie per catturare insetti. In autunno, entrano in dormienza e il ciclo di crescita rallenta notevolmente. Durante l'inverno, la pianta entra in una fase di riposo che è simile a quello della **Dionaea muscipula**, ma la temperatura di riposo può variare a seconda della specie. Per le **Sarracenia**, è cruciale garantire che il substrato rimanga umido e fresco durante la dormienza.

- **Nepenthes (Piante Brocca):** A differenza delle **Dionaea** e delle **Sarracenia**, le **Nepenthes** sono piante tropicali che non hanno una dormienza stagionale evidente. Tuttavia, molte specie mostrano cicli di crescita legati alle variazioni di temperatura e umidità. In natura, le **Nepenthes** crescono in ambienti con umidità elevata e temperature stabili, quindi in coltivazione, è importante mantenere queste condizioni costanti per favorire una crescita continua.

2. Tecniche di Coltivazione per Simulare Cicli Stagionali

Per replicare i cicli stagionali e adattamenti climatici delle piante carnivore nelle coltivazioni domestiche, è essenziale adottare tecniche specifiche:

- **Simulazione della Dormienza:** Per le piante carnivore che richiedono una dormienza, come la **Dionaea muscipula** e le **Sarracenia**, è importante ridurre la temperatura e l'irrigazione durante l'inverno. Utilizzare un frigorifero o una stanza fresca con temperatura controllata può simulare le condizioni invernali. La riduzione dell'irrigazione e il mantenimento del substrato umido ma non bagnato sono cruciali per evitare marciumi durante questo periodo.

- **Controllo delle Temperature e dell'Umidità:** Per le **Nepenthes**, mantenere temperature elevate e un'umidità costante è fondamentale. Utilizzare umidificatori e riscaldatori per mantenere condizioni stabili può replicare l'ambiente tropicale. L'uso di terrari o serre a temperatura controllata può aiutare a mantenere queste condizioni ideali.

- **Gestione della Luce:** La durata e l'intensità della luce possono influenzare i cicli di crescita delle piante carnivore. Per le specie che necessitano di luce stagionale, regolare le ore di esposizione alla luce artificiale può simulare i cambiamenti stagionali della luce solare. Ad esempio, aumentare l'illuminazione durante la fase di crescita attiva e ridurla durante la dormienza.

3. Monitoraggio e Manutenzione

Monitorare attentamente le risposte delle piante ai cambiamenti ambientali è essenziale per una coltivazione di successo. Registrare le condizioni di crescita, le risposte delle piante alle variazioni stagionali e gli interventi di manutenzione effettuati aiuterà a ottimizzare le pratiche di coltivazione. Utilizzare strumenti di misura, come termometri e igrometri, per monitorare temperatura e umidità, e fare aggiustamenti basati sui feedback delle piante garantirà una crescita sana e una corretta simulazione dei cicli stagionali.

Conclusione

I cicli di crescita e le stagioni influenzano profondamente la salute e lo sviluppo delle piante carnivore. Riprodurre questi cicli in ambienti controllati richiede un'attenta pianificazione e l'adozione di tecniche specifiche per simulare le condizioni naturali. Con una corretta gestione della temperatura, dell'umidità, della luce e delle pratiche di dormienza, è possibile garantire che le piante carnivore prosperino e si adattino alle variazioni climatiche simulate.

9. Protezione dalle Condizioni Ambientali Estreme: Strategie di Sopravvivenza

Le piante carnivore, come molte altre specie vegetali, hanno sviluppato strategie uniche per sopravvivere in ambienti estremi. Queste strategie possono variare notevolmente a seconda del tipo di pianta e delle condizioni ambientali a cui è esposta. In questo paragrafo, esploreremo come le piante carnivore affrontano e superano le condizioni ambientali estreme, fornendo consigli pratici su come replicare queste strategie nelle coltivazioni domestiche.

1. Resistenza al Freddo e alla Gelo

Molte piante carnivore, come la **Dionaea muscipula** (Venere Acchiappamosche) e le **Sarracenia**, provengono da ambienti temperati che possono sperimentare condizioni di freddo estremo e gelo. Queste piante hanno sviluppato diverse tecniche di sopravvivenza al freddo:

- **Dormienza Invernale:** La **Dionaea muscipula** e le **Sarracenia** entrano in una fase di dormienza durante l'inverno per ridurre il rischio di danni da gelo. Durante questo periodo, la pianta rallenta il metabolismo e sospende la crescita. In coltivazione, è essenziale simulare questo processo riducendo la temperatura e l'irrigazione. Una temperatura di circa 5-10°C e un substrato leggermente umido ma non bagnato possono imitare le condizioni invernali. Utilizzare un frigorifero o una stanza fresca per ospitare le piante durante l'inverno può essere una soluzione efficace.

- **Protezione dal Gelo:** Per le piante che sono particolarmente sensibili al gelo, è importante proteggerle con materiali isolanti come teli o sacchi di tessuto non tessuto. Inoltre, per evitare danni diretti dal gelo, è possibile utilizzare riscaldatori a basso consumo o lampade di calore specifiche per serre.

2. Adattamenti al Caldo e alla Siccità

Le piante carnivore tropicali, come le **Nepenthes** e le **Drosera**, sono adattate a vivere in ambienti caldi e umidi. Tuttavia, anche queste piante devono affrontare condizioni di calore estremo e siccità, che possono mettere a dura prova la loro sopravvivenza:

- **Accumulo di Acqua e Umidità:** Le **Nepenthes** sviluppano trappole a brocca che possono raccogliere l'acqua piovana per mantenere l'umidità interna. In coltivazione, è cruciale mantenere un'umidità ambientale elevata, utilizzando umidificatori e terrari per simulare le condizioni tropicali. Anche l'uso di substrati ben drenanti e l'irrigazione regolare con acqua distillata sono essenziali per prevenire la disidratazione.

- **Tecniche di Irrigazione e Protezione:** Le **Drosera**, specialmente le specie che vivono in ambienti desertici, possono tollerare brevi periodi di siccità. In coltivazione, è utile utilizzare substrati che trattengono l'umidità, come una miscela di sfagno e sabbia, e fornire una copertura ombreggiante durante le ore più calde della giornata per prevenire l'eccessivo riscaldamento del substrato.

3. Difesa contro l'Eccesso di Umidità e Marciume

In ambienti troppo umidi, le piante carnivore possono essere soggette a marciume e malattie fungine. Le strategie di protezione includono:

- **Drenaggio e Ventilazione:** Assicurare un buon drenaggio del substrato è fondamentale per prevenire l'accumulo di acqua stagnante, che può causare marciume radicale. L'uso di substrati ben aerati e di vasi con fori di drenaggio è essenziale. Inoltre, mantenere una buona ventilazione intorno alle piante aiuta a ridurre l'umidità e a prevenire la formazione di muffe e funghi.

- **Gestione dell'Umidità Ambientale:** In serre o terrari, l'uso di deumidificatori o ventole può aiutare a controllare i livelli di umidità e prevenire l'accumulo eccessivo di umidità che favorisce il marciume.

4. Strategie di Resistenza ai Predatori e agli Insetti

Le piante carnivore non sono solo predatori, ma sono anche predate da insetti e animali. Le strategie di difesa includono:

- **Uso di Trappole e Meccanismi di Difesa:** Le trappole appiccicose delle **Drosera** e le trappole a scatto delle **Dionaea muscipula** non solo catturano prede, ma possono anche agire come deterrenti contro insetti predatori. Assicurare che queste trappole funzionino correttamente e siano mantenute pulite è cruciale per la loro efficacia.

- **Isolamento e Barriere:** In ambienti domestici, può essere utile isolare le piante carnivore da altre piante che potrebbero attirare parassiti o utilizzare barriere fisiche per proteggere le piante da animali indesiderati.

5. Monitoraggio e Interventi Tempestivi

Monitorare attentamente le condizioni ambientali e la salute delle piante carnivore è essenziale per intervenire tempestivamente in caso di stress o danni:

- **Osservazione e Manutenzione:** Verificare regolarmente le condizioni di crescita, come temperatura, umidità e stato del substrato. Intervenire prontamente in caso di segni di stress, come foglie ingiallite o marciume, per apportare le modifiche necessarie.

- **Registrazione e Analisi:** Tenere un registro delle condizioni ambientali e delle risposte delle piante può aiutare a identificare schemi e migliorare le pratiche di coltivazione nel tempo.

Conclusione

Le piante carnivore hanno sviluppato una serie di strategie affascinanti per affrontare condizioni ambientali estreme e variabili. Replicare queste strategie in coltivazione richiede una comprensione approfondita delle loro esigenze ambientali e una gestione attenta delle condizioni di crescita. Con le tecniche giuste, è possibile garantire la salute e la prosperità delle piante carnivore anche in ambienti domestici complessi.

10. Riproduzione e Colonizzazione: Come le Piante Carnivore Si Adattano agli Ambienti Naturali

La riproduzione e la colonizzazione delle piante carnivore sono processi affascinanti e complessi che permettono a queste specie di adattarsi e prosperare nei loro habitat naturali. Questo paragrafo esplorerà le varie modalità di riproduzione delle piante carnivore e come esse si adattano per colonizzare nuovi ambienti, fornendo indicazioni pratiche per coltivare e curare queste piante anche in ambienti domestici.

1. Riproduzione Sessuale: Fiori e Impollinazione

La riproduzione sessuale nelle piante carnivore avviene attraverso la produzione di fiori e la successiva impollinazione. Alcune delle specie carnivore più note che si riproducono sessualmente includono la **Sarracenia** e la **Nepenthes**. I fiori di queste piante sono progettati per attirare gli insetti attraverso colori vivaci e profumi specifici, facilitando l'impollinazione.

- **Fioritura e Impollinazione:** La **Sarracenia**, per esempio, fiorisce in primavera e produce fiori alti e sottili che si ergono sopra le trappole a brocca. Questi fiori attirano gli insetti impollinatori, come api e farfalle, che trasportano il polline da un fiore all'altro. La **Nepenthes**, invece, ha fiori che possono essere sia maschili che femminili, e la loro impollinazione avviene attraverso il vento e gli insetti.

- **Tecniche di Coltivazione:** Per favorire la riproduzione sessuale in coltivazione, è importante garantire che le piante carnivore ricevano condizioni ottimali per la fioritura, tra cui luce adeguata e nutrienti. Per alcune specie, può essere necessario simulare le stagioni per incoraggiare la fioritura. Monitorare attentamente le piante durante la stagione di fioritura e facilitare l'impollinazione manuale, se necessario, può aumentare le probabilità di successo nella produzione di semi.

2. Riproduzione Asexuale: Stoloni e Divisione

Molte piante carnivore si riproducono asessualmente attraverso la produzione di stoloni, bulbilli, o divisione dei rizomi. Questa forma di riproduzione è spesso più veloce e affidabile rispetto alla riproduzione sessuale, specialmente in condizioni di coltivazione.

- **Stoloni e Bulbilli:** La **Drosera**, ad esempio, può formare nuove rosette attraverso stoloni che si estendono dalla pianta madre. Questi stoloni radicano facilmente nel substrato, dando vita a nuove piante. Le specie come la **Byblis** possono produrre bulbilli, piccoli germogli che si sviluppano alla base della pianta e possono essere separati per formare nuove piante.

- **Divisione dei Rizomi:** Le piante come la **Sarracenia** e la **Nepenthes** possono essere propagate attraverso la divisione dei rizomi. Per fare questo, bisogna separare con attenzione i rizomi in sezioni che contengano almeno una parte sana della radice e una porzione di crescita attiva. Ogni sezione può essere piantata separatamente in nuovi contenitori.

- **Tecniche di Coltivazione:** Per favorire la riproduzione asessuale, è essenziale mantenere le condizioni ambientali ottimali e fornire substrati ben drenanti. La divisione dei rizomi o il taglio degli stoloni dovrebbe essere eseguita con strumenti sterilizzati per evitare contaminazioni. Fornire un ambiente umido e protetto, come un terrario, può aiutare le nuove piante a stabilirsi e crescere.

3. Adattamenti per la Colonizzazione di Nuovi Ambienti

Le piante carnivore hanno sviluppato diversi adattamenti per colonizzare nuovi ambienti, spesso in condizioni di alta competizione. Questi adattamenti possono includere meccanismi di dispersione dei semi e strategie di sopravvivenza in ambienti estremi.

- **Dispersione dei Semi:** Le piante carnivore come la **Drosera** e la **Utricularia** producono semi molto leggeri che possono essere facilmente trasportati dal vento o dall'acqua. Questi semi sono progettati per germinare rapidamente una volta raggiunti ambienti favorevoli. In coltivazione, è possibile simulare questi meccanismi utilizzando contenitori di germinazione e creando flussi d'aria leggeri per favorire la dispersione dei semi.

- **Strategie di Colonizzazione:** Alcune piante carnivore, come le specie di **Nepenthes**, hanno la capacità di crescere in ambienti diversi grazie alla loro versatilità ecologica. In coltivazione, è importante comprendere le esigenze specifiche di ogni specie e adattare le condizioni di crescita per imitare i vari ambienti in cui queste piante prosperano. Utilizzare substrati specifici e gestire le condizioni ambientali per simulare i diversi habitat naturali può aiutare a migliorare la colonizzazione e la crescita.

4. Esempi di Adattamenti e Tecniche di Coltivazione
- **Sarracenia e Ambiente:** Le **Sarracenia** si riproducono bene in ambienti con una stagione di crescita lunga e una fase di dormienza invernale. In coltivazione, è utile simulare una stagione di crescita intensa con abbondante luce e temperatura calda, seguita da un periodo di dormienza con temperature più fresche e ridotto apporto di nutrienti.

- **Nepenthes e Terrari:** Le **Nepenthes** si adattano bene a terrari umidi e caldi. Utilizzare terrari o contenitori a prova di umidità può replicare le condizioni tropicali necessarie per la loro crescita e riproduzione. Assicurare che le piante ricevano una ventilazione adeguata per prevenire l'accumulo eccessivo di umidità e favorire la salute delle piante.

- **Drosera e Substrati:** Le **Drosera** possono prosperare in substrati acidi e ben drenanti. Utilizzare una miscela di sfagno e perlite per mantenere il substrato leggermente umido e ben aerato può migliorare la germinazione e la crescita delle nuove piante.

Conclusione

Le strategie di riproduzione e colonizzazione delle piante carnivore offrono uno sguardo affascinante su come queste piante si adattano e prosperano nei loro habitat naturali. Comprendere questi processi e applicare tecniche pratiche di coltivazione può aiutare a mantenere e propagare queste specie uniche anche in ambienti domestici. Con le giuste condizioni e pratiche, è possibile replicare con successo le condizioni naturali e favorire la crescita e la riproduzione delle piante carnivore.

IV. Tecniche di Coltivazione per Principianti

1. Preparazione del Substrato: Scegliere e Miscelare il Terreno Ideale per Piante Carnivore

La preparazione del substrato è un passaggio cruciale nella coltivazione delle piante carnivore, poiché un terreno inadatto può compromettere seriamente la salute e la crescita delle piante. Le piante carnivore, essendo adattate a ambienti poveri di nutrienti e acidi, richiedono una miscela di substrato che rispecchi le condizioni dei loro habitat naturali. In questo paragrafo, esploreremo in dettaglio come scegliere e miscelare il terreno ideale per assicurare il massimo benessere delle vostre piante carnivore.

1. Comprendere le Esigenze del Terreno

Le piante carnivore provengono da ambienti specifici come torbiere, paludi e foreste pluviali, dove il suolo è tipicamente acido, poco nutritivo e ben drenato. La maggior parte delle piante carnivore richiede un substrato che imiti queste condizioni. È essenziale che il substrato sia acido (con un pH compreso tra 4 e 5) e ben drenante per evitare il ristagno d'acqua che può portare a marciume radicale.

2. Ingredienti Fondamentali del Substrato

Torba di Sphagno: La torba di sphagno è l'ingrediente principale per la maggior parte delle miscele di substrato per piante carnivore. Questa torba è altamente acida e trattiene l'umidità senza diventare eccessivamente compatta. Assicurati di utilizzare torba di sphagno non trattata chimicamente per evitare sostanze dannose per le piante.

Perlite: La perlite è un minerale vulcanico espanso che migliora il drenaggio e l'aerazione del substrato. Aggiungere perlite alla torba di sphagno previene il compattamento del suolo e migliora l'ossigenazione delle radici, che è cruciale per la salute delle piante carnivore.

Sabbia di Quarzo: Per alcune specie, come le piante del genere DROSERA, una certa quantità di sabbia di quarzo può essere aggiunta al substrato. La sabbia di quarzo favorisce un drenaggio ottimale e aiuta a replicare le condizioni di crescita delle piante carnivore nei loro habitat naturali.

3. Miscelazione del Substrato

La proporzione degli ingredienti nella miscela del substrato può variare a seconda delle specie specifiche di piante carnivore che si desidera coltivare. Tuttavia, una miscela di base comune per molte piante carnivore è composta da:

- **70% Torba di Sphagno**
- **20% Perlite**
- **10% Sabbia di Quarzo (opzionale, a seconda della specie)**

Mescola bene questi ingredienti in un contenitore ampio per garantire che il substrato sia uniforme e privo di agglomerati. Assicurati di lavorare la miscela con le mani o con uno strumento per evitare che il substrato si compatti, il che potrebbe influire negativamente sulla crescita delle radici.

4. Preparazione e Sterilizzazione

Per evitare la contaminazione da funghi, batteri o parassiti, è una buona pratica sterilizzare il substrato prima dell'uso. Questo può essere fatto riscaldando il substrato in forno a circa 90-100°C per 30-45 minuti. Assicurati che il substrato si raffreddi completamente prima di piantare le tue piante.

5. Controllo della Qualità del Substrato

Dopo aver preparato il substrato, è essenziale testarne l'acidità. Puoi utilizzare un kit per il test del pH disponibile in molti negozi di giardinaggio o online. Il pH ideale per la maggior parte delle piante carnivore deve essere compreso tra 4 e 5. Se necessario, puoi regolare l'acidità del substrato aggiungendo piccole quantità di torba di sphagno o di materiale acido.

6. Applicazione e Manutenzione

Quando il substrato è pronto, riempi i vasi con la miscela preparata, lasciando circa 2-3 cm di spazio dalla cima del vaso per facilitare l'irrigazione e il drenaggio. Dopo aver piantato le tue piante, annaffia bene il substrato per assicurarti che sia uniformemente umido ma non inzuppato. Monitorare regolarmente il livello di umidità e fare aggiustamenti se necessario.

La preparazione adeguata del substrato è fondamentale per creare un ambiente favorevole per la crescita delle piante carnivore. Con la giusta miscela e una cura adeguata, le tue piante carnivore prospereranno e mostreranno tutta la loro bellezza e unicità.

2. Sistemi di Irrigazione: Metodi Efficaci per Mantenere l'Umidità

La gestione dell'umidità è cruciale per la salute delle piante carnivore, che prosperano in ambienti umidi e ben drenati. Un'irrigazione inadeguata può portare a stress idrico, marciume radicale o insufficiente nutrimento. Per garantire che le tue piante carnivore ricevano la giusta quantità di acqua, è essenziale adottare metodi di irrigazione efficaci e appropriati. In questo paragrafo, esploreremo vari sistemi di irrigazione e come applicarli correttamente per mantenere l'umidità ottimale per le piante carnivore.

1. Irrigazione per Immersione

L'irrigazione per immersione è una tecnica particolarmente utile per piante carnivore che necessitano di una costante umidità del substrato. Questo metodo consiste nel posizionare il vaso delle piante in un contenitore d'acqua, permettendo al substrato di assorbire acqua attraverso i fori di drenaggio.

Come Applicare:

- Riempire un recipiente con acqua distillata o piovana (evitare l'acqua del rubinetto che potrebbe contenere minerali o sostanze chimiche nocive).

- Posizionare il vaso con il substrato nel recipiente, assicurandosi che l'acqua copra solo la base del vaso, non il substrato stesso.

- Lasciare il vaso immerso per circa 30 minuti. Rimuoverlo e lasciarlo scolare prima di riposizionarlo nella sua posizione finale.

Vantaggi:

- Assicura un'umidità uniforme e continua per il substrato.

- Riduce il rischio di eccesso di acqua o ristagno, poiché il substrato assorbe solo quanto necessario.

2. Sistemi di Irrigazione a Goccia

I sistemi di irrigazione a goccia sono ideali per piante carnivore che richiedono una fornitura di acqua controllata e costante. Questi sistemi utilizzano tubi e gocciolatori per fornire piccole quantità di acqua direttamente alla base delle piante, riducendo l'evaporazione e il rischio di marciume radicale.

Come Applicare:

- Installare un sistema di irrigazione a goccia con tubi e gocciolatori regolabili.

- Posizionare i gocciolatori sopra o vicino al substrato delle piante carnivore.

- Regolare la portata dei gocciolatori per fornire una quantità di acqua sufficiente a mantenere il substrato umido senza inzupparlo.

Vantaggi:

- Permette un controllo preciso dell'acqua fornita a ciascuna pianta.

- Minimizza l'accumulo di acqua sul substrato, riducendo il rischio di malattie fungine.

3. Nebulizzazione e Umidificazione

La nebulizzazione è un metodo efficace per mantenere elevata l'umidità ambientale attorno alle piante carnivore. Utilizzando uno spruzzatore o un umidificatore, puoi aumentare l'umidità relativa nell'ambiente, simulando le condizioni dei loro habitat naturali.

Come Applicare:

- Utilizzare un nebulizzatore a mano o un umidificatore a ultrasuoni per spruzzare acqua distillata intorno alle piante.

- Impostare l'umidificatore in modo che emetta una nebbia fine e uniforme che copra le piante.

- Nebulizzare le piante regolarmente, soprattutto durante i periodi di crescita attiva o in condizioni di calore secco.

Vantaggi:

- Mantiene un'umidità ambientale ottimale senza saturare il substrato.

- Favorisce la crescita sana delle piante carnivore che necessitano di alta umidità.

4. Tecnica di Irrigazione per Capillarità

La tecnica di irrigazione per capillarità utilizza un materiale assorbente per fornire acqua gradualmente al substrato. Questo metodo è particolarmente utile per piante carnivore coltivate in contenitori piccoli o per piante che richiedono un'umidità costante.

Come Applicare:

- Posizionare una corda di cotone o un altro materiale assorbente nel substrato e immersa in un contenitore d'acqua.

- Assicurarsi che il materiale assorbente sia ben posizionato in modo da garantire il trasferimento uniforme dell'acqua al substrato.

- Monitorare il livello dell'acqua nel contenitore per garantire che rimanga costante.

Vantaggi:

- Fornisce un'irrigazione costante e graduale al substrato.

- Riduce il rischio di eccesso di acqua e marciume radicale.

5. Considerazioni sull'Acqua

Indipendentemente dal metodo di irrigazione scelto, è fondamentale utilizzare acqua di qualità. Le piante carnivore sono sensibili ai sali minerali e ai composti chimici presenti nell'acqua del rubinetto. Preferisci l'uso di acqua distillata, piovana o filtrata per evitare danni alle radici e alle foglie.

Vantaggi dell'Acqua Distillata:

- Riduce il rischio di accumulo di sali nel substrato.
- Evita potenziali danni causati da sostanze chimiche presenti nell'acqua del rubinetto.

Implementare questi sistemi di irrigazione con attenzione e monitorare regolarmente l'umidità del substrato e dell'ambiente garantirà che le tue piante carnivore prosperino in condizioni ottimali. Con una gestione adeguata, potrai mantenere il giusto equilibrio idrico e supportare una crescita sana e vigorosa delle tue piante carnivore.

3. Controllo della Luce: Come Fornire l'Illuminazione Adeguata

L'illuminazione è un fattore cruciale per la salute e il benessere delle piante carnivore. Queste piante hanno evoluto meccanismi complessi per sopravvivere in ambienti con condizioni di luce specifiche, che possono variare notevolmente a seconda della specie. Fornire il giusto tipo e la giusta quantità di luce è essenziale per imitare le condizioni naturali e garantire una crescita sana. In questo paragrafo, esploreremo come controllare l'illuminazione, con consigli pratici per ottimizzare la luce naturale e artificiale per le tue piante carnivore.

1. Tipologie di Luce Necessarie

Le piante carnivore possono avere esigenze diverse riguardo alla luce, che possono essere suddivise in tre categorie principali: luce intensa, luce indiretta e luce artificiale.

Luce Intensa:

- **Specie che Richiedono Luce Intensa:** Le specie come la **Dionaea muscipula** (Venere Acchiappamosche) e la **Drosera capensis** prosperano sotto luce intensa, simile a quella del sole diretto.

- **Come Fornire:** Queste piante necessitano di almeno 12-14 ore di luce al giorno. In ambienti interni, utilizzare lampade fluorescenti ad alta intensità o lampade LED specializzate per piante carnivore, mantenendole a pochi centimetri sopra le piante per simulare la luce del sole.

Luce Indiretta:

- **Specie che Richiedono Luce Indiretta:** Alcune piante carnivore, come le **Nepenthes** e le **Sarracenia**, possono tollerare e, a volte, preferiscono luce indiretta o filtrata.

- **Come Fornire:** Colloca queste piante in luoghi con luce indiretta, come vicino a finestre che ricevono sole filtrato o ombreggiato. L'uso di tende o schermi per diffondere la luce solare diretta può aiutare a mantenere l'illuminazione adeguata.

Luce Artificiale:

- **Quando Utilizzarla:** Nei climi con poca luce solare o durante i mesi invernali, le lampade fluorescenti o LED possono supplementare la luce naturale.

- **Come Fornire:** Scegli lampade con uno spettro completo che imitano la luce naturale, e posizionale a una distanza di circa 15-30 cm dalle piante. Imposta un ciclo di luce di 12-16 ore al giorno per imitare le condizioni naturali.

2. Posizionamento e Orientamento

Luce Naturale:

- **Orientamento della Pianta:** Posiziona le piante carnivore in base alla loro esigenza di luce. Per quelle che amano la luce intensa, orientale verso sud o sud-est. Per quelle che preferiscono luce indiretta, orientale verso est o ovest.

- **Controllo della Luce:** Usa tende e schermi per regolare l'intensità della luce se necessario. Monitorare le piante per segni di stress da luce eccessiva, come foglie bruciate, e regolare di conseguenza.

Luce Artificiale:

- **Installazione di Lampade:** Le lampade fluorescenti e LED dovrebbero essere installate a una distanza ottimale per evitare scottature. Le lampade fluorescenti possono essere montate su un supporto regolabile per cambiare la distanza dalla pianta man mano che cresce.

- **Timer per Luce:** Usa un timer per garantire un ciclo di luce coerente e regolare. Questo aiuta a simulare i cambiamenti naturali del giorno e della notte, essenziale per la crescita sana e il ciclo naturale delle piante.

3. Monitoraggio e Regolazione

Osservazione delle Piante:

- **Segni di Stress:** Controlla regolarmente le piante per segni di stress da luce, come il colorito sbiadito delle foglie o una crescita stentata. Questi possono indicare che le piante ricevono troppa o troppo poca luce.

- **Adattamenti:** Regola la posizione delle piante o le impostazioni delle lampade in base alle osservazioni. Adatta l'illuminazione a seconda della stagione e delle condizioni ambientali per mantenere l'illuminazione ottimale.

Manutenzione delle Lampade:

- **Pulizia e Sostituzione:** Mantieni le lampade pulite per garantire una massima efficienza luminosa. Sostituisci le lampade fluorescenti ogni 6-12 mesi, o secondo le raccomandazioni del produttore, per mantenere una luminosità costante.

4. Utilizzo di Strumenti di Misurazione
Luxometro:

- **Misurazione della Luce:** Utilizza un luxometro per misurare l'intensità della luce nelle varie aree di coltivazione. Questo strumento ti aiuterà a determinare se le tue piante stanno ricevendo la quantità di luce necessaria.

- **Regolazioni:** Basandoti sulle letture del luxometro, regola la posizione delle piante e l'intensità delle lampade per ottimizzare le condizioni di crescita.

Termometro e Igrometro:

- **Monitoraggio delle Condizioni Ambientali:** Usa un termometro e un igrometro per monitorare la temperatura e l'umidità ambientale, poiché questi fattori influenzano anche l'efficacia dell'illuminazione.

Concludendo, fornire l'illuminazione adeguata alle piante carnivore richiede un equilibrio tra luce naturale e artificiale, monitoraggio costante e regolazioni mirate. Seguendo queste linee guida, puoi assicurarti che le tue piante carnivore ricevano l'illuminazione necessaria per prosperare e crescere in modo sano e vigoroso.

4. Gestione della Temperatura: Creare le Condizioni Ottimali di Calore

La temperatura è un aspetto fondamentale nella coltivazione delle piante carnivore, poiché influisce direttamente sulla loro crescita, metabolismo e attività predatoria. Ogni specie di pianta carnivora ha esigenze termiche specifiche che devono essere rispettate per garantire una crescita sana e una buona produttività. In questo paragrafo, esploreremo come gestire la temperatura per creare le condizioni ottimali di calore, analizzando le esigenze di temperatura delle principali specie di piante carnivore e fornendo strategie pratiche per il controllo della temperatura sia in ambienti interni che esterni.

1. Esigenze di Temperatura delle Piante Carnivore

Piante Carnivore Tropicali:

- **Specie e Esigenze:** Le piante carnivore tropicali, come le **Nepenthes** e alcune specie di **Drosera** (come **Drosera adelae**), prosperano in ambienti caldi e umidi. Queste piante richiedono temperature comprese tra 20°C e 30°C durante il giorno e non devono scendere al di sotto dei 15°C durante la notte.

- **Controllo della Temperatura:** Utilizza riscaldatori di serra o tappetini riscaldanti per mantenere la temperatura costante. Assicurati che il riscaldamento sia uniforme e non causi sbalzi di temperatura. Monitorare la temperatura con termometri digitali e regolare l'intensità del riscaldatore in base alle letture.

Piante Carnivore Temperate:

- **Specie e Esigenze:** Le piante carnivore temperate, come le **Sarracenia** e le **Dionaea muscipula**, hanno necessità di temperature stagionali. Durante la stagione di crescita, preferiscono temperature tra 20°C e 25°C durante il giorno e tra 10°C e 15°C di notte. Durante il periodo di dormienza invernale, richiedono una riduzione della temperatura a circa 5°C – 10°C.

- **Controllo della Temperatura:** Per simulare il periodo di dormienza, è possibile posizionare le piante in una stanza fresca o utilizzare un frigorifero se necessario. Utilizzare ventilatori per mantenere l'aria circolante e prevenire l'accumulo di umidità che potrebbe causare malattie fungine.

Piante Carnivore Sub-Tropicali e Aride:

- **Specie e Esigenze:** Alcune specie, come le **Drosera capensis** e **Drosophyllum lusitanicum**, richiedono temperature più moderate e possono tollerare variazioni stagionali più ampie. Queste piante prosperano con temperature tra 15°C e 25°C.

- **Controllo della Temperatura:** Queste piante possono adattarsi a condizioni più ampie e non richiedono un controllo della temperatura così rigoroso come le specie tropicali. Tuttavia, è comunque importante evitare temperature estreme che potrebbero causare stress alle piante.

2. Tecniche di Controllo della Temperatura
Riscaldamento:

- **Riscaldatori di Serre e Tappetini Riscaldanti:** Utilizza riscaldatori di serra o tappetini riscaldanti per mantenere una temperatura costante. I riscaldatori a basso wattaggio sono spesso sufficienti per piccoli spazi di coltivazione. Regola la temperatura con un termostato per evitare sbalzi eccessivi.

- **Ventilazione:** Una buona ventilazione aiuta a mantenere una temperatura uniforme e previene il surriscaldamento. I ventilatori possono essere utilizzati per distribuire il calore in modo uniforme all'interno di una serra o di uno spazio di coltivazione chiuso.

Raffreddamento:

- **Sistemi di Raffreddamento:** In ambienti caldi, l'uso di sistemi di raffreddamento come condizionatori d'aria o ventole di raffreddamento può essere necessario. Assicurati che la temperatura non scenda al di sotto dei limiti ottimali per le piante tropicali.

- **Ombreggiamento:** Per le piante che si trovano in ambienti esterni, utilizzare reti di ombreggiamento o teli per proteggere le piante dalle temperature eccessivamente elevate e dalla luce solare diretta che potrebbe surriscaldarle.

Monitoraggio:

- **Termometri e Igrometri:** Usa termometri e igrometri digitali per monitorare costantemente la temperatura e l'umidità. Registra i dati regolarmente per garantire che le condizioni rimangano all'interno dei limiti ottimali per ciascuna specie.

- **Registrazione dei Dati:** Mantieni un registro dei cambiamenti di temperatura e delle risposte delle piante per adattare le strategie di gestione della temperatura in base alle osservazioni.

Adattamenti Stagionali:

- **Periodo di Dormienza:** Durante l'inverno, assicurati che le piante temperate ricevano una riduzione della temperatura per simularne la dormienza. Questo è essenziale per la loro salute e per la fioritura successiva. In ambienti interni, riduci gradualmente la temperatura e monitora le piante per assicurarti che ricevano le condizioni necessarie per il riposo invernale.

3. Esempi Pratici

Coltivazione di Nepenthes:

- **Installazione di Riscaldatori:** Utilizza un riscaldatore di serra con un termostato per mantenere temperature costanti tra 22°C e 28°C. Installa il riscaldatore vicino al pavimento della serra per garantire una distribuzione uniforme del calore.

- **Monitoraggio:** Controlla regolarmente la temperatura e l'umidità per garantire che siano compatibili con le esigenze delle Nepenthes. Utilizza un igrometro per mantenere l'umidità alta e una ventilazione adeguata.

Coltivazione di Dionaea muscipula:

- **Periodo di Dormienza:** Durante l'inverno, posiziona le Dionaea in un ambiente fresco, come una cantina o un frigorifero, mantenendo la temperatura tra 5°C e 10°C. Questo permette alla pianta di riposare e prepararsi per la crescita primaverile.

- **Riscaldamento e Raffreddamento:** Utilizza ventilatori per prevenire l'accumulo di umidità e riscaldatori per mantenere la temperatura adeguata durante la stagione di crescita.

Concludendo, gestire la temperatura per le piante carnivore richiede una comprensione approfondita delle esigenze termiche specifiche di ciascuna specie e l'uso di tecniche di controllo della temperatura appropriate. Monitorare attentamente le condizioni ambientali e apportare le necessarie regolazioni garantirà la salute e la crescita ottimale delle tue piante carnivore.

5. Monitoraggio dell'Umidità: Tecniche per Mantenere il Livello di Umidità Ideale

L'umidità ambientale è cruciale per la salute delle piante carnivore, poiché molte di esse prosperano in ambienti umidi e hanno adattamenti speciali per raccogliere l'umidità necessaria per la loro crescita. In questo paragrafo, esploreremo le tecniche per monitorare e mantenere il livello di umidità ideale, fornendo strumenti pratici e metodi dettagliati per garantire che le tue piante carnivore ricevano la quantità giusta di umidità.

1. Importanza dell'Umidità per le Piante Carnivore

Le piante carnivore, come **Nepenthes**, **Drosera** e **Utricularia**, sono adattate per vivere in ambienti con alta umidità relativa. Queste piante traggono benefici dall'umidità elevata, che non solo aiuta a mantenere le loro trappole appiccicose o a brocca funzionanti, ma anche a prevenire il disidratamento e a favorire una crescita sana. Alcuni esempi di piante e le loro esigenze di umidità includono:

- **Nepenthes:** Queste piante tropicali richiedono un'umidità ambientale tra il 50% e il 80% per prosperare e produrre trappole efficaci.

- **Drosera:** Le specie di Drosera, come **Drosera capensis**, beneficiano di umidità tra il 40% e il 70%, mentre le specie tropicali possono richiedere livelli più alti.

- **Utricularia:** Per le specie acquatiche come **Utricularia graminifolia**, l'umidità deve essere elevata e costante, in quanto vivono in ambienti completamente immersi o altamente umidi.

2. Strumenti di Monitoraggio dell'Umidità

Igrometri:

- **Igrometri Digitali:** Gli igrometri digitali sono strumenti essenziali per monitorare l'umidità dell'aria. Questi dispositivi forniscono letture precise e facili da interpretare. Utilizzare un igrometro digitale con sensori di alta qualità per ottenere dati affidabili.

- **Igrometri Analogici:** Anche se meno precisi, gli igrometri analogici possono essere utili come strumento di riferimento supplementare. Assicurati di calibrare regolarmente il dispositivo per mantenere l'accuratezza delle letture.

Sistema di Registrazione dei Dati:

- **Registratori di Umidità:** Per ambienti di coltivazione più avanzati, utilizzare registratori di umidità che memorizzano le letture nel tempo. Questi dispositivi sono utili per monitorare le variazioni di umidità e analizzare i dati a lungo termine.

- **Software di Monitoraggio:** Esistono software specializzati che possono integrarsi con sensori di umidità per fornire grafici e rapporti dettagliati. Questo è particolarmente utile per chi gestisce serra o ambienti di coltivazione di grandi dimensioni.

3. Tecniche di Controllo dell'Umidità

Nebulizzazione e Umidificatori:

- **Nebulizzatori:** Utilizza nebulizzatori per aumentare l'umidità ambientale nelle vicinanze delle piante. I nebulizzatori a ultrasuoni sono particolarmente efficaci nel creare una nebbia fine che aumenta l'umidità senza bagnare eccessivamente le piante.

- **Umidificatori:** Gli umidificatori a vapore freddo o a ultrasuoni sono ideali per mantenere l'umidità elevata in serra o in ambienti chiusi. Imposta l'umidificatore per mantenere l'umidità tra i livelli ideali per le piante carnivore.

Substrati e Acqua:

- **Terreno Umido:** Per le piante carnivore che richiedono un'umidità costante, utilizza substrati che trattengono l'umidità come torba di sfagno o miscele di perlite e sabbia. Questi substrati aiutano a mantenere l'umidità necessaria per le radici delle piante.

- **Paletta di Acqua:** In ambienti chiusi, posiziona una paletta di acqua vicino alle piante per aumentare l'umidità attraverso l'evaporazione. Questo metodo è particolarmente utile in ambienti con riscaldamento che possono ridurre l'umidità.

Ventilazione:

- **Ventilatori e Circolazione dell'Aria:** Una buona ventilazione è cruciale per prevenire l'eccessiva umidità e il rischio di muffa e malattie fungine. Utilizza ventilatori per garantire una circolazione dell'aria adeguata, che aiuta a distribuire l'umidità in modo uniforme.

- **Controllo della Ventilazione:** Regola la ventilazione per evitare che l'umidità diventi troppo alta, il che può portare a problemi di condensa e malattie. Monitora l'umidità con igrometri per evitare fluttuazioni eccessive.

4. Esempi Pratici di Monitoraggio dell'Umidità

Coltivazione di Nepenthes:

- **Installazione di Umidificatori:** Posiziona un umidificatore a ultrasuoni nella serra o nell'ambiente di coltivazione per mantenere l'umidità tra il 60% e l'80%. Utilizza un igrometro digitale per monitorare l'umidità e regola l'umidificatore di conseguenza.

- **Nebulizzazione Regolare:** Nebulizza le piante ogni giorno per mantenere l'umidità ambientale alta, specialmente durante i periodi di calore intenso.

Coltivazione di Drosera:

- **Utilizzo di Substrati Adatti:** Usa torba di sfagno o una miscela di perlite e sabbia per mantenere il substrato umido e garantire che le piante abbiano accesso a un'umidità sufficiente.

- **Paletta di Acqua:** Colloca una paletta di acqua nelle vicinanze per aumentare l'umidità durante i mesi più secchi.

Coltivazione di Utricularia:

- **substrato Acquatico:** Per le specie acquatiche, mantieni il substrato costantemente bagnato e considera l'uso di un serbatoio d'acqua con una copertura che riduce l'evaporazione.

- **Monitoraggio Costante:** Usa un igrometro o un sensore di umidità per monitorare l'umidità dell'acqua nel serbatoio e assicurati che le condizioni rimangano stabili.

Concludendo, il monitoraggio dell'umidità e l'implementazione di tecniche di controllo adeguate sono essenziali per la coltivazione sana delle piante carnivore. Utilizzando gli strumenti giusti e adottando pratiche efficaci, potrai mantenere le tue piante in condizioni ottimali, favorendo una crescita vigorosa e una sana attività predatoria.

6. Piantagione e Trapianto: Come Piantare e Spostare le Piante Senza Stress

Piantare e trapiantare piante carnivore richiede attenzione e precisione per garantire che le piante non subiscano stress e continuino a prosperare. Questo processo può essere cruciale, poiché molte piante carnivore sono sensibili ai cambiamenti ambientali e alle manipolazioni. In questo paragrafo, esploreremo le tecniche dettagliate per piantare e trapiantare le piante carnivore, con esempi pratici e consigli per minimizzare lo stress e ottimizzare la loro crescita.

1. Preparazione per la Piantagione

Scelta del Contenitore:

- **Dimensioni Appropriate:** Scegli un contenitore con dimensioni adeguate al tipo di pianta che intendi coltivare. Per specie come la **Dionaea muscipula** (Venere Acchiappamosche), utilizza contenitori di almeno 10 cm di diametro. Specie più grandi come **Nepenthes** potrebbero richiedere vasi più ampi e profondi.

- **Materiale del Contenitore:** Preferisci contenitori in plastica o terracotta con fori di drenaggio per evitare l'accumulo di acqua e prevenire il marciume radicale. La plastica è leggera e trattiene l'umidità, mentre la terracotta favorisce una migliore traspirazione.

Preparazione del Substrato:

- **Composizione:** Per la maggior parte delle piante carnivore, utilizza substrati leggeri e ben drenanti. Una miscela comune è costituita da torba di sfagno, perlite e sabbia in proporzioni variabili. Per esempio, una miscela per **Sarracenia** può essere composta da 50% torba di sfagno e 50% perlite.

- **Sterilizzazione:** Prima di utilizzare il substrato, sterilizzalo per eliminare patogeni e semi di erbacce. Puoi fare ciò riscaldando il substrato in forno a 180°C per 30 minuti o utilizzando un prodotto specifico per la sterilizzazione.

2. Tecniche di Piantagione

Piantare Semi o Avviare da Talea:

- **Semi:** Se stai piantando semi, distribuiscili uniformemente sulla superficie del substrato. Non coprire i semi con il substrato, poiché molte piante carnivore necessitano di luce per germinare. Nebulizza delicatamente per mantenere l'umidità.

- **Talee:** Per le piante che possono essere propagate per talea, come **Drosera** e **Pinguicula**, pianta le talee in un substrato leggermente umido e premi delicatamente per stabilizzarle. Mantieni la talea sotto una campana di plastica o in una mini-serra per mantenere l'umidità alta fino a quando non sviluppa radici.

Posizionamento della Pianta:

- **Profondità di Piantagione:** Per evitare danni alle radici, pianta la pianta alla stessa profondità a cui era cresciuta nel contenitore precedente. Per piante come **Cephalotus**, assicurati che le trappole a brocca non siano interrate nel substrato.

- **Distanziare le Piante:** Se pianti più piante nello stesso contenitore, assicurati di lasciare spazio sufficiente tra di esse per evitare la competizione per le risorse. Ad esempio, una distanza di 10 cm tra le piante di **Nepenthes** può prevenire l'ombreggiamento eccessivo.

3. Tecniche di Trapianto

Preparazione per il Trapianto:

- **Tempistica:** Il momento ideale per il trapianto è durante la primavera o l'inizio dell'estate, quando la pianta è in fase di crescita attiva. Evita di trapiantare durante il periodo di riposo vegetativo o in condizioni di stress come il caldo estremo o il freddo.

- **Preparazione del Nuovo Contenitore:** Prepara il nuovo contenitore con il substrato adeguato e inumidiscilo leggermente prima di inserire la pianta. Assicurati che il contenitore abbia fori di drenaggio adeguati.

Tecnica di Trapianto:

- **Estrazione della Pianta:** Rimuovi delicatamente la pianta dal contenitore esistente, cercando di non danneggiare le radici. Usa uno strumento affilato per staccare eventuali radici aderenti al bordo del vaso.

- **Trapianto:** Posiziona la pianta nel nuovo contenitore e riempi con il substrato, assicurandoti che le radici siano ben distribuite e non piegate. Tampona leggermente il substrato intorno alla pianta per rimuovere bolle d'aria.

- **Post-Trapianto:** Dopo il trapianto, annaffia leggermente e posiziona la pianta in un'area con luce indiretta per ridurre lo stress. Gradualmente aumenta l'esposizione alla luce solare diretta o alla sorgente di luce artificiale.

4. Cura Post-Trapianto

Monitoraggio e Manutenzione:

- **Controllo delle Condizioni:** Monitora le condizioni della pianta per segni di stress come foglie ingiallite o appassite. Verifica l'umidità del substrato e assicurati che la pianta non sia esposta a correnti d'aria fredde o calore eccessivo.

- **Concimazione:** Dopo il trapianto, aspetta circa un mese prima di fertilizzare. Le piante potrebbero avere bisogno di un periodo di adattamento prima di ricevere nutrienti. Utilizza fertilizzanti specifici per piante carnivore in dosi leggere per evitare il sovradosaggio.

Esempi Pratici:

- **Trapianto di Dionaea muscipula:** Se trapianti una Venere Acchiappamosche, assicurati che il substrato sia composto da torba di sfagno e sabbia. Dopo il trapianto, posiziona la pianta in un'area con luce solare diretta e annaffia con acqua distillata.

- **Piantagione di Sarracenia:** Quando pianti una Sarracenia, usa una miscela di torba e perlite e pianta alla stessa profondità in cui era precedentemente. Evita l'eccessiva esposizione al sole nei primi giorni per ridurre lo stress.

Concludendo, una piantagione e un trapianto corretti sono essenziali per il successo nella coltivazione delle piante carnivore. Utilizzando le tecniche e i consigli descritti, potrai garantire che le tue piante si adattino senza stress ai nuovi ambienti, favorendo una crescita sana e vigorosa.

7. Fertilizzazione: Nutrienti e Frequenze per Favorire la Crescita

La fertilizzazione è un aspetto cruciale nella coltivazione delle piante carnivore, ma richiede un approccio specializzato per evitare danni e garantire che le piante ricevano i nutrienti di cui hanno bisogno per una crescita sana. Le piante carnivore, essendo adattate a suoli poveri in nutrienti nel loro habitat naturale, hanno esigenze specifiche riguardo ai fertilizzanti. In questo paragrafo, esploreremo i tipi di nutrienti necessari, le tecniche di applicazione e le frequenze di fertilizzazione ideali per diverse specie di piante carnivore.

1. Tipi di Nutrienti

Macronutrienti:

- **Azoto (N):** Essenziale per la crescita delle foglie e lo sviluppo generale della pianta. Tuttavia, un eccesso di azoto può causare una crescita eccessiva e indebolire la pianta. Per piante come la **Dionaea muscipula** (Venere Acchiappamosche), un fertilizzante con un basso contenuto di azoto è preferibile.

- **Fosforo (P):** Cruciale per la formazione di radici forti e per la produzione di fiori e frutti. Per esempio, **Sarracenia** beneficia di un fertilizzante con un contenuto moderato di fosforo per supportare la crescita delle trappole e la fioritura.

- **Potassio (K):** Aiuta nella sintesi delle proteine e nella regolazione dell'acqua. Un buon equilibrio di potassio è importante per tutte le piante carnivore, aiutando a mantenere le trappole e le foglie in buone condizioni.

Micronutrienti:

- **Calcio (Ca), Magnesio (Mg), e Zolfo (S):** Questi sono necessari in quantità molto minori ma sono essenziali per la salute della pianta. La maggior parte dei fertilizzanti commerciali per piante carnivore contiene già questi micronutrienti in equilibrio.

Fertilizzanti Specifici per Piante Carnivore:

- **Fertilizzanti Liquidi:** Questi sono ideali per una distribuzione uniforme dei nutrienti e si sciolgono facilmente in acqua. Sono particolarmente utili per specie come **Nepenthes**, che possono beneficiare di applicazioni dirette.

- **Fertilizzanti a Lenta Rilascio:** Sebbene non comuni per le piante carnivore, possono essere utilizzati con cautela. Sono adatti per specie robuste e per substrati ben drenati.

2. Tecniche di Fertilizzazione

Fertilizzazione Fogliare:

- **Applicazione:** Per alcune piante carnivore, come **Drosera** e **Pinguicula**, la fertilizzazione fogliare è un metodo efficace. Questo metodo prevede la spruzzatura di una soluzione di fertilizzante diluito sulle foglie della pianta. Questo approccio è utile quando le piante sono giovani o in crescita attiva.

- **Frequenza:** Fertilizza ogni 4-6 settimane durante la stagione di crescita attiva. Riduci la frequenza durante i periodi di dormienza.

Fertilizzazione nel Substrato:

- **Applicazione:** Per piante come **Sarracenia** e **Heliamphora**, la fertilizzazione diretta nel substrato è più comune. Sciogli il fertilizzante liquido in acqua e annaffia la pianta con questa soluzione, evitando il contatto diretto con le trappole per evitare danni.

- **Frequenza:** Applica fertilizzante una volta al mese durante la stagione di crescita. Durante il periodo di dormienza, riduci o sospendi la fertilizzazione.

Fertilizzazione attraverso il Composto:

- **Applicazione:** Utilizza fertilizzanti a lenta rilascio mescolati nel substrato. Questa tecnica è adatta per specie robuste e può ridurre la frequenza di applicazione. Assicurati che il fertilizzante sia specificamente formulato per piante carnivore.

- **Frequenza:** Segui le istruzioni del prodotto, che solitamente suggeriscono applicazioni ogni 3-6 mesi.

3. Frequenze e Dosaggi

Calibrazione della Diluizione:

- **Concentrazione:** Utilizza fertilizzanti a bassa concentrazione. Un buon punto di partenza è una diluizione di 1/4 della concentrazione consigliata sul pacchetto del fertilizzante. Le piante carnivore sono sensibili agli eccessi di nutrienti.

- **Dosaggio:** Applicare una piccola quantità di fertilizzante ogni volta e aumentare gradualmente se necessario. Un eccesso di fertilizzante può causare danni alle radici e alle foglie.

Esempi Pratici:

- **Venere Acchiappamosche (Dionaea muscipula):** Utilizza un fertilizzante liquido con una formulazione bilanciata, come 10-10-10, diluito a 1/4 della forza ogni 4 settimane durante la stagione di crescita.

- **Nepenthes:** Questi richiedono una concentrazione molto bassa di fertilizzante, con applicazioni fogliari di una soluzione di 1/8 di forza ogni 4 settimane.

- **Sarracenia:** Preferiscono fertilizzanti con un contenuto di fosforo più elevato, come 5-10-10, applicato al substrato una volta al mese durante la crescita attiva.

Considerazioni Finali: Assicurati di monitorare attentamente la risposta delle tue piante al fertilizzante. Segnali di sovradosaggio possono includere foglie ingiallite e trappole deformate. Se noti questi segni, sospendi l'applicazione e risciacqua il substrato con acqua distillata per rimuovere l'eccesso di nutrienti.

In conclusione, la fertilizzazione delle piante carnivore richiede una comprensione delle loro specifiche esigenze nutrizionali e una gestione accurata dei nutrienti per evitare danni e promuovere una crescita sana e vigorosa.

8. Pulizia e Manutenzione: Mantenere le Piante e il Loro Ambiente Sano

La pulizia e la manutenzione regolari sono essenziali per garantire la salute e la vitalità delle piante carnivore. Queste pratiche non solo aiutano a prevenire malattie e infestazioni, ma contribuiscono anche a mantenere un ambiente di crescita ottimale. In questo paragrafo, esploreremo le tecniche dettagliate per mantenere le piante carnivore e il loro habitat pulito e sano, inclusi i metodi per rimuovere detriti, gestire la formazione di muffe e alghe, e curare le piante danneggiate.

1. Pulizia delle Foglie e delle Trappole

Rimozione dei Detriti:

- **Accorgimenti:** Le foglie e le trappole delle piante carnivore possono accumulare detriti, come foglie morte, polvere e insetti morti. Rimuovere questi detriti è fondamentale per prevenire malattie e infestazioni. Utilizza una pinzetta o un pennello a setole morbide per rimuovere delicatamente i detriti senza danneggiare le trappole o le foglie.

- **Esempi:** Per la **Dionaea muscipula** (Venere Acchiappamosche), rimuovi le trappole morte o danneggiate utilizzando forbici sterilizzate per evitare la proliferazione di batteri.

Pulizia delle Trappole:

- **Accorgimenti:** Le trappole di **Nepenthes** e **Sarracenia** possono raccogliere residui di prede e polvere. Per le trappole a brocca di **Nepenthes**, pulisci le brocche utilizzando un batuffolo di cotone imbevuto di acqua distillata. Assicurati di non danneggiare il tessuto delicato della brocca.

- **Frequenza:** Pulire le trappole e le foglie almeno una volta al mese, o più frequentemente se noti accumuli significativi di detriti.

2. Gestione della Muffa e delle Alghe

Muffa sul Substrato:

- **Accorgimenti:** La muffa può formarsi sul substrato, soprattutto se l'umidità è troppo alta o se il substrato è stagnante. Rimuovi la muffa utilizzando un cucchiaio di plastica o un utensile di plastica per raschiare delicatamente la superficie del substrato. Assicurati di non disturbare le radici della pianta.

- **Prevenzione:** Per prevenire la muffa, assicurati che il substrato sia ben drenato e che l'umidità non rimanga eccessiva. Utilizza substrati con buone proprietà drenanti come torba e sabbia.

Alghe sulle Superfici:

- **Accorgimenti:** Le alghe possono crescere sulle superfici del substrato o all'interno dei contenitori. Puliscile utilizzando una spazzola morbida o un panno imbevuto di acqua distillata. Evita l'uso di detergenti chimici, che possono danneggiare le piante.

- **Prevenzione:** Riduci l'eccessiva umidità e assicurati che le piante abbiano una buona ventilazione. Per i terrari, considera l'uso di coperchi o schermature per ridurre la luce solare diretta che favorisce la crescita delle alghe.

3. Manutenzione dell'Ambiente di Coltivazione

Pulizia dei Vasi e dei Contenitori:

- **Accorgimenti:** I vasi e i contenitori devono essere puliti regolarmente per evitare la proliferazione di alghe e batteri. Rimuovi il substrato residuo e lava i contenitori con acqua calda e sapone neutro. Risciacqua accuratamente e lascia asciugare completamente prima di riutilizzare.

- **Frequenza:** Pulisci i contenitori ogni volta che trapianti o sostituisci il substrato, o almeno ogni 6-12 mesi.

Gestione delle Condizioni Ambientali:

- **Ventilazione:** Assicurati che il tuo ambiente di coltivazione abbia una buona ventilazione. Utilizza ventilatori o apri finestre per migliorare la circolazione dell'aria, riducendo così l'umidità stagnante e prevenendo la formazione di muffe.

- **Controllo dell'Umidità:** Utilizza un igrometro per monitorare i livelli di umidità e mantenere l'umidità relativa adeguata. Per ambienti chiusi come i terrari, considera l'uso di umidificatori o di contenitori d'acqua per mantenere un'umidità costante.

4. Cura delle Piante Danneggiate

Trattamento delle Foglie e delle Trappole Danneggiate:

- **Accorgimenti:** Se noti foglie o trappole danneggiate, come quelle che mostrano segni di bruciature da luce solare eccessiva o danni da eccesso di fertilizzante, rimuovile con cautela. Usa forbici sterilizzate per evitare la diffusione di infezioni.

- **Esempi:** Per **Drosera** e **Pinguicula**, che possono avere foglie delicate, assicurati di rimuovere solo le parti danneggiate e non le foglie sane.

Prevenzione di Ulteriori Danni:

- **Monitoraggio:** Ispeziona regolarmente le piante per individuare segni di danni o malattie. Tratta immediatamente qualsiasi problema per evitare che si diffonda.

- **Correzione delle Condizioni Ambientali:** Adatta le condizioni di luce, temperatura e umidità per evitare che i problemi si ripresentino. Ad esempio, se le foglie sono bruciate dalla luce, riduci l'intensità della luce o sposta le piante in una posizione più ombreggiata.

In conclusione, la pulizia e la manutenzione regolari sono fondamentali per la salute e la longevità delle piante carnivore. Mantenere un ambiente pulito e ben gestito non solo previene malattie e infestazioni, ma favorisce anche una crescita sana e vigorosa delle piante.

9. Prevenzione e Controllo dei Parassiti: Tecniche per Evitare Problemi Comuni

Le piante carnivore, sebbene siano abili nella cattura di piccoli insetti, non sono immuni ai parassiti e alle malattie che possono compromettere la loro salute e vitalità. La prevenzione e il controllo dei parassiti sono quindi essenziali per mantenere le piante in condizioni ottimali. In questo paragrafo, esploreremo le tecniche dettagliate per evitare e gestire i problemi comuni legati ai parassiti delle piante carnivore, con un focus su metodi preventivi, identificazione e intervento.

1. Prevenzione dei Parassiti

1.1. Scelta del Terreno e dei Vasi:

- **Substrato:** Utilizzare substrati ben drenati e privi di contaminanti è fondamentale per prevenire infestazioni di parassiti. Substrati come torba di sfagno pura, sabbia silicea e perlite sono ideali. Evita l'uso di terricci da giardino, che possono contenere uova di parassiti.

- **Contenitori:** Pulisci accuratamente i vasi e i contenitori prima di riutilizzarli. L'uso di vasi nuovi o sterilizzati riduce il rischio di introdurre parassiti nel tuo ambiente di coltivazione.

1.2. Monitoraggio e Manutenzione Ambientale:

- **Ispezione Regolare:** Controlla le piante regolarmente per individuare segni precoci di infestazioni, come macchie sulle foglie, danni visibili o insetti sui substrati.

- **Ventilazione:** Una buona ventilazione aiuta a mantenere l'umidità sotto controllo, riducendo le condizioni favorevoli per la proliferazione di parassiti come gli acari e le muffe.

1.3. Trattamenti Preventivi:

- **Spray Insetticidi Naturali:** Utilizza spray a base di oli essenziali, come l'olio di neem o l'olio di lavanda, per tenere lontani i parassiti. Applicali sulle foglie e sui substrati seguendo le istruzioni del produttore.

- **Insetticidi Biologici:** Considera l'uso di nematodi benefici o predatori naturali come le coccinelle per controllare gli afidi e altri insetti nocivi.

2. Identificazione dei Parassiti Comuni

2.1. Afidi:

- **Identificazione:** Gli afidi sono piccoli insetti succhiatori che si attaccano alle foglie e ai germogli. Possono essere verdi, neri o grigi e spesso sono visibili in gruppi.

- **Controllo:** Rimuovi gli afidi manualmente utilizzando un getto d'acqua o un panno umido. Puoi anche utilizzare insetticidi naturali o trattamenti a base di sapone insetticida.

2.2. Cocciniglie:

- **Identificazione:** Le cocciniglie sono insetti rotondi o ovali ricoperti da una sorta di scudo ceroso. Possono essere trovate sulle foglie, sui fusti e sul substrato.

- **Controllo:** Pulisci le cocciniglie con un batuffolo di cotone imbevuto di alcool denaturato. Per infestazioni più gravi, utilizza insetticidi specifici o trattamenti a base di neem.

2.3. Acari:

- **Identificazione:** Gli acari sono piccoli aracnidi che possono causare macchie gialle o bronzate sulle foglie e un aspetto polveroso sul lato inferiore delle foglie.

- **Controllo:** Aumenta l'umidità ambientale e utilizza spray ad alto contenuto di acqua per rimuovere gli acari. In casi gravi, trattamenti a base di acari predatori possono essere efficaci.

2.4. Mosche Bianche:

- **Identificazione:** Le mosche bianche sono insetti alati bianchi che si trovano spesso sulla parte inferiore delle foglie e possono causare ingiallimento e appassimento.

- **Controllo:** Utilizza trappole adesive gialle per catturare le mosche bianche. Anche i trattamenti a base di neem o sapone insetticida possono essere utili.

3. Tecniche di Controllo

3.1. Trattamenti Insetticidi:

- **Insetticidi Sistemici:** Per infestazioni gravi, considera l'uso di insetticidi sistemici, che vengono assorbiti dalla pianta e combattono i parassiti dall'interno. Segui attentamente le istruzioni e usa questi prodotti come ultima risorsa.

- **Spray e Trattamenti Localizzati:** Per infestazioni più leggere, utilizza spray mirati o applicazioni locali di insetticidi naturali. Assicurati di coprire tutte le aree infestate, incluse le zone difficili da raggiungere.

3.2. Metodi Meccanici:

- **Rimozione Manuale:** Per parassiti visibili come afidi e cocciniglie, rimuovili manualmente con una pinzetta o un panno umido. Questo metodo è utile per infestazioni leggere e per evitare l'uso di pesticidi chimici.

- **Trappole:** Utilizza trappole adesive per catturare insetti volanti come mosche bianche e afidi. Le trappole possono essere collocate vicino alle piante per attrarre e catturare i parassiti.

3.3. Strategie Ambientali:

- **Rotazione dei Substrati:** Cambia regolarmente il substrato per prevenire la proliferazione di parassiti e malattie. Questo è particolarmente utile per evitare infestazioni croniche di parassiti come le larve del terreno.

- **Pulizia dell'Ambiente:** Mantieni l'ambiente di coltivazione pulito e privo di residui di piante infette. Rimuovi e smaltisci le piante morte o danneggiate per prevenire la diffusione di parassiti.

In sintesi, la prevenzione e il controllo dei parassiti sono cruciali per mantenere le piante carnivore in salute. Utilizzare tecniche di prevenzione, monitorare regolarmente le piante e intervenire prontamente aiuteranno a mantenere un ambiente di coltivazione sano e privo di parassiti. Con un'attenta gestione e le giuste tecniche, è possibile evitare problemi comuni e garantire una crescita vigorosa e sana delle piante carnivore.

10. Tecniche di Riproduzione: Metodi per Propagare le Piante Carnivore in Casa

La riproduzione delle piante carnivore può sembrare un compito complesso, ma con le giuste tecniche e un po' di pazienza, è possibile propagare con successo queste affascinanti piante anche in un ambiente domestico. Esistono diversi metodi di propagazione, ciascuno adatto a particolari specie e condizioni ambientali. In questo paragrafo, esploreremo le principali tecniche di riproduzione delle piante carnivore, fornendo istruzioni dettagliate e pratiche per principianti e per coloro che desiderano affinare le proprie competenze.

1. Propagazione per Semina

1.1. Preparazione dei Semi:

- **Acquisizione:** Acquista semi freschi da fornitori affidabili. La freschezza dei semi è cruciale per il successo della germinazione. Assicurati che i semi provengano da piante sane e siano adatti alla specie che intendi coltivare.

- **Trattamento Pre-semina:** Alcuni semi di piante carnivore, come le Drosera e le Nepenthes, richiedono una stratificazione fredda per stimolare la germinazione. Metti i semi in frigorifero per circa 4-6 settimane prima di seminarli.

1.2. Substrato e Semina:

- **Scelta del Substrato:** Utilizza un substrato leggero e ben drenante, composto per esempio da torba di sfagno e sabbia in parti uguali. Il substrato deve essere sterile per prevenire malattie e infestazioni.

- **Semina:** Distribuisci i semi sulla superficie del substrato senza coprirli, poiché molti semi di piante carnivore necessitano di luce per germinare. Spruzza delicatamente con acqua distillata per mantenere l'umidità.

1.3. Germinazione e Crescita:

- **Condizioni di Germinazione:** Colloca il contenitore in un luogo luminoso con temperature costanti adatte alla specie specifica. La maggior parte delle piante carnivore richiede temperature comprese tra 20-25°C per germinare.

- **Trattamento Post-germinazione:** Mantieni il substrato umido ma non inzuppato. Dopo la germinazione, dirada le piantine per garantire spazio sufficiente per la crescita e continua a fornire luce adeguata.

2. Propagazione per Divisione

2.1. Preparazione e Tempistica:

- **Scelta della Pianta:** La propagazione per divisione è ideale per piante carnivore che producono rizomi o bulbilli, come le Nepenthes e le Sarracenia. Seleziona una pianta matura e sana.

- **Tempistica:** Effettua la divisione durante la stagione di crescita attiva, generalmente in primavera o in estate, per favorire una rapida ripresa della pianta.

2.2. Divisione e Trapianto:

- **Divisione:** Estrai delicatamente la pianta dal vaso e separa i rizomi o bulbilli in sezioni, assicurandoti che ogni parte abbia radici e foglie sane.

- **Trapianto:** Pianta ciascuna sezione in un nuovo contenitore con substrato fresco e ben drenante. Assicurati che le radici siano ben coperte e non compresse.

2.3. Cura Post-trapianto:

- **Umidità e Luce:** Mantieni il substrato umido e colloca i nuovi vasi in un ambiente luminoso ma non esposto alla luce solare diretta. La pianta potrebbe richiedere un periodo di adattamento, durante il quale è importante evitare l'eccesso di acqua.

3. Propagazione per Talea

3.1. Selezione e Preparazione della Talea:

- **Selezione della Pianta:** La propagazione per talea è adatta a piante carnivore come le Dionaea e le Drosera che producono nuovi germogli. Scegli una pianta sana e vigorosa.

- **Preparazione della Talea:** Taglia un germoglio giovane e sano, lungo circa 5-10 cm, con un coltello sterile o delle forbici. Rimuovi le foglie inferiori per evitare che entrino in contatto con il substrato.

3.2. Radicazione e Trapianto:

- **Substrato di Radicazione:** Usa un substrato ben drenante, come una miscela di torba e perlite. Pianta la talea a una profondità di circa 2-3 cm e mantieni il substrato leggermente umido.

- **Condizioni di Radicazione:** Colloca il contenitore in un ambiente luminoso e caldo, con temperature intorno ai 20-25°C. Copri il contenitore con una busta di plastica trasparente per mantenere l'umidità.

3.3. Cura e Crescita:

- **Monitoraggio:** Dopo alcune settimane, verifica la formazione di radici tirando delicatamente la talea. Una volta radicata, trapianta la nuova pianta in un contenitore più grande con substrato fresco.

- **Cura Post-trapianto:** Continua a mantenere l'umidità e la luce adeguate per favorire una crescita sana. Evita il contatto diretto con la luce solare intensa, che potrebbe stressare la giovane pianta.

4. Propagazione per Bulbilli e Rizomi

4.1. Riconoscimento e Raccolta:

- **Bulbilli e Rizomi:** Alcune piante carnivore come le Nepenthes e le Sarracenia formano bulbilli o rizomi. Riconosci i bulbilli come piccole strutture simili a bulbi attaccate alla base della pianta.

- **Raccolta:** Durante la stagione di crescita, separa delicatamente i bulbilli o rizomi dalla pianta madre utilizzando un coltello sterile.

4.2. Trapianto:

- **Substrato e Vaso:** Pianta i bulbilli o rizomi in un contenitore con substrato ben drenante e leggermente acido. Assicurati che ogni pezzo abbia almeno una piccola radice e qualche parte della pianta madre.

- **Condizioni di Crescita:** Colloca il contenitore in un ambiente caldo e luminoso. Mantieni il substrato umido ma non inzuppato.

4.3. Cura Post-trapianto:

- **Adattamento:** Le nuove piante potrebbero richiedere un periodo di adattamento. Fornisci una luce indiretta e una temperatura stabile per favorire lo sviluppo delle radici e delle foglie.

In conclusione, la riproduzione delle piante carnivore richiede una conoscenza specifica delle loro esigenze e delle tecniche appropriate per ciascun metodo di propagazione. Seguendo queste istruzioni dettagliate e adattando le tecniche alle esigenze della tua pianta, puoi riuscire a propagare e coltivare nuove piante carnivore con successo, arricchendo il tuo giardino domestico o il tuo ambiente di coltivazione.

V. Substrati e Terricci Specializzati

1. Composizione Ideale per Substrati delle Piante Carnivore

La scelta del substrato per le piante carnivore è un aspetto cruciale per garantire la loro salute e crescita ottimale. Queste piante, che includono specie come la Venere Acchiappamosche (Dionaea muscipula), le Sarracenie e le Nepentes, sono originarie di habitat specifici e richiedono substrati specializzati per replicare le loro condizioni naturali. La composizione ideale del substrato per piante carnivore deve soddisfare criteri precisi, tra cui drenaggio, aerazione, e pH acido. Questo paragrafo esplorerà i componenti chiave dei substrati ideali, le proporzioni raccomandate e le tecniche di miscelazione.

Componenti Fondamentali del Substrato

1. **Torba di Sphagnum:** Questo materiale è il componente principale dei substrati per molte piante carnivore. La torba di sphagnum è altamente acida e ha una grande capacità di ritenzione idrica, che è essenziale per mantenere un'umidità costante intorno alle radici. Inoltre, contribuisce a mantenere il pH del substrato basso, una condizione fondamentale per la maggior parte delle piante carnivore. È importante scegliere torba di sphagnum di alta qualità, priva di contaminanti e fertilizzanti.

2. **Sabbia:** La sabbia, particolarmente quella a grana fine o medium, è utilizzata per migliorare il drenaggio e la struttura del substrato. L'aggiunta di sabbia aiuta a prevenire l'accumulo di acqua in eccesso, riducendo il rischio di marciume radicale. La sabbia silicea è la scelta migliore, poiché non altera il pH e non introduce sali indesiderati.

3. **Perlite:** La perlite è un componente minerale espanso che migliora l'aerazione del substrato e aumenta il drenaggio. È particolarmente utile in miscele per piante carnivore che richiedono un substrato leggero e ben drenante. La perlite è anche inerte, il che significa che non influisce sul pH del substrato.

4. **Vermiculite:** La vermiculite, sebbene meno comune, può essere usata in piccole quantità per migliorare la ritenzione idrica e l'aerazione. Tuttavia, è importante non esagerare, poiché può aumentare il pH del substrato e non è sempre ideale per tutte le specie di piante carnivore.

Proporzioni Raccomandate

Le proporzioni tipiche per un substrato di alta qualità per piante carnivore sono:

- **Torba di Sphagnum:** 50-70%
- **Sabbia:** 20-30%
- **Perlite:** 10-20%

Per alcune specie, potrebbe essere necessario adattare queste proporzioni. Ad esempio, per piante che crescono in terreni più umidi come le Sarracenie, è preferibile utilizzare una miscela con una maggiore percentuale di torba di sphagnum e meno perlite.

Tecniche di Miscelazione

1. **Preparazione del Materiale:** Prima di mescolare, è essenziale preparare i materiali. La torba di sphagnum deve essere sgranata e leggermente inumidita per facilitare la miscelazione. La sabbia e la perlite devono essere ben lavate per rimuovere eventuali impurità o sali.

2. **Miscelazione:** Utilizzare un contenitore ampio per mescolare gli ingredienti. È consigliabile mescolare prima la torba di sphagnum con la sabbia e poi aggiungere la perlite, assicurandosi di distribuire uniformemente tutti i componenti.

3. **Controllo della Qualità:** Dopo la miscelazione, è importante testare la miscela per verificare la sua reazione con l'acqua. La miscela deve drenare rapidamente, senza mantenere l'acqua in eccesso.

Esempi di Miscela

Per un substrato ideale per la Venere Acchiappamosche (Dionaea muscipula):

- 60% Torba di Sphagnum
- 25% Sabbia Silicea
- 15% Perlite

Per le Sarracenie:

- 50% Torba di Sphagnum
- 30% Sabbia Silicea
- 20% Perlite

Per le Nepentes:

- 50% Torba di Sphagnum
- 30% Perlite
- 20% Pezzetti di corteccia di pino o vermiculite

Scegliere e miscelare il substrato corretto è fondamentale per il successo nella coltivazione delle piante carnivore. Adattare le proporzioni e i componenti alle esigenze specifiche di ciascuna specie garantirà piante sane e vigorose.

2. Torba di Sphagnum: Proprietà e Benefici per le Piante Carnivore

La torba di sphagnum è uno degli elementi più essenziali e versatili nella coltivazione delle piante carnivore. Questa torba, derivata dal muschio di sphagnum che cresce in torbiere e ambienti umidi, possiede una serie di proprietà uniche che la rendono ideale per soddisfare le esigenze specifiche delle piante carnivore. In questo paragrafo, esploreremo le caratteristiche della torba di sphagnum, i suoi benefici e come utilizzarla efficacemente nella coltivazione delle piante carnivore.

Proprietà della Torba di Sphagnum

1. **Acidità del pH:** La torba di sphagnum è nota per il suo pH naturalmente acido, che varia generalmente tra 3,5 e 4,5. Questo è cruciale per le piante carnivore, molte delle quali prosperano in condizioni di terreno acido. Il pH basso della torba di sphagnum aiuta a mantenere un ambiente favorevole per queste piante, impedendo la crescita di alghe e muschi competitivi e favorendo l'assorbimento dei nutrienti.

2. **Capacità di Ritenzione Idrica:** Una delle caratteristiche più distintive della torba di sphagnum è la sua straordinaria capacità di ritenzione idrica. La torba può assorbire e trattenere fino a venti volte il suo peso in acqua, creando un substrato che mantiene una umidità costante intorno alle radici delle piante. Questo è particolarmente importante per piante carnivore come la Sarracenia e la Drosera, che richiedono un ambiente umido per prosperare.

3. **Drenaggio e Aerazione:** Nonostante la sua elevata capacità di ritenzione idrica, la torba di sphagnum ha anche eccellenti proprietà di drenaggio e aerazione. Questo è dovuto alla sua struttura fibrosa e porosa, che previene l'accumulo di acqua in eccesso e favorisce il passaggio dell'aria alle radici. Buona aerazione è cruciale per evitare il marciume radicale, una condizione comune nelle piante carnivore coltivate in substrati troppo compatti o saturi.

4. **Inerticità:** La torba di sphagnum è un materiale inerte, il che significa che non interagisce chimicamente con le sostanze nutritive nel substrato. Questa proprietà consente ai coltivatori di avere un controllo preciso sui nutrienti disponibili per le piante, evitando l'introduzione di fertilizzanti o sali indesiderati che potrebbero alterare l'ambiente di crescita.

Benefici dell'Utilizzo della Torba di Sphagnum

1. **Promozione della Crescita delle Radici:** L'uso di torba di sphagnum favorisce lo sviluppo sano delle radici grazie alla sua capacità di mantenere una temperatura radicolare costante e una umidità elevata. Le radici delle piante carnivore, come quelle della Dionaea muscipula (Venere Acchiappamosche), beneficiano di questo ambiente stabile e nutritivo, che incoraggia una crescita vigorosa.

2. **Riduzione delle Malattie:** Grazie alla sua acidità e alle sue proprietà drenanti, la torba di sphagnum aiuta a prevenire l'insorgenza di malattie fungine e batteriche comuni nelle piante carnivore. Un substrato ben aerato e con un pH basso riduce la probabilità di marciume radicale e altre malattie del suolo.

3. **Facilità di Manutenzione:** La torba di sphagnum è relativamente facile da gestire. Non necessita di fertilizzazione frequente e può essere facilmente reidratata se si asciuga troppo. La sua struttura fibrosa è anche utile per mantenere il substrato in posizione all'interno dei contenitori di coltivazione, evitando il compattamento e facilitando la manipolazione.

Utilizzo Pratico della Torba di Sphagnum

1. **Preparazione del Substrato:** Quando si utilizza la torba di sphagnum, è consigliabile inumidirla leggermente prima di miscelarla con altri componenti. Questo aiuta a evitare polveri volatili e a migliorare la consistenza del substrato.

2. **Miscelazione:** La torba di sphagnum può essere miscelata con sabbia silicea e perlite per creare un substrato ben bilanciato. Ad esempio, una miscela comune per molte piante carnivore potrebbe contenere il 50-70% di torba di sphagnum, con il resto costituito da sabbia e perlite.

3. **Riempimento dei Contenitori:** Quando si riempiono i contenitori per la coltivazione, assicurarsi di non compattare troppo la torba di sphagnum. Mantenere una struttura leggermente allentata favorisce un migliore drenaggio e aerazione.

In conclusione, la torba di sphagnum è un componente fondamentale per il successo nella coltivazione delle piante carnivore. Le sue proprietà uniche la rendono ideale per creare un substrato che imita le condizioni naturali di crescita di queste piante, contribuendo a una crescita sana e vigorosa.

3. Sabbia e Perlite: Ruolo nel Drenaggio e nella Aerazione del Substrato

Sabbia e perlite sono due componenti fondamentali per creare substrati efficaci nella coltivazione delle piante carnivore, specialmente quando si tratta di garantire un adeguato drenaggio e una buona aerazione. In questo paragrafo, esploreremo in dettaglio come questi materiali contribuiscono alla salute e alla crescita delle piante carnivore, illustrando le loro proprietà specifiche, il loro ruolo nel substrato e le migliori pratiche per il loro utilizzo.

Sabbia: Caratteristiche e Benefici

1. **Tipi di Sabbia:** Quando si parla di sabbia per substrati di piante carnivore, è fondamentale utilizzare sabbia silicea o sabbia di quarzo. Questi tipi di sabbia sono puri e privi di sali e nutrienti che potrebbero influenzare negativamente le piante. La sabbia silicea ha una granulometria fine a media, che la rende ideale per migliorare il drenaggio senza compromettere la struttura del substrato.

2. **Benefici del Drenaggio:** La sabbia migliora significativamente il drenaggio del substrato. Le particelle di sabbia, essendo piuttosto dure e non porose, aiutano a creare uno spazio tra i componenti del substrato, permettendo all'acqua di defluire più facilmente. Questo è cruciale per prevenire l'accumulo di acqua stagnante, che può portare a marciume radicale, un problema comune nelle piante carnivore coltivate in substrati troppo umidi e compatti.

3. **Aerazione e Stabilità:** La sabbia contribuisce anche all'aerazione del substrato. La sua presenza aiuta a mantenere uno spazio d'aria sufficiente intorno alle radici, favorendo una buona ossigenazione e prevenendo la formazione di aree anossiche che possono danneggiare le radici. Inoltre, la sabbia migliora la stabilità del substrato, rendendolo meno soggetto a compattamento e a cambiamenti di consistenza nel tempo.

4. **Miscelazione con Altri Componenti:** La sabbia viene comunemente mescolata con torba di sphagnum e perlite per ottenere un substrato ben bilanciato. La proporzione tipica varia, ma un buon punto di partenza è una miscela di 1:1 tra sabbia e torba, con aggiunta di perlite per migliorare ulteriormente il drenaggio e l'aerazione.

Perlite: Caratteristiche e Benefici

1. **Proprietà della Perlite:** La perlite è un materiale vulcanico espanso che, grazie alla sua struttura altamente porosa e leggera, è eccellente per migliorare le proprietà fisiche dei substrati. È inerte e non contiene nutrienti, il che è ideale per le piante carnivore che necessitano di substrati privi di fertilizzanti.

2. **Miglioramento del Drenaggio:** La perlite è particolarmente efficace nel migliorare il drenaggio del substrato. Le sue particelle leggere e porose creano spazi d'aria all'interno della miscela, permettendo all'acqua di defluire rapidamente e uniformemente. Questo riduce il rischio di ristagni d'acqua e facilita una crescita sana delle radici.

3. **Aerazione Eccellente:** La perlite contribuisce in modo significativo all'aerazione del substrato. Le sue caratteristiche di porosità garantiscono un'ottima ossigenazione delle radici, prevenendo la formazione di zone prive di ossigeno che possono causare marciume radicale. Un substrato ben aerato è essenziale per mantenere la salute delle piante carnivore e promuovere una crescita vigorosa.

4. **Utilizzo in Miscela:** La perlite viene spesso miscelata con torba di sphagnum e sabbia per creare un substrato equilibrato. Una miscela comune è composta da circa il 30-40% di perlite, che aiuta a mantenere le condizioni ottimali di drenaggio e aerazione. La perlite può essere regolata in base alle specifiche esigenze delle piante e del substrato.

Applicazione Pratica

1. **Preparazione della Miscela:** Per preparare un substrato efficace per le piante carnivore, è essenziale miscelare correttamente sabbia e perlite con altri componenti come torba di sphagnum. Una proporzione consigliata è 1/3 di torba, 1/3 di sabbia e 1/3 di perlite. Mescolare bene questi ingredienti per garantire una distribuzione uniforme e evitare zone di accumulo di acqua o di ristagno.

2. **Riempimento dei Contenitori:** Quando si riempiono i contenitori per la coltivazione, è importante non comprimere troppo il substrato. Lasciare una certa leggerezza nella miscela favorisce un migliore drenaggio e una migliore aerazione. Assicurarsi che il substrato riempia uniformemente il contenitore, evitando spazi vuoti che potrebbero compromettere l'assorbimento dell'acqua.

3. **Monitoraggio e Manutenzione:** Dopo aver preparato il substrato e piantato le piante carnivore, monitorare regolarmente le condizioni di umidità e drenaggio. Se si nota un eccesso di umidità o una scarsa aerazione, potrebbe essere necessario aggiungere ulteriore perlite o sabbia per correggere la consistenza del substrato.

In sintesi, la sabbia e la perlite sono componenti fondamentali per creare substrati ottimali per le piante carnivore. La loro capacità di migliorare il drenaggio e l'aerazione è cruciale per la salute delle radici e per una crescita sana delle piante. Utilizzando questi materiali con attenzione e seguendo le proporzioni raccomandate, è possibile ottenere un substrato che soddisfi le esigenze specifiche delle piante carnivore.

4. Miscele di Substrato per Piante Carnivore: Esempi e Proporzioni

Le piante carnivore, con le loro esigenze specifiche di substrato, richiedono miscele ben bilanciate per prosperare. Ogni tipo di pianta ha esigenze diverse a causa delle sue origini e del suo habitat naturale, pertanto, è essenziale preparare substrati che replicano al meglio le condizioni che queste piante troverebbero nel loro ambiente originario. In questo paragrafo, esploreremo diverse miscele di substrato ideali per le piante carnivore, discutendo le proporzioni e gli ingredienti più efficaci per ciascuna varietà.

1. Miscele per Drosera e Pinguicula (Piante Adesive)

Le piante del genere DROSERA e PINGUICULA sono abituate a crescere in torbiere e paludi con substrati acidi e ben drenati. Ecco alcune miscele raccomandate per queste piante:

- **Miscele Standard per Drosera e Pinguicula:**

    - **Proporzione:** 1 parte di torba di sphagnum, 1 parte di sabbia silicea e 1 parte di perlite.

    - **Descrizione:** Questa miscela crea un substrato acido con un eccellente drenaggio e aerazione. La torba di sphagnum fornisce l'acidità e la ritenzione idrica, mentre la sabbia e la perlite garantiscono che l'acqua non ristagni, riducendo il rischio di marciume radicale.

- **Miscele Alternativa per Drosera e Pinguicula:**

    - **Proporzione:** 2 parti di torba di sphagnum, 1 parte di sabbia silicea e 1 parte di perlite.

- **Descrizione:** Questa miscela è leggermente più ricca di torba, il che può essere utile per specie di Drosera più grandi che necessitano di una maggiore capacità di ritenzione idrica. La sabbia e la perlite continuano a migliorare il drenaggio e l'aerazione.

2. Miscele per Nepenthes (Trappole a Brocca)

Le piante del genere NEPENTHES sono originarie delle foreste pluviali tropicali e tendono a richiedere substrati leggermente più acidi con un buon drenaggio. Considerare le seguenti miscele:

- **Miscele Standard per Nepenthes:**

  - **Proporzione:** 1 parte di torba di sphagnum, 1 parte di perlite e 1 parte di corteccia di pino finemente sminuzzata.

  - **Descrizione:** La corteccia di pino aiuta a imitare l'habitat naturale delle Nepenthes, fornendo una texture fibrosa che migliora l'aerazione e la struttura del substrato. La torba di sphagnum mantiene l'acidità e la perlite migliora il drenaggio.

- **Miscele Alternativa per Nepenthes:**

  - **Proporzione:** 2 parti di torba di sphagnum, 1 parte di perlite e 1 parte di fibra di cocco.

- **Descrizione:** La fibra di cocco offre una struttura simile alla corteccia di pino, ma è un'alternativa sostenibile. Questa miscela fornisce un substrato con una buona capacità di ritenzione idrica e acidità moderata.

3. Miscele per Sarracenia e Dionaea (Trappole a Coppa e Trappole a Bocca)

Le piante del genere SARRACENIA e DIONAEA provengono da terreni umidi e acidi e richiedono substrati ben drenati e acidi. Le seguenti miscele sono ideali per queste specie:

- **Miscele Standard per Sarracenia e Dionaea:**

  - **Proporzione:** 1 parte di torba di sphagnum, 1 parte di sabbia silicea e 1 parte di perlite.

  - **Descrizione:** Questa miscela replica le condizioni delle torbiere in cui queste piante si trovano in natura. La sabbia silicea fornisce un drenaggio eccellente, mentre la torba mantiene l'acidità e la perlite migliora l'aerazione.

- **Miscele Alternativa per Sarracenia e Dionaea:**

  - **Proporzione:** 2 parti di torba di sphagnum, 1 parte di sabbia silicea e 1 parte di perlite.

- **Descrizione:** Una miscela più ricca di torba può essere utile per specie di Sarracenia e Dionaea che preferiscono un substrato con una maggiore capacità di ritenzione idrica. La sabbia e la perlite continuano a garantire un buon drenaggio e aerazione.

4. Miscele per Utricularia (Piante a Trappola Vescicolare)

Le UTRICULARIA sono piante acquatiche o semi-acquatiche e necessitano di substrati che possano mantenere una certa umidità. Ecco le miscele consigliate:

- **Miscele Standard per Utricularia:**

  - **Proporzione:** 1 parte di torba di sphagnum, 1 parte di sabbia silicea e 1 parte di fibra di cocco.

  - **Descrizione:** La fibra di cocco aggiunge una componente leggermente più umida alla miscela, utile per mantenere una condizione di umidità costante che le Utricularia richiedono.

- **Miscele Alternativa per Utricularia:**

  - **Proporzione:** 2 parti di torba di sphagnum e 1 parte di sabbia silicea.

  - **Descrizione:** Questa miscela è più semplice e adatta a specie di Utricularia che non richiedono un substrato particolarmente umido ma beneficiano di una buona aerazione e drenaggio.

Considerazioni Finali

Nella preparazione delle miscele di substrato, è essenziale considerare le esigenze specifiche di ogni tipo di pianta carnivora. L'uso di torba di sphagnum, sabbia silicea, perlite, corteccia di pino e fibra di cocco può essere adattato e combinato in base alle preferenze individuali delle piante. Assicurarsi che la miscela scelta non solo simuli il loro habitat naturale ma anche faciliti una crescita sana e vigorosa.

5. Substrati per Piante Carnivore Tropicali vs. Temperate

Quando si coltivano piante carnivore, è fondamentale scegliere il substrato giusto in base alla loro origine e alle condizioni ambientali naturali da cui provengono. Le piante carnivore possono essere suddivise in due principali categorie: tropicali e temperate. Ognuna di queste categorie ha esigenze specifiche per quanto riguarda il substrato, dovute alle differenze climatiche e ambientali dei loro habitat naturali. In questo paragrafo, esploreremo le differenze tra i substrati ideali per piante carnivore tropicali e temperate, offrendo consigli pratici per ottenere risultati ottimali nella coltivazione.

Substrati per Piante Carnivore Tropicali

Le piante carnivore tropicali, come le Nepenthes (trappole a brocca) e le Heliamphora (trappole a brocca dell'alta montagna), provengono da ambienti umidi e caldi, come le foreste pluviali e le torbiere montane. Queste piante prosperano in substrati che replicano le condizioni di alta umidità e buona aerazione tipiche dei loro habitat.

- **Composizione del Substrato:**

    - **Torba di Sphagnum:** Utilizzata per la sua capacità di trattenere l'umidità, la torba di sphagnum è un ingrediente essenziale. Essa aiuta a mantenere un ambiente costantemente umido, fondamentale per le piante tropicali.

    - **Perlite e Sabia Silicea:** Questi materiali migliorano il drenaggio e l'aerazione del substrato. La perlite aumenta la porosità, riducendo il rischio di ristagno d'acqua e marciume radicale. La sabbia silicea, d'altra parte, fornisce una struttura granulosa che aiuta a mantenere il substrato ben aerato.

    - **Fibra di Cocco:** Un'alternativa alla torba di sphagnum, la fibra di cocco è utilizzata per mantenere l'umidità e migliorare la struttura del substrato. È particolarmente utile in miscele che richiedono una maggiore capacità di drenaggio.

- **Miscele Raccomandate:**

    - **Miscele Standard:** Una miscela comune per le piante tropicali potrebbe essere composta da 1 parte di torba di sphagnum, 1 parte di perlite e 1 parte di fibra di cocco. Questa combinazione offre un equilibrio tra ritenzione idrica e drenaggio.

- **Miscele Alternativa:** Per piante come le Nepenthes, una miscela di 1 parte di torba di sphagnum, 1 parte di perlite e 1 parte di corteccia di pino finemente sminuzzata è ottimale. La corteccia di pino simula la lettiera forestale e contribuisce a un'ulteriore aerazione.

Substrati per Piante Carnivore Temperate

Le piante carnivore temperate, come le Dionaea muscipula (trappola a bocca) e le Sarracenia (trappole a coppa), provengono da regioni con stagioni ben definite, comprese le fredde. Queste piante sono adattate a substrati che offrono un buon drenaggio e una leggera ritenzione di umidità durante i periodi più freddi e meno umidi dell'anno.

- **Composizione del Substrato:**

  - **Torba di Sphagnum:** Come per le piante tropicali, la torba di sphagnum è essenziale per mantenere l'acidità del substrato e fornire una ritenzione idrica moderata.

  - **Sabbia Silicea e Perlite:** Questi materiali sono cruciali per garantire un drenaggio adeguato. La sabbia silicea aggiunge una componente granulosa che evita la compattezza eccessiva del substrato, mentre la perlite migliora la porosità e il drenaggio.

  - **Corteccia di Pino:** Utilizzata per la sua struttura fibrosa e il suo effetto di drenaggio, è particolarmente utile in substrati destinati a piante che vivono in terreni più asciutti.

- **Miscele Raccomandate:**

    - **Miscele Standard:** Una miscela tipica per le piante temperate potrebbe essere composta da 1 parte di torba di sphagnum, 1 parte di sabbia silicea e 1 parte di perlite. Questa combinazione fornisce un substrato acido e ben drenante, adatto a gestire variazioni di umidità.

    - **Miscele Alternativa:** Per specie come le Sarracenia, si potrebbe utilizzare una miscela di 2 parti di torba di sphagnum, 1 parte di sabbia silicea e 1 parte di corteccia di pino. Questa miscela offre una maggiore ritenzione di umidità durante la stagione di crescita e un buon drenaggio durante il riposo invernale.

Considerazioni Finali

La scelta del substrato giusto per le piante carnivore tropicali e temperate dipende in gran parte dalle condizioni ambientali specifiche di ciascuna pianta. Le piante tropicali richiedono substrati che mantengano un elevato livello di umidità e un buon drenaggio, mentre le piante temperate sono adattate a substrati che offrono un equilibrio tra ritenzione di umidità e drenaggio. Adattare le miscele di substrato alle esigenze specifiche di ciascuna pianta garantirà una crescita sana e vigorosa, migliorando le condizioni generali di coltivazione.

6. Preparazione del Terreno: Come Sterilizzare e Preparare il Substrato

La preparazione del substrato è una fase cruciale nella coltivazione delle piante carnivore. Un substrato ben preparato non solo favorisce la crescita sana delle piante, ma previene anche la proliferazione di patogeni e parassiti che possono compromettere la salute delle vostre piante. In questo paragrafo, esploreremo dettagliatamente come sterilizzare e preparare il substrato, offrendo consigli pratici e tecniche specifiche per garantire un ambiente ideale per le vostre piante carnivore.

1. Importanza della Sterilizzazione del Substrato

La sterilizzazione del substrato è fondamentale per eliminare germi, funghi, batteri e semi di piante infestanti che potrebbero compromettere la salute delle piante carnivore. Questi elementi indesiderati possono causare malattie, marciume radicale o competizione per le risorse. La sterilizzazione garantisce che il substrato sia privo di organismi nocivi, creando un ambiente più sicuro per le piante.

2. Tecniche di Sterilizzazione

Esistono diversi metodi per sterilizzare il substrato, ognuno con vantaggi e limitazioni specifiche. Ecco alcune delle tecniche più efficaci:

- **Sterilizzazione in Forno**

  - **Procedura:** Pre-riscaldare il forno a 90-100°C (195-210°F). Posizionare il substrato in un contenitore resistente al calore, come una teglia da forno o un sacchetto di alluminio. Cuocere il substrato per circa 30-45 minuti, assicurandosi che raggiunga una temperatura interna di almeno 70°C (160°F).

  - **Vantaggi:** Questo metodo è efficace nel distruggere la maggior parte dei patogeni e dei semi infestanti.

  - **Limitazioni:** Può essere dispendioso in termini di tempo e consumo energetico. È importante non surriscaldare il substrato per evitare di danneggiarlo.

- **Sterilizzazione al Vapore**

  - **Procedura:** Utilizzare una pentola a pressione o un vaporizzatore per trattare il substrato con vapore ad alta temperatura. Posizionare il substrato in un contenitore perforato all'interno della pentola e cuocere per 30 minuti a 120°C (250°F) sotto pressione.

  - **Vantaggi:** Questo metodo è molto efficace e consente di trattare grandi quantità di substrato in modo uniforme.

- **Limitazioni:** Richiede attrezzature specifiche e può essere complicato per i principianti.

- **Sterilizzazione con Acqua Bollente**

  - **Procedura:** Far bollire dell'acqua e versarla sul substrato in un contenitore resistente al calore. Lasciare il substrato immerso per 10-15 minuti, quindi drenare l'acqua e lasciare raffreddare.

  - **Vantaggi:** Un metodo semplice e accessibile, utile per piccole quantità di substrato.

  - **Limitazioni:** Non sempre efficace per substrati più grandi o per la sterilizzazione completa.

3. Preparazione del Substrato dopo la Sterilizzazione

Dopo aver sterilizzato il substrato, è essenziale prepararlo adeguatamente prima di utilizzarlo per le piante carnivore:

- **Raffreddamento:** Lasciare raffreddare completamente il substrato dopo la sterilizzazione. È importante non utilizzare il substrato mentre è ancora caldo, poiché il calore può danneggiare le radici delle piante e alterare la composizione chimica del substrato.

- **Miscelazione:** Se il substrato è stato sterilizzato in singole componenti (come torba di sphagnum, perlite e sabbia), mescolare le componenti in proporzioni adeguate secondo le esigenze specifiche delle piante carnivore. Utilizzare una spatola o un mixer per garantire una distribuzione uniforme.

- **Controllo dell'Acidità:** Verificare il pH del substrato per assicurarsi che sia adatto alle piante carnivore. La maggior parte delle piante carnivore richiede un substrato acido con un pH compreso tra 4,5 e 5,5. Se necessario, regolare il pH con aggiustamenti specifici.

- **Conservazione:** Conservare il substrato preparato in contenitori puliti e sigillati fino al momento dell'uso. Proteggere il substrato da umidità e contaminazioni ambientali.

4. Esempi Pratici di Preparazione del Substrato

Ecco alcuni esempi pratici per la preparazione del substrato per diverse specie di piante carnivore:

- **Per Dionaea muscipula (Trappola a Bocca):**

    - **Miscela:** 1 parte di torba di sphagnum, 1 parte di sabbia silicea e 1 parte di perlite.

    - **Procedura:** Sterilizzare ogni componente separatamente se necessario, mescolare accuratamente e raffreddare prima dell'uso.

- **Per Nepenthes (Trappole a Brocca):**

    - **Miscela:** 1 parte di torba di sphagnum, 1 parte di perlite e 1 parte di fibra di cocco.

    - **Procedura:** Sterilizzare torba e fibra di cocco, mescolare con perlite e lasciare raffreddare prima dell'uso.

- **Per Sarracenia (Trappole a Coppa):**

    - **Miscela:** 2 parti di torba di sphagnum, 1 parte di sabbia silicea e 1 parte di corteccia di pino finemente sminuzzata.

    - **Procedura:** Sterilizzare la torba e la corteccia di pino, mescolare con sabbia e raffreddare prima dell'uso.

La preparazione e sterilizzazione del substrato sono passaggi fondamentali per garantire una crescita sana delle piante carnivore e prevenire problemi legati a malattie e parassiti. Seguire questi passaggi aiuterà a creare un ambiente di crescita ottimale, assicurando che le vostre piante prosperino e si sviluppino al meglio.

7. Uso di Substrati Preconfezionati vs. Substrati Fatti in Casa

Nella coltivazione delle piante carnivore, la scelta del substrato gioca un ruolo cruciale per garantire una crescita sana e vigorosa delle piante. Due opzioni principali sono disponibili per i coltivatori: utilizzare substrati preconfezionati o preparare substrati fatti in casa. Entrambe le scelte hanno vantaggi e svantaggi, e la decisione finale dipende dalle esigenze specifiche delle piante carnivore e dalle preferenze personali del coltivatore. In questo paragrafo, esamineremo in dettaglio le caratteristiche, i benefici e le limitazioni di entrambe le opzioni.

1. Substrati Preconfezionati: Vantaggi e Limitazioni

Vantaggi:

- **Convenienza:** I substrati preconfezionati sono pronti all'uso e richiedono poca o nessuna preparazione. Questo è particolarmente utile per i principianti che potrebbero non avere familiarità con la miscelazione di componenti specifici. Basta acquistare il substrato, aprire il sacchetto e utilizzarlo.

- **Uniformità:** I substrati preconfezionati sono progettati per fornire una miscela uniforme di materiali. Questo garantisce che ogni pianta riceva la stessa qualità di substrato, riducendo il rischio di variazioni nel pH, nella consistenza e nelle proprietà di drenaggio.

- **Qualità Garantita:** I produttori di substrati preconfezionati spesso effettuano test e controlli di qualità per garantire che il substrato soddisfi gli standard necessari per le piante carnivore. Questo può includere l'assenza di contaminanti, una composizione bilanciata e l'adeguatezza per le diverse specie.

Limitazioni:

- **Costo:** I substrati preconfezionati possono essere più costosi rispetto alla preparazione del substrato in casa. I costi includono il prezzo del substrato stesso e le spese di spedizione se acquistato online.

- **Personalizzazione Limitata:** I substrati preconfezionati sono progettati per soddisfare una gamma generale di esigenze, ma potrebbero non essere ottimali per tutte le specie di piante carnivore. Alcuni coltivatori possono trovare difficile trovare una miscela che soddisfi esattamente le esigenze specifiche delle loro piante.

- **Sostenibilità:** Alcuni substrati preconfezionati possono contenere materiali non sostenibili o derivati da fonti che non rispettano pratiche ecologiche. È importante considerare l'impatto ambientale dei substrati acquistati.

2. Substrati Fatti in Casa: Vantaggi e Limitazioni

Vantaggi:

- **Personalizzazione:** Preparare il proprio substrato permette ai coltivatori di adattare la miscela alle esigenze specifiche delle loro piante carnivore. È possibile combinare diversi componenti per creare un substrato che soddisfi esattamente i requisiti di drenaggio, acidità e nutrienti.

- **Costo-Efficacia:** I substrati fatti in casa possono essere più economici rispetto ai substrati preconfezionati. Acquistare componenti in bulk e preparare il substrato da soli può ridurre significativamente i costi, soprattutto per i coltivatori che gestiscono molte piante.

- **Controllo della Qualità:** Preparando il substrato personalmente, i coltivatori hanno il controllo totale sui materiali utilizzati. Questo consente di evitare additivi indesiderati e garantire che il substrato sia completamente privo di contaminanti.

Limitazioni:

- **Tempo e Sforzo:** La preparazione del substrato fatto in casa richiede tempo e sforzo. È necessario miscelare correttamente i componenti e, in alcuni casi, sterilizzare il substrato per eliminare potenziali patogeni. Questo può essere un deterrente per coloro che preferiscono una soluzione più semplice.

- **Competenza Necessaria:** Preparare un substrato adeguato richiede una certa conoscenza dei requisiti specifici delle piante carnivore. I principianti potrebbero trovare difficile ottenere la miscela giusta senza esperienza o guida.

- **Rischio di Errori:** Senza una guida esperta, c'è il rischio di preparare un substrato con proporzioni errate o componenti inadatti. Questo può portare a problemi di crescita delle piante, come radici marce o carenze di nutrienti.

3. Esempi di Applicazione

Per fornire un quadro più chiaro, ecco alcuni esempi di utilizzo di substrati preconfezionati e fatti in casa per diverse specie di piante carnivore:

- **Dionaea muscipula (Trappola a Bocca):**

    - **Substrato Preconfezionato:** Miscele specifiche per Dionaea muscipula disponibili presso negozi di giardinaggio, progettate per fornire il giusto equilibrio di torba di sphagnum e sabbia.

    - **Substrato Fatto in Casa:** 1 parte di torba di sphagnum, 1 parte di sabbia silicea e 1 parte di perlite.

- **Nepenthes (Trappole a Brocca):**

    - **Substrato Preconfezionato:** Miscele per Nepenthes che contengono torba di sphagnum, perlite e fibra di cocco.

    - **Substrato Fatto in Casa:** 1 parte di torba di sphagnum, 1 parte di perlite e 1 parte di fibra di cocco.

- **Sarracenia (Trappole a Coppa):**

    - **Substrato Preconfezionato:** Miscele per Sarracenia che includono torba di sphagnum, sabbia e corteccia di pino.

    - **Substrato Fatto in Casa:** 2 parti di torba di sphagnum, 1 parte di sabbia silicea e 1 parte di corteccia di pino finemente sminuzzata.

4. Conclusione

Sia i substrati preconfezionati che quelli fatti in casa offrono vantaggi e svantaggi unici. La scelta tra le due opzioni dipende dalle esigenze specifiche delle piante carnivore, dalle preferenze personali del coltivatore e dal livello di esperienza. I substrati preconfezionati offrono convenienza e qualità garantita, mentre i substrati fatti in casa offrono personalizzazione e costi ridotti. Indipendentemente dalla scelta, è essenziale garantire che il substrato sia adeguato alle condizioni di crescita delle piante e sia preparato correttamente per promuovere una crescita sana e vigorosa.

8. Composti Organici e Minerali: Quando e Perché Aggiungerli al Terreno

Nella coltivazione delle piante carnivore, la scelta e l'uso dei composti organici e minerali nel substrato sono aspetti cruciali per ottimizzare la crescita e la salute delle piante. I composti organici e minerali influenzano le proprietà fisiche e chimiche del substrato, come la capacità di drenaggio, l'aerazione e il contenuto di nutrienti. Questa sezione esplorerà in dettaglio i tipi di composti organici e minerali che possono essere aggiunti al terreno, i motivi per cui è necessario farlo e le migliori pratiche per integrarli nel substrato delle piante carnivore.

1. Composti Organici: Ruolo e Benefici

Definizione e Tipi di Composti Organici

I composti organici sono materiali derivati da organismi viventi che, una volta decomposti, arricchiscono il terreno con nutrienti e migliorano la struttura del substrato. Per le piante carnivore, i più comuni sono:

- **Torba di Sphagnum:** La torba di sphagnum è un materiale organico derivato da muschi che cresce in torbiere. È ampiamente utilizzata nei substrati per piante carnivore per la sua capacità di mantenere l'umidità e creare un ambiente acido ideale per queste piante. La torba di sphagnum offre anche una buona aerazione e riduce il rischio di marciume radicale.

- **Fibra di Cocco:** Derivata dal rivestimento esterno delle noci di cocco, la fibra di cocco è un'alternativa ecologica alla torba di sphagnum. È leggera, ben drenante e contribuisce alla struttura del substrato. La fibra di cocco è particolarmente utile per le piante che richiedono un substrato ben aerato.

- **Compost di Foglie:** Il compost di foglie è un materiale ricco di humus, ottenuto dalla decomposizione di foglie e altri materiali vegetali. Aggiungere compost di foglie al substrato può migliorare la ritenzione di umidità e fornire una fonte di nutrienti a lento rilascio.

Quando Aggiungerli

I composti organici devono essere aggiunti al substrato principalmente durante la preparazione iniziale e ogni volta che si rinnova o si ripristina il substrato. Per le piante carnivore, la torba di sphagnum e la fibra di cocco sono particolarmente utili all'inizio della stagione di crescita, poiché offrono una base solida per la germinazione e la crescita iniziale. Inoltre, è utile rinfrescare il substrato con composti organici ogni 1-2 anni per mantenere la qualità del terreno.

Benefici e Applicazioni

- **Miglioramento della Struttura del Suolo:** I composti organici migliorano la struttura del suolo, aumentando la capacità di ritenzione dell'acqua e l'aerazione. Questo è particolarmente importante per le piante carnivore che vivono in ambienti umidi e acidi.

- **Fornitura di Nutrienti:** Anche se le piante carnivore ottengono la maggior parte dei nutrienti dalle prede, i composti organici contribuiscono a un apporto di nutrienti aggiuntivo e migliorano la salute generale delle piante.

- **Regolazione del pH:** Alcuni composti organici, come la torba di sphagnum, aiutano a mantenere il substrato acido, creando un ambiente ideale per le piante carnivore che preferiscono un pH basso.

2. Composti Minerali: Tipologie e Utilizzo
Definizione e Tipi di Composti Minerali

I composti minerali sono elementi inorganici che possono essere aggiunti al substrato per migliorare le sue proprietà fisiche e chimiche. Per le piante carnivore, i minerali più comunemente utilizzati sono:

- **Sabbia Silicea:** La sabbia silicea è un minerale essenziale per migliorare il drenaggio del substrato. È particolarmente utile in combinazione con torba di sphagnum per evitare l'accumulo eccessivo di acqua, che può portare al marciume radicale.

- **Perlite:** La perlite è un minerale vulcanico espanso che aumenta l'aerazione e il drenaggio del substrato. È leggera e non altera significativamente il pH, rendendola una scelta ideale per migliorare la struttura del terreno.

- **Zeolite:** La zeolite è un minerale naturale che può essere utilizzato per migliorare la capacità del substrato di trattenere l'acqua e i nutrienti. È particolarmente utile nei substrati che tendono a seccarsi rapidamente.

Quando Aggiungerli

I composti minerali sono generalmente aggiunti durante la preparazione del substrato o quando si notano problemi di drenaggio o aerazione. Ad esempio, la perlite è spesso miscelata con torba di sphagnum per migliorare il drenaggio e prevenire il marciume radicale. La sabbia silicea è utile quando il substrato ha una tendenza a trattenere troppa umidità.

Benefici e Applicazioni

- **Drenaggio Efficiente:** I composti minerali come la sabbia silicea e la perlite migliorano notevolmente il drenaggio del substrato, prevenendo l'accumulo di acqua e riducendo il rischio di malattie fungine e marciume radicale.

- **Aerazione:** La perlite e la sabbia silicea aumentano l'aerazione del substrato, garantendo che le radici delle piante carnivore ricevano ossigeno sufficiente per una crescita sana.

- **Stabilità del Suolo:** I minerali come la zeolite aiutano a stabilizzare il substrato, mantenendo una consistenza uniforme e migliorando la capacità del terreno di trattenere l'acqua e i nutrienti.

3. Tecniche di Aggiunta e Miscelazione
Miscelazione

Quando si aggiungono composti organici e minerali al substrato, è importante miscelare bene i materiali per garantire una distribuzione uniforme. Utilizzare una pala o un rastrello per amalgamare i componenti fino a ottenere una consistenza omogenea. Ad esempio, per preparare un substrato per piante carnivore, è possibile mescolare 2 parti di torba di sphagnum, 1 parte di sabbia silicea e 1 parte di perlite.

Sterilizzazione

Se si utilizzano composti organici come il compost di foglie, è consigliabile sterilizzarli per eliminare eventuali patogeni o semi di erbe infestanti. Questo può essere fatto riscaldando il compost in forno a 80-90°C per circa 30 minuti.

Monitoraggio e Regolazione

Dopo aver aggiunto i composti organici e minerali, è importante monitorare le condizioni del substrato e fare eventuali aggiustamenti. Verificare regolarmente il pH e la consistenza del terreno per assicurarsi che rimanga adatto alle esigenze delle piante carnivore.

4. Conclusione

L'uso di composti organici e minerali nel substrato delle piante carnivore è essenziale per creare un ambiente di crescita ottimale. I composti organici migliorano la struttura e la qualità del terreno, mentre i minerali ottimizzano drenaggio e aerazione. Comprendere quando e perché aggiungere questi materiali aiuta a garantire la salute e la vitalità delle piante, permettendo una crescita robusta e uno sviluppo sano. Adottare le migliori pratiche nella preparazione e gestione del substrato contribuisce a ottenere risultati eccellenti nella coltivazione delle piante carnivore.

9. Gestione del pH del Substrato: Mantenere le Condizioni Ideali

La gestione del pH del substrato è un aspetto cruciale nella coltivazione delle piante carnivore, poiché queste piante hanno esigenze specifiche riguardo all'acidità del terreno. Un pH appropriato garantisce che le piante possano assorbire i nutrienti necessari e prosperare nel loro ambiente. Questo paragrafo esplorerà in dettaglio come misurare, regolare e mantenere il pH del substrato per ottimizzare la crescita delle piante carnivore.

1. Comprendere il pH e la Sua Importanza
Cos'è il pH?

Il pH è una misura dell'acidità o alcalinità di una soluzione, che va da 0 (estremamente acido) a 14 (estremamente alcalino), con 7 che rappresenta un pH neutro. Le piante carnivore, come le Dionaea muscipula (Venere acchiappamosche) e le Sarracenia (piante a trombetta), prediligono un substrato acido, generalmente con un pH compreso tra 3.5 e 5.5. Un pH troppo alto o troppo basso può compromettere la capacità delle piante di assorbire nutrienti e può portare a problemi di salute.

Importanza del pH per le Piante Carnivore

Le piante carnivore sono adattate a vivere in ambienti poveri di nutrienti e spesso acidi, come le torbiere e i terreni sabbiosi. Un substrato troppo alcalino può causare carenze di nutrienti essenziali, portando a una crescita stentata, foglie ingiallite e altri sintomi di stress. Mantenere un pH adeguato è quindi essenziale per garantire che le piante possano prosperare e mantenere la loro salute ottimale.

2. Misurazione del pH del Substrato

Strumenti Necessari

Per misurare il pH del substrato, è necessario utilizzare un misuratore di pH, che può essere digitale o analogico. I misuratori digitali sono più precisi e facili da usare, ma possono essere più costosi. Esistono anche kit di test del pH in polvere o liquido, che possono essere più economici ma richiedono una procedura più complessa.

Procedura di Misurazione

1. **Preparazione del Campione:** Preleva un campione di substrato dal vaso o dal terreno in cui le piante sono coltivate. Se il substrato è secco, annaffialo leggermente con acqua distillata per ottenere una consistenza umida ma non eccessivamente bagnata.

2. **Miscelazione:** Mescola il substrato con una soluzione di acqua distillata in un rapporto di circa 1 parte di substrato e 2 parti di acqua. Lascia riposare la miscela per circa 30 minuti.

3. **Test del pH:** Filtra la miscela e utilizza il misuratore di pH per testare il pH della soluzione. Se utilizzi un kit di test, segui le istruzioni per ottenere una lettura accurata.

Interpretazione dei Risultati

Confronta il valore ottenuto con il range ideale per le piante carnivore. Se il pH è al di fuori del range ottimale, è necessario intervenire per correggerlo.

3. Regolazione del pH del Substrato

Aggiustare il pH

Se il pH è troppo alto (alcalino), puoi abbassarlo utilizzando i seguenti metodi:

- **Aggiungere Torba di Sphagnum:** La torba di sphagnum è naturalmente acida e può abbassare il pH del substrato. Mescolane una quantità adeguata al substrato esistente.

- **Uso di Acidificanti:** Puoi usare acidificanti specifici per suolo, come l'acido solforico diluito o solfato di ferro, seguendo le istruzioni del produttore per evitare sovradosaggi.

Se il pH è troppo basso (acido), puoi aumentarlo utilizzando:

- **Aggiungere Calcare Dolomitico:** Il calcare dolomitico è un agente alcalinizzante che può sollevare il pH. Usalo con cautela, poiché un'eccessiva quantità può portare a un pH troppo alto.

- **Miscela di Substrato:** Integra una miscela di substrati più neutri o alcalini nel substrato esistente, ma fai attenzione a mantenere l'acidità complessiva.

Frequenza delle Correzioni

Le correzioni del pH devono essere fatte con cautela e monitorate regolarmente. Verifica il pH del substrato ogni 1-2 mesi per assicurarti che rimanga stabile. Dopo ogni modifica, attendi almeno 1-2 settimane prima di effettuare ulteriori aggiustamenti.

4. Manutenzione Continua del pH

Monitoraggio Regolare

Il pH del substrato può cambiare nel tempo a causa di vari fattori, come l'acidificazione naturale o l'uso di fertilizzanti. Effettua controlli regolari e aggiusta il substrato se necessario.

Impatto degli Additivi

Quando usi fertilizzanti, opta per formulazioni specifiche per piante carnivore, poiché i fertilizzanti generici possono alterare il pH del substrato. Evita l'uso di fertilizzanti contenenti calcio o potassio in eccesso, che possono influenzare negativamente l'acidità.

Conclusione

Gestire il pH del substrato è essenziale per la coltivazione sana delle piante carnivore. Misurare regolarmente il pH e fare aggiustamenti appropriati assicurano che le piante ricevano le condizioni ideali per una crescita ottimale. Adottare queste pratiche aiuta a prevenire problemi legati alla nutrizione e a mantenere le piante vigorose e in salute.

10. Problemi Comuni dei Substrati e Come Risolverli

Nella coltivazione delle piante carnivore, la gestione del substrato è cruciale per il successo delle piante. Tuttavia, possono sorgere diversi problemi comuni che influenzano la salute e la crescita delle piante. Questo paragrafo esplorerà i problemi più frequenti che si possono verificare con i substrati e offrirà soluzioni pratiche per risolverli.

1. Eccessivo Compattamento del Substrato

Problema

Il compattamento del substrato è un problema comune che può limitare l'aerazione e il drenaggio. Un substrato troppo compatto può soffocare le radici delle piante, impedendo l'assorbimento di nutrienti e acqua. Questo problema è spesso causato dall'uso di substrati non adatti o dall'invecchiamento del substrato.

Soluzione

- **Rinnovamento del Substrato:** Rimuovi il substrato compattato e sostituiscilo con una miscela più leggera e ben drenante. Per le piante carnivore, una miscela di torba di sphagnum e sabbia o perlite è ideale.

- **Aerazione:** Per migliorare la struttura del substrato esistente, mescola perlite o sabbia grossolana. Questo migliorerà l'aerazione e ridurrà il rischio di compattamento.

2. Problemi di Drenaggio

Problema

Il drenaggio inadeguato è un altro problema comune che può causare ristagni d'acqua e marciume radicale. Questo problema può derivare dall'uso di substrati non adatti o da contenitori senza fori di drenaggio.

Soluzione

- **Modifica del Substrato:** Assicurati che la miscela di substrato contenga materiali che favoriscono il drenaggio, come perlite o sabbia. Aggiungi questi materiali in proporzioni adeguate per migliorare la capacità di drenaggio.

- **Contenitori:** Utilizza contenitori con fori di drenaggio sul fondo. Questo permette all'acqua in eccesso di defluire e previene il ristagno.

3. pH Inappropriato

Problema

Un pH inadeguato del substrato può influire negativamente sulla salute delle piante carnivore. Le piante carnivore generalmente richiedono un substrato acido, e un pH troppo alto o troppo basso può compromettere la loro crescita.

Soluzione

- **Misurazione e Regolazione:** Testa regolarmente il pH del substrato utilizzando un misuratore di pH. Se il pH è troppo alto, aggiungi torba di sphagnum per abbassarlo. Se è troppo basso, puoi utilizzare calcare dolomitico con cautela per aumentarlo.

- **Monitoraggio:** Effettua controlli frequenti del pH e apporta modifiche solo gradualmente per evitare sbalzi improvvisi.

4. Carenza di Nutrienti

Problema

Le carenze di nutrienti possono manifestarsi come ingiallimento delle foglie o crescita stentata. Anche se le piante carnivore richiedono meno nutrienti rispetto ad altre piante, un substrato esaurito può influire negativamente.

Soluzione

- **Fertilizzazione:** Utilizza fertilizzanti specifici per piante carnivore, che sono formulati per fornire i nutrienti necessari senza eccessi. Applica i fertilizzanti con moderazione e segui le istruzioni del produttore.

- **Rinnovamento del Substrato:** Sostituisci il substrato esaurito con una miscela fresca. Le piante carnivore prosperano meglio in substrati ricchi di torba di sphagnum e materiali ben drenanti.

5. Presenza di Muffe e Funghi

Problema

La presenza di muffe e funghi nel substrato può essere causata da umidità eccessiva e scarsa ventilazione. Questi organismi possono danneggiare le radici e influenzare la salute della pianta.

Soluzione

- **Regolazione dell'Umidità:** Riduci l'umidità del substrato assicurandoti che non ci sia ristagno d'acqua. Se possibile, aumenta la ventilazione intorno alle piante.

- **Trattamenti Fungicidi:** Utilizza fungicidi specifici per trattare le infezioni fungine. Assicurati di seguire le istruzioni del prodotto e di applicare il trattamento solo se necessario.

6. Infestazione da Parassiti del Substrato

Problema

Parassiti come afidi del terriccio o larve di insetti possono infestare il substrato, danneggiando le radici e compromettendo la crescita delle piante.

Soluzione

- **Ispezione e Trattamento:** Controlla regolarmente il substrato per la presenza di parassiti. Se trovi infestazioni, rimuovi e sostituisci il substrato infetto e utilizza insetticidi specifici per il trattamento.

- **Prevenzione:** Mantieni il substrato pulito e ben ventilato per prevenire infestazioni. Evita l'uso di substrati contaminati e acquista solo materiali di alta qualità.

7. Eccesso di Sale nel Substrato

Problema

L'accumulo di sali nel substrato può essere causato dall'uso eccessivo di fertilizzanti o acqua dura. Questo può portare a una condizione nota come "bruciatura da fertilizzante", con foglie ingiallite e punte marroni.

Soluzione

- **Risciacquo del Substrato:** Esegui un risciacquo del substrato con acqua distillata per rimuovere i sali in eccesso. Lascia il substrato drenare completamente dopo il risciacquo.

- **Regolazione dell'Applicazione di Fertilizzanti:** Riduci la frequenza e la concentrazione dei fertilizzanti. Segui le indicazioni specifiche per le piante carnivore per evitare eccessi.

8. Substrato Eccessivamente Acido

Problema

Un substrato eccessivamente acido può verificarsi a causa di un eccessivo utilizzo di torba di sphagnum o acidificanti. Questo può portare a una crescita stentata e problemi di salute delle piante.

Soluzione

- **Aggiustamento del pH:** Usa calcare dolomitico per sollevare gradualmente il pH del substrato. Non eccedere con le dosi e monitorare attentamente il pH per raggiungere il range ottimale.

- **Miscelazione:** Integra una miscela di substrati meno acidi per bilanciare il pH complessivo.

9. Decomposizione del Substrato

Problema

La decomposizione del substrato, come la torba di sphagnum, può avvenire nel tempo, riducendo la sua capacità di trattenere acqua e nutrienti.

Soluzione

- **Rinnovo del Substrato:** Sostituisci periodicamente il substrato deteriorato con una miscela fresca per mantenere le condizioni ottimali di crescita.

- **Aggiunta di Materiali Freschi:** Mescola nuovi materiali come torba di sphagnum o perlite nel substrato esistente per migliorare la sua qualità e funzionalità.

10. Cattivo Odore del Substrato

Problema

Un substrato che emana cattivi odori è spesso sintomo di decomposizione eccessiva o di problemi di drenaggio.

Soluzione

- **Sostituzione del Substrato:** Rimuovi il substrato maleodorante e sostituiscilo con una nuova miscela fresca. Assicurati che il nuovo substrato sia ben drenante e aerato.

- **Prevenzione:** Migliora il drenaggio e la ventilazione intorno alle piante per prevenire la formazione di odori sgradevoli in futuro.

Conclusione

Gestire i problemi comuni dei substrati è essenziale per mantenere le piante carnivore in salute e promuovere una crescita vigorosa. Identificare e risolvere questi problemi in modo tempestivo garantirà un ambiente di crescita ideale e contribuirà al successo della coltivazione delle piante carnivore.

VI. Annaffiatura e Umidità Controllata

1. Tecniche di Annaffiatura per Piante Carnivore: Metodi e Tempistiche

Le piante carnivore, con le loro esigenze ecologiche uniche e i diversi habitat naturali da cui provengono, richiedono un'attenzione particolare per quanto riguarda l'annaffiatura. Comprendere le tecniche di annaffiatura e le tempistiche appropriate è cruciale per garantire una crescita sana e ottimale di queste piante affascinanti. Questo paragrafo fornirà una guida dettagliata sulle varie tecniche di annaffiatura e sulle migliori pratiche per mantenerle in condizioni ideali.

Tecniche di Annaffiatura

1. **Annaffiatura a Pioggia o a Spruzzo:** Questa tecnica simula la pioggia naturale ed è particolarmente utile per piante carnivore che crescono in ambienti umidi, come le torbiere. Utilizzare uno spruzzatore o una bottiglia con beccuccio regolabile per emettere una pioggia leggera sull'intero substrato può aiutare a mantenere l'umidità senza creare ristagni. Questo metodo è ideale per piante come le DROSERA e le PINGUICULA, che prosperano in ambienti con elevata umidità.

2. **Sotterramento da Vaso a Vaso:** Un'altra tecnica efficace è il metodo del sotterramento. Consiste nel posizionare il vaso contenente la pianta carnivora in un contenitore più grande riempito d'acqua. Questo permette al substrato di assorbire gradualmente l'acqua attraverso i fori di drenaggio del vaso. Questa tecnica è particolarmente vantaggiosa per piante come la SARRACENIA, che richiedono un substrato costantemente umido.

3. **Impianti di Irrigazione a Goccia:** Per una soluzione più automatizzata e precisa, gli impianti di irrigazione a goccia possono essere una scelta eccellente. Questi sistemi distribuiscono acqua lentamente e uniformemente, mantenendo il substrato costantemente umido senza sovraccaricarlo. Questo metodo è adatto per serre o terrari con molte piante carnivore, come le NEPENTHES, che necessitano di una gestione dell'acqua altamente controllata.

4. **Irrigazione per Immersione:** L'irrigazione per immersione prevede il posizionamento del vaso in un contenitore d'acqua per un periodo di tempo determinato, consentendo al substrato di assorbire l'acqua dal basso verso l'alto. Questo metodo è ideale per piante carnivore che preferiscono substrati umidi e ben drenati, come le UTRICULARIA, e può prevenire il rischio di ristagni d'acqua.

Tempistiche di Annaffiatura

Le tempistiche di annaffiatura variano in base alla specie di pianta carnivora e alle condizioni ambientali. Le seguenti linee guida offrono un punto di partenza:

1. **Piante Tropicali:** Le piante carnivore tropicali, come le NEPENTHES e le DROSERA tropicali, richiedono annaffiature più frequenti a causa delle loro origini in ambienti costantemente umidi. Generalmente, è consigliabile annaffiare queste piante ogni 2-3 giorni, assicurandosi che il substrato non si asciughi completamente tra una sessione e l'altra.

2. **Piante Temperate:** Le piante carnivore temperate, come le SARRACENIA e le DIONAEA MUSCIPULA (Venus flytrap), sono adattate a condizioni climatiche più variabili. Durante il periodo di crescita attivo, annaffiare ogni settimana può essere sufficiente. Tuttavia, durante il periodo di dormienza in inverno, la frequenza può essere ridotta, poiché queste piante entrano in uno stato di torpore e il loro fabbisogno idrico diminuisce significativamente.

3. **Piante Alpine e a Crescita Lenta:** Piante carnivore che crescono in ambienti più aridi o che hanno una crescita più lenta, come alcune UTRICULARIA, potrebbero richiedere annaffiature meno frequenti. In questi casi, è fondamentale monitorare attentamente il substrato e annaffiare solo quando il substrato inizia a seccarsi, evitando eccessi.

4. **Monitoraggio e Adattamenti:** È importante monitorare le piante e il loro substrato regolarmente. Utilizzare un misuratore di umidità del terreno può aiutare a determinare quando è necessario annaffiare. Adattare la frequenza di annaffiatura alle condizioni stagionali e ambientali è cruciale per mantenere la salute delle piante carnivore.

In sintesi, una buona gestione dell'annaffiatura per le piante carnivore richiede una comprensione delle esigenze specifiche di ciascuna specie e una regolazione continua delle tecniche e delle tempistiche in base alle condizioni ambientali. Seguendo queste linee guida e adattandole alle esigenze delle vostre piante, è possibile garantire una crescita sana e rigogliosa delle vostre affascinanti piante carnivore.

2. Importanza dell'Acqua Distillata: Perché Evitare l'Acqua del Rubinetto

L'acqua è un elemento fondamentale nella cura delle piante carnivore, ma non tutta l'acqua è uguale per queste specie delicate. Per garantire una crescita sana e ottimale delle piante carnivore, è essenziale utilizzare acqua di alta qualità, e l'acqua distillata è spesso la scelta migliore. In questo paragrafo, esploreremo in dettaglio perché l'acqua distillata è preferibile all'acqua del rubinetto e come la qualità dell'acqua influisce sulla salute delle piante carnivore.

Composizione dell'Acqua Distillata

L'acqua distillata è ottenuta attraverso un processo di distillazione, che implica riscaldare l'acqua fino a farla evaporare e poi condensarla nuovamente in forma liquida. Questo processo elimina praticamente tutte le impurità, inclusi sali minerali, metalli pesanti e altri contaminanti. Di conseguenza, l'acqua distillata è priva di minerali disciolti che potrebbero accumularsi nel substrato delle piante e causare problemi di salute.

Perché Evitare l'Acqua del Rubinetto

1. **Contenuto di Minerali:** L'acqua del rubinetto spesso contiene una varietà di minerali, come calcio e magnesio, che possono accumularsi nel substrato delle piante carnivore nel tempo. Questi minerali possono causare un aumento del pH del substrato, portando a condizioni di crescita sfavorevoli per le piante che preferiscono substrati acidi. Piante come le DROSERA e le SARRACENIA sono particolarmente sensibili a tali cambiamenti e possono manifestare sintomi di stress se il pH diventa troppo alcalino.

2. **Cloro e Clorammine:** L'acqua del rubinetto contiene frequentemente cloro o clorammine, usati come disinfettanti nelle reti idriche. Questi composti possono essere tossici per le piante carnivore e influire negativamente sulla loro capacità di assorbire nutrienti. Il cloro, sebbene evaporabile nel tempo, può danneggiare le radici delle piante e compromettere la loro crescita. Le clorammine sono più stabili e non evaporano facilmente, il che le rende ancora più problematiche.

3. **Contaminanti e Metalli Pesanti:** L'acqua del rubinetto può contenere contaminanti come metalli pesanti (piombo, rame, ferro) provenienti dalle tubature o dai trattamenti dell'acqua. Questi contaminanti possono accumularsi nel substrato e nelle piante, causando tossicità e problemi di crescita. Le piante carnivore, che hanno radici molto sensibili e un substrato povero di nutrienti, sono particolarmente vulnerabili a questi effetti.

Vantaggi dell'Acqua Distillata

1. **pH Costante:** L'acqua distillata ha un pH neutro e non contiene minerali che possono alterare l'acidità del substrato. Questo aiuta a mantenere le condizioni ideali per le piante carnivore, che in genere prosperano in ambienti acidi. Un pH stabile garantisce che le piante possano assorbire i nutrienti in modo ottimale e riduce il rischio di squilibri nutrizionali.

2. **Assenza di Contaminanti:** Utilizzando acqua distillata, si eliminano i rischi associati ai contaminanti e ai metalli pesanti presenti nell'acqua del rubinetto. Questo protegge le piante da potenziali danni e previene l'accumulo di sostanze nocive nel substrato. Inoltre, l'acqua distillata non contiene cloro o cloramine, evitando danni alle radici e altre parti della pianta.

3. **Consistenza nella Cura:** L'acqua distillata offre una consistenza maggiore nella qualità dell'acqua utilizzata. Questo è particolarmente importante per i coltivatori di piante carnivore che devono monitorare attentamente le condizioni di crescita. Una qualità dell'acqua uniforme aiuta a evitare problemi derivanti da variazioni nei minerali o nei contaminanti.

Come Usare l'Acqua Distillata

Per garantire il massimo beneficio dalle annaffiature con acqua distillata, è utile utilizzare un contenitore pulito e ben chiuso per evitare contaminazioni. Inoltre, è importante monitorare il livello di umidità del substrato e annaffiare le piante solo quando necessario, per evitare eccessi di umidità che potrebbero favorire malattie fungine.

In conclusione, l'acqua distillata è una scelta eccellente per le piante carnivore, poiché previene problemi legati ai minerali e ai contaminanti, garantendo condizioni di crescita ottimali. Utilizzare acqua distillata aiuterà a mantenere la salute delle vostre piante e a promuovere una crescita rigogliosa e sana.

3. Sistemi di Irrigazione Automatizzati: Soluzioni per un'Annaffiatura Costante

Per i coltivatori di piante carnivore, mantenere un'adeguata umidità è fondamentale per la salute e la crescita delle piante. I sistemi di irrigazione automatizzati possono offrire una soluzione efficace per garantire una fornitura costante e controllata di acqua, riducendo il rischio di errori umani e ottimizzando la gestione delle risorse. Questo paragrafo esplorerà vari tipi di sistemi di irrigazione automatizzati, i loro benefici e le considerazioni pratiche per la loro implementazione.

Tipi di Sistemi di Irrigazione Automatizzati

1. **Sistemi di Irrigazione a Goccia**

I sistemi di irrigazione a goccia sono particolarmente adatti per le piante carnivore che richiedono un'umidità costante senza eccessi. Questi sistemi distribuiscono l'acqua direttamente alla base delle piante attraverso tubi e gocciolatori regolabili. I vantaggi includono:

- **Precisione:** L'acqua viene fornita esattamente dove necessario, riducendo il rischio di ristagni e promuovendo un'idratazione uniforme.

- **Efficienza:** Riduce il consumo d'acqua, minimizzando l'evaporazione e il drenaggio eccessivo.

- **Flessibilità:** Può essere adattato a vari formati di contenitori e spazi di coltivazione.

Esempio Pratico: Per una coltivazione di DROSERA o SARRACENIA, un sistema di irrigazione a goccia con timer programmabile può garantire che il substrato rimanga costantemente umido senza allagamenti. Utilizzare gocciolatori a flusso regolabile consente di adattare il sistema alle esigenze specifiche delle diverse specie.

2. Sistemi di Irrigazione a Spruzzo

I sistemi di irrigazione a spruzzo, come quelli con nebulizzatori o spruzzatori a pioggia, sono ideali per creare un ambiente di alta umidità, simile al loro habitat naturale. Questi sistemi distribuiscono l'acqua in piccole particelle che coprono una vasta area. I vantaggi includono:

- **Uniformità:** Fornisce una copertura uniforme su una vasta area, ideale per terrari o serre.

- **Aumento dell'Umidità Ambientale:** Aiuta a mantenere livelli di umidità elevati, essenziali per molte piante carnivore.

Esempio Pratico: Per un terrario che ospita piante come NEPENTHES o HELIAMPHORA, installare uno spruzzatore con un programma di nebulizzazione settimanale può aiutare a mantenere l'umidità ambientale elevata e costante. È utile scegliere un sistema con regolazione della frequenza e della durata delle nebulizzazioni.

3. **Sistemi di Irrigazione per Capillarità**

I sistemi di irrigazione per capillarità utilizzano il principio della capillarità per mantenere il substrato umido. Questi sistemi generalmente consistono in un serbatoio d'acqua collegato a un substrato attraverso cordoni capillari o cuscinetti di irrigazione. I vantaggi includono:

- **Autonomia:** I sistemi per capillarità possono funzionare per giorni o settimane senza necessità di interventi.

- **Riduzione degli Eccessi:** L'acqua viene assorbita lentamente e uniformemente, riducendo il rischio di inondazioni.

Esempio Pratico: Per contenitori di piante carnivore come VFT (Venus Flytrap) o DIONAEA MUSCIPULA, posizionare un cuscinetto di irrigazione capillare all'interno del vaso può garantire una fornitura costante di acqua senza richiedere frequenti annaffiature manuali.

Considerazioni per l'Implementazione

1. **Scelta del Sistema Adatto:** La scelta del sistema di irrigazione automatizzato dipende dalle esigenze specifiche delle piante e dall'ambiente di coltivazione. È importante valutare la dimensione del contenitore, il tipo di pianta e il livello di umidità richiesto.

2. **Programmazione e Manutenzione:** La maggior parte dei sistemi automatizzati richiede una programmazione iniziale. Utilizzare timer regolabili per controllare la frequenza e la durata dell'irrigazione. Inoltre, effettuare una manutenzione regolare per pulire e verificare il funzionamento dei componenti è essenziale per prevenire malfunzionamenti e garantire un'irrigazione efficace.

3. **Monitoraggio dell'Umidità:** Anche con un sistema automatizzato, è utile monitorare l'umidità del substrato e l'ambiente circostante per assicurarsi che le piante ricevano la quantità di acqua necessaria. Utilizzare un igrometro per misurare l'umidità può aiutare a regolare il sistema in modo più preciso.

4. **Adattamento alle Variazioni Ambientali:** I sistemi di irrigazione automatizzati possono essere adattati alle variazioni stagionali e ambientali. Durante i mesi più caldi o secchi, potrebbe essere necessario aumentare la frequenza di irrigazione, mentre nei periodi più freschi o umidi, una riduzione potrebbe essere appropriata.

In conclusione, i sistemi di irrigazione automatizzati offrono una soluzione pratica e efficiente per mantenere un'umidità costante e ottimale per le piante carnivore. Scegliere il sistema giusto e gestirlo correttamente contribuisce significativamente alla salute e alla crescita delle piante, riducendo il rischio di errori e migliorando la qualità della coltivazione.

4. Monitoraggio dell'Umidità: Strumenti e Metodi per un Controllo Efficace

Per garantire una crescita sana delle piante carnivore, è essenziale monitorare attentamente il livello di umidità, sia del substrato che dell'ambiente circostante. Un controllo efficace dell'umidità previene problemi come il marciume radicale, la disidratazione e la crescita stagnante. Questo paragrafo esamina vari strumenti e metodi per monitorare e gestire l'umidità, fornendo dettagli pratici e consigli utili per coltivatori alle prime armi e per esperti.

Strumenti per il Monitoraggio dell'Umidità

1. **Igrometri e Termo-igrometri**

Gli igrometri misurano l'umidità relativa dell'aria, mentre i termo-igrometri combinano la misurazione dell'umidità con quella della temperatura. Questi strumenti sono fondamentali per mantenere un ambiente di coltivazione adatto alle piante carnivore.

- **Igrometri Analogici:** Gli igrometri analogici offrono letture visibili senza bisogno di batterie. Sono utili per monitorare l'umidità in serre o terrari di piccole dimensioni. Tuttavia, possono richiedere una calibrazione periodica per mantenere la precisione.

- **Igrometri Digitali:** Questi strumenti forniscono letture precise e possono includere funzioni aggiuntive come la registrazione dei dati e allarmi per valori di umidità al di fuori dell'intervallo desiderato. I modelli digitali possono essere particolarmente utili per ambienti di coltivazione più complessi.

Esempio Pratico: In un terrario che ospita NEPENTHES o HELIAMPHORA, un termo-igrometro digitale montato all'interno del terrario permette di monitorare costantemente l'umidità e la temperatura, garantendo condizioni ottimali per la crescita.

2. Sensori di Umidità del Substrato

I sensori di umidità del substrato sono dispositivi che misurano il contenuto di acqua nel substrato, fornendo informazioni cruciali per evitare l'eccesso o la carenza di irrigazione.

- **Sensori a Sonda:** Questi sensori sono inseriti direttamente nel substrato e forniscono letture in tempo reale sul livello di umidità. Possono essere utilizzati per sistemi di irrigazione automatizzati, integrandosi con i controller per regolare l'irrigazione in base ai dati rilevati.

- **Sensori di Umidità a Ultrasuoni:** Utilizzano onde ultrasoniche per misurare l'umidità nel substrato senza contatto diretto. Questi sensori sono utili per substrati che potrebbero corrodere i sensori a sonda.

Esempio Pratico: Per piante come DROSERA o PINGUICULA, l'uso di un sensore a sonda in ciascun vaso consente di monitorare il contenuto di umidità e di intervenire rapidamente se il substrato si asciuga troppo.

3. Stazioni Meteo

Le stazioni meteo complete forniscono una panoramica dettagliata delle condizioni ambientali, inclusi umidità, temperatura e pressione atmosferica. Questi strumenti possono essere utili per coltivazioni all'aperto o in serre.

- **Stazioni Meteo con Dati Storici:** Alcuni modelli offrono la possibilità di registrare e analizzare dati storici, aiutando a identificare tendenze e a regolare le pratiche di coltivazione in base alle condizioni climatiche.

Esempio Pratico: In una serra dedicata alla coltivazione di SARRACENIA O DIONAEA MUSCIPULA, una stazione meteo completa consente di mantenere un controllo preciso delle condizioni climatiche e di regolare l'umidità e la temperatura in modo più informato.

Metodi di Monitoraggio dell'Umidità

1. Controllo Visivo e Manuale

Il controllo visivo e manuale è un metodo tradizionale ma ancora utile per valutare l'umidità del substrato e dell'ambiente. Osservare la superficie del substrato e il comportamento delle piante può fornire indicazioni sulla necessità di irrigazione.

- **Verifica del Substrato:** Toccare la superficie del substrato può fornire indicazioni se è asciutta o umida. Tuttavia, questo metodo può essere meno preciso per substrati più profondi o contenitori più grandi.

- **Osservazione delle Piante:** Le foglie appassite o ingiallite possono indicare una carenza di umidità, mentre segni di marciume o muffa possono suggerire un eccesso di umidità.

2. Registrazione dei Dati

Registrare le letture degli strumenti di monitoraggio consente di mantenere un registro delle condizioni ambientali nel tempo. Questo metodo aiuta a identificare schemi e a regolare le pratiche di coltivazione di conseguenza.

- **Diari di Coltivazione:** Mantenere un diario di coltivazione con annotazioni quotidiane delle letture di umidità e delle pratiche di irrigazione può fornire preziose informazioni per ottimizzare la gestione dell'umidità.

- **Software di Monitoraggio:** Alcuni strumenti di monitoraggio avanzati possono essere collegati a software che tracciano e analizzano i dati. Questo approccio offre una visione approfondita delle condizioni ambientali e delle risposte delle piante.

Esempio Pratico: Utilizzare un diario di coltivazione per annotare le letture dell'igrometro e i cambiamenti nelle pratiche di irrigazione aiuterà a migliorare la gestione dell'umidità per piante carnivore come UTRICULARIA e BYBLIS.

3. Controllo Automatico e Allarmi

Molti sistemi di monitoraggio moderni offrono la possibilità di impostare allarmi che avvisano quando i livelli di umidità superano o scendono al di sotto di valori preimpostati.

- **Allarmi per Eccesso di Umidità:** Un allarme che si attiva quando l'umidità è troppo alta può prevenire il rischio di malattie fungine e marciume radicale.

- **Allarmi per Carenza di Umidità:** Allarmi che segnalano una bassa umidità possono aiutare a intervenire rapidamente per evitare danni alle piante.

Esempio Pratico: Configurare un sistema di allarmi per monitorare l'umidità in un terrario con SARRACENIA o DIONAEA MUSCIPULA garantirà che l'umidità sia mantenuta all'interno dell'intervallo ottimale, prevenendo problemi di salute delle piante.

In sintesi, un monitoraggio accurato dell'umidità è essenziale per la salute delle piante carnivore. Utilizzare una combinazione di strumenti e metodi consente di mantenere le condizioni ottimali di coltivazione e di intervenire prontamente per risolvere eventuali problemi. Investire nel giusto equipaggiamento e mantenere una routine di monitoraggio rigorosa sono passi cruciali per garantire il successo nella coltivazione delle piante carnivore.

5. Come Evitare il Ristagno d'Acqua: Prevenire Problemi di Drenaggio

Il ristagno d'acqua è uno dei problemi più comuni nella coltivazione delle piante carnivore e può causare gravi danni alle radici, portando a marciume radicale e altre malattie. Questo paragrafo esplorerà come evitare il ristagno d'acqua, assicurando un drenaggio efficace e mantenendo il substrato nelle condizioni ottimali per la crescita delle piante carnivore.

Importanza del Drenaggio

Il drenaggio efficace è cruciale per evitare l'accumulo eccessivo di acqua nel substrato, che può soffocare le radici e creare un ambiente favorevole alla crescita di funghi e batteri patogeni. Le piante carnivore, adattate a vivere in terreni poveri di nutrienti e con un drenaggio eccellente, necessitano di substrati che asciughino rapidamente e non trattengano acqua in eccesso.

Elementi Fondamentali per un Buon Drenaggio

1. **Scelta del Contenitore**

- **Vasi con Fori di Drenaggio:** È fondamentale utilizzare vasi e contenitori con fori di drenaggio sul fondo. Questi fori permettono all'acqua in eccesso di defluire liberamente e prevengono il ristagno. I vasi di plastica con fori perforati sono particolarmente utili per le piante carnivore.

  Esempio Pratico: Per NEPENTHES e DIONAEA MUSCIPULA, i vasi di plastica con fori di drenaggio aiutano a mantenere il substrato asciutto tra le annaffiature, evitando accumuli pericolosi di acqua.

- **Contenitori con Sottovasi:** Se si utilizzano sottovasi, assicurarsi che non trattengano acqua. Alcuni coltivatori preferiscono utilizzare sottovasi con fori o ritagli per facilitare l'evaporazione dell'acqua residua.

2. **Preparazione del Substrato**

- **Miscele di Substrato con Elevato Drenaggio:** Utilizzare miscele di substrato che favoriscano il drenaggio. Combinare torba di sphagnum con materiali come sabbia, perlite o vermiculite per creare un substrato ben aerato e drenante.

  Esempio Pratico: Per piante come SARRACENIA o DROSERA, una miscela di torba di sphagnum e perlite in proporzioni 2:1 o 3:1 offre un buon equilibrio tra ritenzione idrica e drenaggio, prevenendo il ristagno.

- **Utilizzo di Materiali Drenanti:** Aggiungere materiali drenanti come argilla espansa o ghiaia sul fondo dei vasi prima di inserire il substrato. Questi materiali aiutano a mantenere i fori di drenaggio liberi e migliorano il flusso dell'acqua.

  Esempio Pratico: Posizionare uno strato di argilla espansa sul fondo di un vaso di coltivazione per PINGUICULA facilita il drenaggio e riduce il rischio di ristagno.

3. **Tecniche di Annaffiatura**

- **Annaffiatura Moderata e Uniforme:** Evitare di annaffiare eccessivamente. Utilizzare un metodo di annaffiatura che distribuisca l'acqua uniformemente senza saturare il substrato. Le piante carnivore spesso preferiscono un substrato umido, ma non bagnato.

Esempio Pratico: Per UTRICULARIA, annaffiare solo quando il substrato è visibilmente asciutto in superficie, mantenendo una consistenza leggermente umida, evitando di inondare il vaso.

- **Uso di Sottovasi e Alzate:** Sollevare leggermente i vasi con dei supporti o alzate per evitare che il fondo del vaso rimanga a contatto diretto con l'acqua stagnante nei sottovasi. Questo aiuta a prevenire la risalita dell'acqua nel substrato.

Esempio Pratico: Inserire dei piccoli piedini o un supporto sotto i vasi di BYBLIS in modo che il fondo del vaso non rimanga immerso in acqua stagnante.

4. **Monitoraggio e Manutenzione**

- **Controllo Periodico dei Vasi:** Controllare regolarmente i vasi per assicurarsi che i fori di drenaggio non siano ostruiti. Pulire i fori se necessario per garantire che l'acqua possa defluire senza ostacoli.

- **Osservazione delle Piante:** Monitorare la crescita e la salute delle piante per rilevare segni di eccesso d'acqua come foglie ingiallite o marciume radicale. Regolare le pratiche di annaffiatura e drenaggio di conseguenza.

Esempio Pratico: Se si notano foglie ingiallite su una DIONAEA MUSCIPULA, potrebbe essere un segno di ristagno d'acqua. Ridurre l'irrigazione e migliorare il drenaggio può risolvere il problema.

Conclusione

Evitare il ristagno d'acqua è fondamentale per la salute delle piante carnivore. Utilizzando contenitori adeguati, preparando substrati ben drenanti e adottando tecniche di annaffiatura appropriate, è possibile prevenire problemi comuni legati al drenaggio. Monitorare e mantenere i vasi e le piante con attenzione aiuterà a garantire un ambiente di crescita ottimale, promuovendo la salute e la vigorosità delle piante carnivore.

6. Regolazione della Frequenza di Annaffiatura in Base alla Stagione

La frequenza di annaffiatura per le piante carnivore non è statica e deve essere regolata in base alle variazioni stagionali e alle condizioni ambientali. Conoscere come adattare le pratiche di annaffiatura a seconda della stagione è essenziale per mantenere la salute e la vitalità delle piante carnivore. In questo paragrafo, esploreremo come modificare l'andamento delle annaffiature durante le diverse stagioni e le tecniche per ottimizzare l'umidità in base ai cambiamenti climatici.

Inverno: Riduzione dell'Annaffiatura

Durante l'inverno, la maggior parte delle piante carnivore, in particolare quelle temperate, entra in una fase di dormienza. Questo periodo di riposo comporta una significativa riduzione della loro attività metabolica, inclusa la crescita e la richiesta di acqua.

1. **Diminuzione della Frequenza di Annaffiatura**

- **Motivazione:** Con il rallentamento della crescita e la minore evaporazione, il substrato richiede meno acqua. Un'eccessiva annaffiatura può causare ristagno e marciume radicale, particolarmente in condizioni di bassa luminosità e bassa temperatura.

- **Esempio Pratico:** Per una DIONAEA MUSCIPULA (Venus Flytrap) durante l'inverno, annaffiare solo quando il substrato è completamente asciutto fino a una profondità di circa 2 cm. La pianta tollera meglio un substrato leggermente asciutto rispetto a uno eccessivamente bagnato.

2. **Adattamento della Temperatura dell'Acqua**

- **Motivazione:** In inverno, l'acqua fredda può shockare le radici delle piante carnivore. Utilizzare acqua a temperatura ambiente riduce lo stress e migliora l'assorbimento delle radici.

- **Esempio Pratico:** Scaldare leggermente l'acqua prima dell'uso, soprattutto per piante tropicali come NEPENTHES, per evitare variazioni di temperatura estreme che potrebbero danneggiare il sistema radicale.

Primavera: Aumento Graduale dell'Annaffiatura

La primavera segna il risveglio della vegetazione e l'inizio della crescita attiva per molte piante carnivore. Con l'aumento della luce solare e delle temperature, le esigenze idriche delle piante aumentano.

1. **Incremento Graduale della Frequenza di Annaffiatura**

    - **Motivazione:** Con la ripresa della crescita e l'aumento della temperatura, è fondamentale fornire più acqua per soddisfare le crescenti esigenze delle piante.

    - **Esempio Pratico:** Per SARRACENIA, si può iniziare ad aumentare la frequenza delle annaffiature, passando a un intervallo di 2-3 giorni, a seconda delle condizioni ambientali e della quantità di luce.

2. **Controllo dell'Evaporazione**

    - **Motivazione:** Con l'aumento della temperatura e della luce, il tasso di evaporazione aumenta. Monitorare il substrato e adattare le annaffiature per mantenere l'umidità senza causare ristagni.

    - **Esempio Pratico:** Per le piante in terrario, controllare l'umidità con un igrometro e regolare la frequenza delle annaffiature per evitare che il substrato diventi troppo secco.

Estate: Annaffiatura Regolare e Monitoraggio dell'Umidità

L'estate rappresenta il periodo di crescita più attiva per molte piante carnivore. Le temperature elevate e l'intensa luce solare richiedono una gestione più attenta delle annaffiature.

1. Annaffiatura Frequente e Consistente

- **Motivazione:** Le elevate temperature e la luce solare intensa aumentano l'evaporazione e la traspirazione. Le piante necessitano di acqua regolarmente per mantenere il substrato umido e favorire una crescita sana.

- **Esempio Pratico:** Per DROSERA, assicurarsi che il substrato sia sempre umido. Annaffiare frequentemente e monitorare l'umidità del substrato con un misuratore di umidità. In caso di un'alta esposizione al sole, può essere necessario annaffiare ogni giorno.

2. Prevenzione del Surriscaldamento

- **Motivazione:** Le alte temperature possono causare un rapido surriscaldamento del substrato, portando a una rapida perdita di umidità.

- **Esempio Pratico:** Usare un terrario con ventilazione adeguata e posizionare le piante carnivore in aree con luce indiretta se esposte a calore eccessivo. Per PINGUICULA, mantenere una vaschetta d'acqua sotto il vaso può aiutare a mantenere l'umidità.

Autunno: Transizione Verso la Riduzione dell'Annaffiatura

Con l'arrivo dell'autunno, le temperature iniziano a scendere e la luce solare diminuisce, segnando l'inizio di una transizione verso il periodo di riposo.

1. **Riduzione Graduale dell'Annaffiatura**

- **Motivazione:** La diminuzione delle temperature e della luce solare riduce le esigenze idriche delle piante. Ridurre gradualmente l'annaffiatura per preparare le piante al periodo di dormienza.

- **Esempio Pratico:** Per UTRICULARIA, monitorare attentamente il substrato e iniziare a ridurre la frequenza delle annaffiature quando le temperature cominciano a scendere, mantenendo il substrato leggermente umido.

2. **Preparazione per l'Inverno**

- **Motivazione:** Preparare le piante per la stagione invernale con una gestione appropriata dell'umidità può prevenire problemi di dormienza.

- **Esempio Pratico:** Per piante tropicali, mantenere condizioni stabili in ambienti interni per prevenire sbalzi di temperatura e umidità durante l'autunno.

Conclusione

Regolare la frequenza di annaffiatura in base alla stagione è cruciale per la salute e la crescita delle piante carnivore. Adattando le pratiche di annaffiatura alle variazioni climatiche, è possibile evitare problemi come il ristagno d'acqua o la disidratazione e ottimizzare le condizioni di crescita per ogni fase dell'anno.

7. Rilevamento di Stress Idrico: Segnali da Osservare nelle Piante Carnivore

Le piante carnivore, sebbene straordinariamente adattate a ambienti spesso ostili, non sono immuni allo stress idrico. Lo stress idrico può derivare da eccesso o carenza di acqua e può manifestarsi attraverso vari segni visibili. Rilevare precocemente questi segnali è fondamentale per intervenire tempestivamente e garantire la salute e la vitalità delle piante. Questo paragrafo offre una guida dettagliata sui segni di stress idrico e come interpretarli per mantenere le piante carnivore in condizioni ottimali.

Segnali di Stress da Mancanza di Acqua

1. **Appassimento e Foglie Morbide**

- **Descrizione:** Le foglie delle piante carnivore che soffrono di carenza d'acqua possono apparire appassite, morbide o piegate verso il basso. Questo accade perché la pianta non può mantenere la turgidità cellulare, essenziale per il sostegno strutturale delle foglie.

- **Esempio Pratico:** Una DROSERA che mostra foglie avvizzite e piegate potrebbe necessitare di un aumento della frequenza di annaffiature. Verificare l'umidità del substrato e procedere con annaffiature più frequenti se il substrato è asciutto.

2. **Foglie Marroni o Secche**

    - **Descrizione:** Le foglie che iniziano a seccarsi e acquisire una colorazione marrone sono un chiaro indicativo di stress idrico. Questo fenomeno è particolarmente visibile nelle piante con foglie più delicate.

    - **Esempio Pratico:** Per una NEPENTHES, le foglie che diventano marroni e secche possono essere il segnale di una carenza d'acqua. Controllare il livello di umidità e assicurarsi che il substrato non sia completamente asciutto.

3. **Crescita Arrestata**

    - **Descrizione:** Una mancanza di acqua può causare un arresto nella crescita della pianta, con nuove foglie che non emergono o si sviluppano lentamente.

    - **Esempio Pratico:** Se una SARRACENIA smette di produrre nuove trappole e mostra crescita stentata, esaminare l'umidità del substrato e considerare di aumentare la frequenza delle annaffiature.

Segnali di Stress da Eccesso di Acqua

1. Marciume Radicali e Foglie Gialle

- **Descrizione:** Il marciume radicale è un problema comune causato da eccesso di acqua. Si manifesta con foglie che diventano gialle, morbide e infine muoiono. Questo è spesso accompagnato da un odore sgradevole proveniente dal substrato.

- **Esempio Pratico:** Una DIONAEA MUSCIPULA che presenta foglie ingiallite e marce potrebbe avere un substrato troppo bagnato. Ridurre la frequenza di annaffiature e migliorare il drenaggio per prevenire il marciume radicale.

2. Ristagno d'Acqua e Sviluppo di Alghe

- **Descrizione:** La presenza di acqua stagnante può favorire la crescita di alghe sulla superficie del substrato, un chiaro segno di eccesso di umidità. Questo può soffocare le radici e ridurre l'ossigenazione del substrato.

- **Esempio Pratico:** Se si notano alghe sulla superficie del substrato di una PINGUICULA, è necessario migliorare il drenaggio e ridurre le annaffiature. Assicurarsi che il vaso abbia fori di drenaggio adeguati.

3. **Radici Soffocate e Crescita Anormale**

- **Descrizione:** Un substrato costantemente bagnato può soffocare le radici, impedendo l'assorbimento adeguato di nutrienti e acqua. Questo può portare a una crescita anormale o stentata delle piante.

- **Esempio Pratico:** Per una UTRICULARIA, se si osservano radici poco sviluppate e una crescita insolita, è probabile che il substrato sia troppo umido. Regolare le annaffiature e migliorare il drenaggio per evitare questi problemi.

Tecniche di Monitoraggio e Intervento

1. **Uso di Igrometri e Misuratori di Umidità**

- **Descrizione:** Strumenti come igrometri e misuratori di umidità possono fornire dati precisi sul contenuto di umidità del substrato, aiutando a mantenere condizioni ottimali e a evitare sia eccessi che carenze di acqua.

- **Esempio Pratico:** Utilizzare un misuratore di umidità per monitorare il substrato di una CEPHALOTUS. Regolare le annaffiature basandosi sulle letture per mantenere il livello di umidità ideale.

2. **Ispezione Visiva Regolare**

- **Descrizione:** Osservare regolarmente le piante e il loro substrato per identificare segni di stress idrico è cruciale per un intervento tempestivo.

- **Esempio Pratico:** Controllare quotidianamente le SARRACENIA per segni di foglie ingiallite o deformate e intervenire modificando le pratiche di annaffiatura secondo le osservazioni.

Conclusione

Rilevare e gestire lo stress idrico nelle piante carnivore richiede attenzione ai dettagli e una buona comprensione delle esigenze specifiche di ogni specie. Monitorare attentamente i segni di carenza o eccesso d'acqua e adottare misure correttive tempestive sono essenziali per garantire una crescita sana e vigorosa delle piante carnivore. Utilizzando gli strumenti e le tecniche giusti, è possibile mantenere le piante in condizioni ottimali e prevenire i problemi legati all'acqua.

8. Tecniche di Nebulizzazione: Benefici e Modalità di Applicazione

La nebulizzazione è una tecnica fondamentale per la cura delle piante carnivore, particolarmente utile per mantenere l'umidità ambientale e garantire condizioni ideali di crescita. Questo metodo di irrigazione consente di replicare l'umidità elevata tipica degli habitat naturali delle piante carnivore, contribuendo a prevenire lo stress idrico e a migliorare la salute generale delle piante. In questo paragrafo, esploreremo in dettaglio i benefici della nebulizzazione, le tecniche di applicazione e le pratiche consigliate per ottimizzare i risultati.

Benefici della Nebulizzazione per le Piante Carnivore

1. Mantenimento dell'Umidità Ambientale

- **Descrizione:** Le piante carnivore, come le DROSERA e le NEPENTHES, prosperano in ambienti ad alta umidità. La nebulizzazione aiuta a mantenere un livello costante di umidità ambientale, che è cruciale per il loro benessere. Questo metodo simula l'ambiente naturale delle piante, dove l'umidità è elevata a causa della presenza di nebbia e pioggia.

- **Esempio Pratico:** In una serra o in una stanza con umidità controllata, l'uso di nebulizzatori può mantenere i livelli di umidità necessari per una NEPENTHES che cresce in condizioni di alta umidità. Nebulizzare regolarmente aiuta a prevenire la disidratazione e a promuovere una crescita sana.

2. Prevenzione della Disidratazione

- **Descrizione:** La nebulizzazione fornisce umidità direttamente alle foglie e al substrato, prevenendo la disidratazione, soprattutto nei periodi di caldo intenso o in ambienti con aria secca.

- **Esempio Pratico:** Durante l'estate, quando l'aria è particolarmente secca, nebulizzare una SARRACENIA aiuta a mantenere l'umidità intorno alla pianta, evitando che le foglie diventino secche e danneggiate.

3. **Miglioramento della Salute delle Foglie e della Crescita**

- **Descrizione:** Nebulizzare le piante può migliorare l'aspetto e la salute delle foglie, riducendo la polvere e le impurità e stimolando la crescita. Questo è particolarmente importante per le piante che catturano insetti, come le DIONAEA MUSCIPULA, che beneficiano di un ambiente umido per mantenere le trappole funzionanti.

- **Esempio Pratico:** Per una DROSERA, la nebulizzazione aiuta a mantenere le foglie appiccicose e funzionali per catturare insetti, migliorando l'efficacia della pianta nella cattura delle prede.

Modalità di Applicazione della Nebulizzazione

1. **Scelta del Nebulizzatore**

- **Descrizione:** Esistono diversi tipi di nebulizzatori, da quelli manuali a quelli automatici. La scelta dipende dalle esigenze delle piante e dalla dimensione dell'area da trattare.

- **Esempio Pratico:** Per una piccola collezione di piante carnivore, un nebulizzatore manuale potrebbe essere sufficiente. Per una serra o una grande area di coltivazione, un sistema di nebulizzazione automatizzato con timer e sensori di umidità potrebbe essere più adatto.

2. **Frequenza di Nebulizzazione**

- **Descrizione:** La frequenza della nebulizzazione dipende dall'ambiente e dalle esigenze specifiche delle piante. In ambienti molto secchi, potrebbe essere necessario nebulizzare più frequentemente.

- **Esempio Pratico:** In una serra con aria condizionata, che tende ad asciugare l'ambiente, nebulizzare ogni giorno o ogni altro giorno può aiutare a mantenere livelli di umidità adeguati per una CEPHALOTUS. In ambienti più umidi, una nebulizzazione settimanale potrebbe essere sufficiente.

3. **Orario e Durata della Nebulizzazione**

- **Descrizione:** Nebulizzare al mattino o alla sera evita l'evaporazione rapida e garantisce che le piante abbiano tempo sufficiente per assorbire l'umidità. La durata della nebulizzazione deve essere regolata per evitare l'eccesso di umidità che può portare a problemi come il marciume radicale.

- **Esempio Pratico:** Per evitare problemi di eccesso di umidità, un sistema di nebulizzazione automatico potrebbe essere impostato per nebulizzare per 5-10 minuti due volte al giorno, al mattino e alla sera, per una DIONAEA MUSCIPULA in una serra.

4. **Uso di Acqua Distillata**

- **Descrizione:** Utilizzare acqua distillata o deionizzata è preferibile per la nebulizzazione, poiché l'acqua del rubinetto può contenere minerali e sostanze chimiche che potrebbero accumularsi e danneggiare le piante.

- **Esempio Pratico:** Per garantire che una PINGUICULA non accumuli sali minerali o impurità, usare acqua distillata per la nebulizzazione aiuta a mantenere un ambiente sano e prevenire la formazione di macchie o depositi sulle foglie.

Conclusione

La nebulizzazione è una tecnica essenziale per mantenere le condizioni ideali di umidità per le piante carnivore. Implementando correttamente le tecniche di nebulizzazione, utilizzando il tipo giusto di nebulizzatore e monitorando attentamente la frequenza e la durata della nebulizzazione, è possibile ottimizzare la salute e la crescita delle piante carnivore. Adattare le pratiche di nebulizzazione alle specifiche esigenze delle diverse specie contribuirà a mantenere un ambiente favorevole e a garantire che le piante prosperino e si sviluppino al meglio.

9. Utilizzo di Vasi e Contenitori con Drenaggio: Migliorare l'Assorbimento dell'Acqua

Il drenaggio adeguato è un elemento cruciale per la salute delle piante carnivore, poiché previene il ristagno d'acqua e assicura che le radici non siano esposte a condizioni di eccessiva umidità. L'utilizzo di vasi e contenitori con sistemi di drenaggio appropriati è fondamentale per garantire un ambiente ottimale per la crescita e il benessere delle piante. In questo paragrafo, esploreremo come selezionare e utilizzare vasi e contenitori con drenaggio, evidenziando i benefici e le tecniche pratiche per migliorare l'assorbimento dell'acqua.

Benefici del Drenaggio nei Vasi e Contenitori

1. **Prevenzione del Ristagno d'Acqua**

   - **Descrizione:** Il ristagno d'acqua è uno dei problemi principali che può causare marciume radicale e altre malattie delle piante. Vasi e contenitori con drenaggio aiutano a evitare l'accumulo di acqua in eccesso, permettendo al substrato di asciugarsi tra un'annaffiatura e l'altra.

   - **Esempio Pratico:** Per una SARRACENIA, che richiede un substrato ben drenato, l'uso di vasi con fori di drenaggio sul fondo evita che l'acqua si accumuli e provochi problemi alle radici. Utilizzando un vaso con fori di drenaggio, l'acqua in eccesso viene rimossa, prevenendo condizioni sfavorevoli per la pianta.

2. Miglioramento dell'Ossigenazione del Substrato

- **Descrizione:** Il drenaggio non solo previene il ristagno ma migliora anche l'ossigenazione del substrato. Le radici delle piante carnivore necessitano di un'adeguata quantità di ossigeno per crescere sani e vigorosi. Un substrato ben drenato consente un migliore scambio gassoso, evitando condizioni anossiche.

- **Esempio Pratico:** Per una DROSERA, che preferisce un substrato leggero e aerato, l'utilizzo di un contenitore con drenaggio aiuta a mantenere il substrato ben aerato, favorendo una crescita sana e la produzione di foglie appiccicose efficaci.

3. Facilità di Gestione dell'Acqua in Eccesso

- **Descrizione:** I vasi con drenaggio permettono di gestire l'acqua in eccesso più facilmente, rendendo più semplice il controllo delle condizioni di umidità. Questo è particolarmente utile in condizioni di irrigazione intensa o quando le piante sono esposte a precipitazioni abbondanti.

- **Esempio Pratico:** In una serra dove le piante sono irrigate automaticamente, l'uso di vasi con un buon sistema di drenaggio impedisce che l'acqua in eccesso rimanga nel contenitore, riducendo il rischio di condizioni di crescita sfavorevoli.

Tipologie di Vasi e Contenitori con Drenaggio

1. Vasi con Fori di Drenaggio

- **Descrizione:** I vasi con fori di drenaggio sono i più comuni e pratici. I fori, situati generalmente sul fondo del vaso, consentono all'acqua in eccesso di defluire, evitando il ristagno.

- **Esempio Pratico:** Per una NEPENTHES, un vaso con fori di drenaggio situati sul fondo permette un'adeguata evacuazione dell'acqua in eccesso, prevenendo problemi di radici marce e mantenendo l'umidità del substrato a livelli ottimali.

2. Vasi con Sistema di Drenaggio a Strati

- **Descrizione:** Questi vasi sono progettati con diversi strati di materiali di drenaggio, come ghiaia o perlite, posizionati tra il substrato e il fondo del vaso. Questo sistema facilita un drenaggio più efficace e un'ulteriore aerazione del substrato.

- **Esempio Pratico:** Per piante come le DIONAEA MUSCIPULA, che preferiscono substrati leggermente più secchi tra un'annaffiatura e l'altra, un vaso con un sistema di drenaggio a strati può aiutare a mantenere il substrato ben drenato e a prevenire l'accumulo di acqua in eccesso.

3. **Contenitori con Riserva d'Acqua**

- **Descrizione:** Alcuni contenitori sono dotati di un sistema di riserva d'acqua, con un serbatoio inferiore che permette l'irrigazione a lento rilascio. Sebbene questi contenitori possano essere utili per alcune piante, è fondamentale monitorare il livello dell'acqua per evitare il ristagno.

- **Esempio Pratico:** Per piante carnivore tropicali che richiedono condizioni di umidità elevate, come le HELIAMPHORA, un contenitore con riserva d'acqua può facilitare una gestione più semplice dell'umidità, ma deve essere utilizzato con attenzione per evitare eccessi.

Tecniche di Utilizzo e Manutenzione

1. **Scegliere il Contenitore Adeguato**

- **Descrizione:** La scelta del contenitore deve basarsi sulle esigenze specifiche della pianta e sulle condizioni ambientali. Vasi di plastica, terracotta o ceramica possono essere utilizzati, ma è importante assicurarsi che abbiano un sistema di drenaggio appropriato.

- **Esempio Pratico:** Per una PINGUICULA, un vaso di plastica con fori di drenaggio è ideale poiché è leggero e facilita una gestione semplice del substrato, riducendo il rischio di marciume radicale.

2. **Verificare il Drenaggio Regolarmente**

- **Descrizione:** È importante controllare regolarmente il sistema di drenaggio dei vasi e dei contenitori per assicurarsi che non siano ostruiti e che l'acqua possa defluire liberamente.

- **Esempio Pratico:** Durante i periodi di crescita intensa, come la primavera e l'estate, controllare frequentemente che i fori di drenaggio non siano bloccati da detriti o radici, specialmente per piante come la SARRACENIA.

3. **Utilizzare Materiali di Drenaggio Aggiuntivi**

- **Descrizione:** L'aggiunta di materiali di drenaggio come ghiaia o perlite sul fondo del vaso può migliorare ulteriormente il drenaggio e l'aerazione del substrato.

- **Esempio Pratico:** Per una NEPENTHES, che richiede un substrato ben drenato e aerato, aggiungere uno strato di perlite o ghiaia sul fondo del vaso può aiutare a prevenire l'eccesso di umidità e mantenere le radici in ottime condizioni.

Conclusione

L'utilizzo di vasi e contenitori con drenaggio è fondamentale per garantire un'adeguata gestione dell'acqua e per mantenere condizioni ideali di crescita per le piante carnivore. Scegliere il tipo giusto di vaso, monitorare il drenaggio e utilizzare materiali aggiuntivi per il drenaggio aiuteranno a prevenire problemi di ristagno e a favorire una crescita sana delle piante. Adattare le pratiche di utilizzo dei contenitori alle esigenze specifiche delle piante garantirà il successo nella coltivazione di queste affascinanti specie.

10. Effetti dell'Umidità Ambientale sulla Crescita delle Piante Carnivore: Controllo e Ottimizzazione

L'umidità ambientale è un fattore cruciale per la crescita e lo sviluppo delle piante carnivore. Queste piante, adattate a habitat specifici con livelli di umidità variabili, richiedono un'attenta regolazione dell'umidità per prosperare. In questo paragrafo, esploreremo come l'umidità influisce sulle piante carnivore, i metodi per controllare e ottimizzare l'umidità ambientale e come questi elementi influenzano la salute e la crescita delle piante.

Influenza dell'Umidità Ambientale sulla Crescita delle Piante Carnivore

1. **Sviluppo e Benessere delle Piante**

- **Descrizione:** L'umidità ambientale influisce direttamente sulla fisiologia delle piante carnivore, influenzando la loro crescita, la produzione di trappole e la salute generale. Livelli di umidità adeguati sono essenziali per prevenire lo stress idrico e garantire una crescita vigorosa.

- **Esempio Pratico:** La NEPENTHES, ad esempio, prospera in ambienti con umidità elevata, spesso tra il 50% e l'80%. Un'umidità insufficiente può portare alla perdita delle trappole e a una crescita stentata. Un ambiente umido aiuta a mantenere le trappole in condizioni ottimali per catturare prede.

2. **Crescita delle Radici e Assorbimento dei Nutrienti**

    - **Descrizione:** L'umidità influisce anche sull'assorbimento dei nutrienti e sulla salute delle radici. Un'umidità ambientale troppo bassa può causare un'aridità del substrato e compromettere l'assorbimento dei nutrienti essenziali per le piante.

    - **Esempio Pratico:** Per le SARRACENIA, che richiedono substrati costantemente umidi, un'umidità ambientale insufficiente può portare a un asciugamento eccessivo del substrato, rallentando l'assorbimento di nutrienti e compromettendo la salute delle radici.

3. **Produzione di Trappole e Fiori**

    - **Descrizione:** L'umidità influisce anche sulla produzione di trappole e sulla fioritura. Un'umidità adeguata stimola la produzione di trappole e migliora la capacità della pianta di catturare prede.

- **Esempio Pratico:** Le DROSERA, in condizioni di umidità elevata, producono una maggiore quantità di goccioline appiccicose sulle loro foglie, migliorando la loro capacità di catturare insetti. In condizioni di bassa umidità, la produzione di queste goccioline può ridursi notevolmente.

Metodi per Controllare e Ottimizzare l'Umidità Ambientale

1. **Uso di Umidificatori**

- **Descrizione:** Gli umidificatori sono strumenti essenziali per mantenere l'umidità ambientale ai livelli ottimali. Possono essere utilizzati in serre, terrari o stanze dedicate per le piante carnivore per garantire che l'umidità rimanga stabile e adeguata.

- **Esempio Pratico:** In una serra con NEPENTHES, un umidificatore a nebbia può mantenere l'umidità tra il 60% e l'80%, favorendo una crescita sana e una buona produzione di trappole. È importante regolare l'umidificatore per evitare un'eccessiva umidità che potrebbe causare problemi di muffa o marciume.

2. Utilizzo di Terrari e Serre

- **Descrizione:** I terrari e le serre offrono un controllo maggiore sull'umidità ambientale. Questi ambienti chiusi possono essere facilmente regolati per mantenere livelli di umidità ottimali per le piante carnivore.

- **Esempio Pratico:** Per piante come le HELIAMPHORA, che richiedono umidità molto elevata, un terrario con controllo dell'umidità e ventilazione regolabile può aiutare a mantenere le condizioni ideali senza eccessi di umidità che potrebbero causare malattie fungine.

3. Monitoraggio dell'Umidità con Strumenti Specializzati

- **Descrizione:** Strumenti come igrometri e sensori di umidità sono fondamentali per monitorare costantemente i livelli di umidità. Questi strumenti aiutano a mantenere l'umidità entro il range ideale per le diverse specie di piante carnivore.

- **Esempio Pratico:** Un igrometro digitale posizionato in una serra con DIONAEA MUSCIPULA può fornire letture precise dei livelli di umidità, permettendo aggiustamenti tempestivi per mantenere condizioni ottimali. La corretta impostazione e calibrazione dell'igrometro sono cruciali per evitare errori nel monitoraggio.

4. **Tecniche di Nebulizzazione**

- **Descrizione:** La nebulizzazione regolare è un metodo efficace per aumentare l'umidità ambientale intorno alle piante carnivore. Utilizzare spruzzatori automatici o manuali può aiutare a mantenere l'umidità necessaria.

- **Esempio Pratico:** Per una pianta come la PINGUICULA, che beneficia di ambienti leggermente umidi, una nebulizzazione giornaliera può aiutare a mantenere il substrato e l'ambiente circostante in condizioni ideali. È importante evitare eccessi per prevenire problemi di marciume.

5. **Uso di Substrati che Retengono l'Umidità**

- **Descrizione:** Scegliere substrati che trattengano l'umidità può aiutare a mantenere un livello di umidità stabile. Substrati come la torba di sphagnum sono eccellenti per mantenere l'umidità senza ristagni.

- **Esempio Pratico:** Per piante come la SARRACENIA, utilizzare una miscela di torba di sphagnum e perlite aiuta a mantenere un'umidità costante e favorire una crescita sana. È fondamentale monitorare la miscela per garantire che non si secchi completamente.

Conclusione

Controllare e ottimizzare l'umidità ambientale è fondamentale per il successo nella coltivazione delle piante carnivore. Utilizzando umidificatori, terrari, strumenti di monitoraggio e tecniche di nebulizzazione, è possibile mantenere le condizioni ideali per la crescita e il benessere delle piante. Adattare le tecniche di gestione dell'umidità alle esigenze specifiche di ciascuna specie garantirà una crescita sana e una fioritura vigorosa.

VII. Nutrizione e Fertilizzazione Appropriata

1. Principi di Base della Nutrizione per Piante Carnivore

La nutrizione delle piante carnivore, benché specifica e particolarmente adatta alle loro esigenze ecologiche uniche, segue alcuni principi fondamentali simili a quelli delle piante tradizionali, ma con adattamenti cruciali per ottimizzare la loro crescita e salute. Comprendere questi principi è essenziale per garantire che le piante carnivore prosperino nel loro ambiente coltivato, sia che si tratti di una serra ben controllata o di un angolo verde in casa.

1. Nutrienti Essenziali: Un Equilibrio Delicato

Le piante carnivore, come tutte le piante, richiedono una varietà di nutrienti essenziali per il loro sviluppo. Questi nutrienti sono divisi in due categorie principali: macronutrienti e micronutrienti. I macronutrienti includono azoto (N), fosforo (P) e potassio (K), che sono necessari in grandi quantità per le funzioni di crescita e sviluppo. L'azoto, ad esempio, è cruciale per la crescita delle foglie e la sintesi delle proteine, mentre il fosforo è importante per lo sviluppo delle radici e la produzione di energia. Il potassio, d'altra parte, regola vari processi cellulari, tra cui la fotosintesi e la resistenza alle malattie.

I micronutrienti, sebbene richiesti in quantità minori, sono altrettanto vitali. Questi includono ferro, manganese, zinco, rame, molibdeno e boro. Ogni micronutriente ha un ruolo specifico nella crescita e nella salute delle piante. Ad esempio, il ferro è essenziale per la fotosintesi, poiché è un componente cruciale della clorofilla, mentre il manganese è coinvolto nella sintesi di acidi grassi e proteine.

2. Nutrizione e Abitudini Carnivore

Le piante carnivore, tuttavia, hanno adattamenti unici che influenzano la loro nutrizione. Queste piante, come le Dionaea muscipula (Venere acchiappamosche) o le Nepenthes (piante a brocca), hanno evoluto la capacità di catturare e digerire insetti e altri piccoli animali per integrare la loro dieta. Questo comportamento carnivoro è una risposta all'ambiente povero di nutrienti del loro habitat naturale, che spesso è caratterizzato da terreni acidi e sabbiosi con pochi nutrienti disponibili.

Quando coltivate in ambienti controllati, come contenitori o serre, è essenziale replicare queste condizioni per evitare eccessi o carenze di nutrienti. L'equilibrio tra la fornitura di nutrienti attraverso il substrato e il cibo fornito tramite prede è cruciale. Ad esempio, se una pianta carnivora è nutrita regolarmente con insetti, la necessità di fertilizzazione aggiuntiva potrebbe essere ridotta, poiché il materiale organico prodotto dalle prede fornisce nutrienti essenziali.

3. Fertilizzazione con Cautela

La fertilizzazione delle piante carnivore richiede una maggiore attenzione rispetto alle piante tradizionali. Le piante carnivore sono particolarmente sensibili agli eccessi di fertilizzante, che possono danneggiare le radici e alterare il pH del substrato. Pertanto, è consigliabile utilizzare fertilizzanti specifici per piante carnivore o, in alternativa, soluzioni di fertilizzazione molto diluite.

Un approccio comune è l'uso di fertilizzanti a bassa concentrazione applicati con meno frequenza rispetto alle piante tradizionali. Ad esempio, una soluzione di fertilizzante liquido diluito a un decimo della dose raccomandata può essere applicata ogni 4-6 settimane. Questo metodo aiuta a evitare l'accumulo di nutrienti nel substrato, che può causare problemi come il marciume delle radici o la crescita eccessiva delle alghe.

4. Monitoraggio e Adattamento

Monitorare la risposta delle piante ai nutrienti è un aspetto cruciale della loro cura. Le foglie e le trappole delle piante carnivore possono fornire indizi visivi sui livelli di nutrienti. Ad esempio, foglie ingiallite o decolorate possono indicare carenze di nutrienti, mentre punte bruciate o marroni possono essere sintomi di eccesso di fertilizzante.

In sintesi, una gestione equilibrata e attenta della nutrizione e della fertilizzazione è fondamentale per mantenere le piante carnivore in salute e per favorire una crescita ottimale. Comprendere le loro esigenze specifiche e adattare le pratiche di cura in base alle loro risposte è il segreto per un successo duraturo nella coltivazione di queste piante affascinanti e uniche.

2. Tipi di Nutrienti Essenziali: Macro e Micronutrienti

Quando si coltivano piante carnivore, comprendere le esigenze nutrizionali specifiche è fondamentale per garantire una crescita sana e vigorosa. I nutrienti essenziali, che si dividono in macronutrienti e micronutrienti, giocano un ruolo cruciale nel mantenimento della salute delle piante e nella loro capacità di catturare e digerire prede. Questo paragrafo esplorerà in dettaglio ciascun tipo di nutriente, i loro ruoli distintivi e come gestirli al meglio per le piante carnivore.

Macronutrienti: Fondamentali per la Crescita Generale
I macronutrienti sono elementi chimici di cui le piante hanno bisogno in quantità relativamente elevate. Essi includono azoto (N), fosforo (P) e potassio (K), e ognuno svolge ruoli vitali nel ciclo di vita delle piante carnivore.

- **Azoto (N):** L'azoto è essenziale per la sintesi delle proteine e dei cloroplasti, le strutture cellulari cruciali per la fotosintesi. Le piante carnivore utilizzano l'azoto per produrre foglie e trappole robuste e funzionali. Una carenza di azoto può causare foglie ingiallite e una crescita stentata, mentre un eccesso può portare a una crescita eccessiva delle foglie a discapito dello sviluppo delle trappole.

- **Fosforo (P):** Il fosforo è fondamentale per lo sviluppo delle radici, la produzione di energia e la sintesi degli acidi nucleici. Per le piante carnivore, un buon apporto di fosforo favorisce una radicazione sana, che è essenziale per l'assorbimento dei nutrienti e la stabilità della pianta. Una carenza di fosforo può rallentare la crescita e portare a radici poco sviluppate.

- **Potassio (K):** Il potassio regola molti processi cellulari, tra cui la sintesi delle proteine, la regolazione dell'acqua e la resistenza alle malattie. Per le piante carnivore, un adeguato apporto di potassio migliora la capacità della pianta di resistere a stress ambientali e malattie. Il potassio è anche cruciale per il mantenimento dell'equilibrio idrico all'interno della pianta.

Micronutrienti: Piccole Quantità, Grande Impatto

I micronutrienti, sebbene richiesti in quantità minori rispetto ai macronutrienti, sono altrettanto essenziali per il corretto sviluppo delle piante. Essi comprendono ferro (Fe), manganese (Mn), zinco (Zn), rame (Cu), molibdeno (Mo) e boro (B). Ogni micronutriente ha un ruolo specifico e un deficit può influenzare negativamente la salute e la crescita delle piante carnivore.

- **Ferro (Fe):** Il ferro è un componente essenziale della clorofilla e della fotosintesi. Una carenza di ferro può portare a clorosi, ovvero ingiallimento delle foglie, a causa della ridotta produzione di clorofilla. Le piante carnivore con carenze di ferro possono mostrare foglie pallide e crescita rallentata.

- **Manganese (Mn):** Il manganese è coinvolto nella sintesi di acidi grassi e proteine e nella fotosintesi. È fondamentale per la formazione di clorofilla e per il funzionamento degli enzimi fotosintetici. Una carenza di manganese può causare macchie fogliari e una crescita stentata.

- **Zinco (Zn):** Lo zinco è necessario per la sintesi delle proteine e la crescita cellulare. È anche coinvolto nella produzione di auxine, ormoni vegetali che regolano la crescita delle piante. La carenza di zinco può causare deformità fogliari e crescita distorta.

- **Rame (Cu):** Il rame è importante per la fotosintesi, la respirazione e la sintesi di lignina, una sostanza che rinforza le pareti cellulari. Una carenza di rame può provocare decolorazioni delle foglie e una crescita compromessa.

- **Molibdeno (Mo):** Il molibdeno è essenziale per la fissazione dell'azoto e la riduzione dei nitrati. È particolarmente importante per le piante che, sebbene carnivore, devono integrare azoto dal terreno. La carenza di molibdeno può rallentare la crescita e causare foglie ingiallite.

- **Boro (B):** Il boro è cruciale per la formazione delle pareti cellulari e la crescita delle radici. È anche coinvolto nel trasporto di zuccheri e nutrienti all'interno della pianta. Una carenza di boro può portare a radici malformate e crescita stentata.

Applicazione e Gestione dei Nutrienti

Per ottimizzare la crescita delle piante carnivore, è importante utilizzare fertilizzanti che forniscano un equilibrio adeguato di questi nutrienti. Gli integratori devono essere applicati con attenzione, evitando eccessi che potrebbero danneggiare le radici o alterare il pH del substrato. Le soluzioni di fertilizzazione, sia liquide che solide, devono essere scelte in base alla specifica composizione nutrizionale delle piante carnivore e alle loro esigenze individuali.

Un approccio prudente è iniziare con concentrazioni basse e aumentare gradualmente, monitorando attentamente la risposta delle piante. Questo metodo consente di evitare stress nutrizionali e di adattare la fertilizzazione alle reali esigenze delle piante carnivore.

In sintesi, comprendere i tipi di nutrienti essenziali e il loro ruolo nella crescita delle piante carnivore è cruciale per una coltivazione di successo. Attraverso una gestione attenta e mirata dei nutrienti, è possibile promuovere una crescita sana e vigorosa, garantendo il benessere delle piante e il loro sviluppo ottimale.

3. Fertilizzanti Specifici per Piante Carnivore: Quali Scegliere?

Quando si coltivano piante carnivore, la scelta del fertilizzante giusto è cruciale per garantire una crescita sana e un corretto sviluppo. Le piante carnivore, come le Dionaea muscipula (Venere acchiappamosche), le Sarracenia (piante a fiasco) e le Drosera (sundews), hanno esigenze nutrizionali peculiari che differiscono significativamente dalle piante da giardino convenzionali. Questo paragrafo esplorerà le opzioni di fertilizzanti specifici per le piante carnivore, evidenziando le caratteristiche, i benefici e le considerazioni pratiche per scegliere il prodotto più adatto.

Fertilizzanti Liquidi per Piante Carnivore

I fertilizzanti liquidi sono una scelta popolare per le piante carnivore per la loro facilità di applicazione e la rapida disponibilità di nutrienti. Questi fertilizzanti sono formulati per essere diluiti in acqua e possono essere somministrati direttamente alle radici o attraverso la nebulizzazione. Ecco alcune opzioni comuni e i loro benefici:

- **Fertilizzanti per Orchidee:** Anche se progettati per le orchidee, molti fertilizzanti per orchidee contengono una combinazione equilibrata di macro e micronutrienti che possono essere efficaci per le piante carnivore. Un fertilizzante per orchidee diluito a una concentrazione ridotta può fornire una nutrizione adeguata senza rischiare l'eccesso di nutrienti.

- **Fertilizzanti Specializzati per Piante Carnivore:** Alcuni produttori offrono fertilizzanti specifici per piante carnivore, progettati per soddisfare le loro esigenze nutrizionali uniche. Questi fertilizzanti sono formulati per evitare l'eccesso di nutrienti e per includere elementi cruciali per la salute delle trappole e delle foglie. Ad esempio, un fertilizzante liquido specifico per piante carnivore potrebbe contenere una miscela bilanciata di azoto, fosforo e potassio, insieme a micronutrienti essenziali.

- **Fertilizzanti per Acquari:** I fertilizzanti per acquari, progettati per le piante acquatiche, possono essere utili per le piante carnivore che crescono in ambienti umidi o in terreni saturi. Questi fertilizzanti sono spesso ricchi di nutrienti e poveri di sali minerali, il che li rende adatti per l'uso con piante che hanno bisogno di una nutrizione delicata.

Fertilizzanti Granulari per Piante Carnivore

I fertilizzanti granulari sono solidi e devono essere mescolati nel substrato o applicati come top-dressing. Questi fertilizzanti forniscono un rilascio graduale di nutrienti, che può essere vantaggioso per mantenere una nutrizione costante nel tempo. Ecco alcuni tipi di fertilizzanti granulari adatti per le piante carnivore:

- **Fertilizzanti a Rilascio Lento:** Questi fertilizzanti rilasciano nutrienti lentamente nel tempo, riducendo il rischio di sovradosaggio e migliorando la stabilità nutrizionale del substrato. Un esempio comune è l'uso di fertilizzanti a rilascio lento formulati per piante acidofile, che possono essere adatti per piante carnivore, considerando la loro preferenza per ambienti acidi.

- **Fertilizzanti Organici Granulari:** I fertilizzanti organici, come quelli a base di compost o di alghe, forniscono nutrienti attraverso una decomposizione naturale e un rilascio graduale. Questi fertilizzanti sono utili per migliorare la qualità del substrato e fornire nutrienti in modo più naturale. Tuttavia, è importante usarli con moderazione, poiché un eccesso di materia organica può alterare il pH del substrato.

Fertilizzanti Foliarie per Piante Carnivore

Le applicazioni fogliari consistono nell'applicare il fertilizzante direttamente sulle foglie della pianta. Questo metodo può essere particolarmente efficace per le piante carnivore, che possono assorbire nutrienti attraverso le loro trappole e foglie. Alcuni tipi di fertilizzanti fogliari includono:

- **Fertilizzanti ad Alta Concentrazione di Micronutrienti:** Le piante carnivore beneficiano di fertilizzanti che contengono una quantità adeguata di micronutrienti come ferro, manganese e zinco. Questi fertilizzanti fogliari possono correggere carenze specifiche e promuovere una crescita sana delle foglie e delle trappole.

- **Soluzioni Nutritive a Basso Dosaggio:** L'applicazione di soluzioni nutritive diluite sulle foglie può fornire un rapido apporto di nutrienti senza rischiare il sovradosaggio. È consigliabile utilizzare fertilizzanti a bassa concentrazione per evitare di danneggiare la superficie delle foglie e delle trappole.

Considerazioni Finali e Pratiche di Applicazione

Quando si sceglie un fertilizzante per piante carnivore, è importante considerare le esigenze specifiche di ciascuna specie. Le Dionaea muscipula, ad esempio, richiedono meno fertilizzante rispetto alle Sarracenia e possono tollerare solo piccole quantità di nutrienti. Al contrario, le Sarracenia possono beneficiare di un apporto più costante di nutrienti, grazie alla loro crescita più vigorosa.

Inoltre, è fondamentale monitorare attentamente le piante per eventuali segni di eccesso o carenza di nutrienti, come foglie ingiallite, crescita stentata o deformità delle trappole. Adattare la frequenza e la quantità di fertilizzazione in base alla risposta delle piante è essenziale per mantenere un equilibrio ottimale e promuovere una crescita sana.

In sintesi, scegliere il fertilizzante giusto per le piante carnivore implica una comprensione approfondita delle loro esigenze nutrizionali e delle caratteristiche dei diversi tipi di fertilizzanti disponibili. Con una scelta informata e un'applicazione accurata, è possibile garantire una crescita sana e vigorosa per le vostre piante carnivore.

4. Frequenza di Fertilizzazione: Quando e Quanto Somministrare?

La frequenza e la quantità di fertilizzazione sono aspetti cruciali nella cura delle piante carnivore. Le esigenze nutrizionali variano significativamente tra le diverse specie e anche in base alle condizioni di crescita. Un approccio ben pianificato alla fertilizzazione garantisce una crescita sana e vigorosa, minimizzando il rischio di problemi legati a eccessi o carenze di nutrienti. Questo paragrafo esplorerà le linee guida generali per la frequenza di fertilizzazione, come determinare la giusta quantità e le pratiche specifiche per le diverse specie di piante carnivore.

Linee Guida Generali per la Frequenza di Fertilizzazione

1. **Frequenza di Fertilizzazione Basata sulla Stagione**

   La frequenza di fertilizzazione dovrebbe essere regolata in base alla stagione di crescita delle piante carnivore. La maggior parte delle piante carnivore ha periodi di crescita attiva e di riposo che influenzano la loro necessità di nutrienti.

- **Primavera e Estate:** Durante i periodi di crescita attiva (primavera e estate), le piante carnivore sono in fase di espansione e sviluppo. Questo è il momento ideale per aumentare la frequenza di fertilizzazione. Si raccomanda di fertilizzare una volta al mese con una soluzione diluita di fertilizzante. Ad esempio, per le Dionaea muscipula (Venere acchiappamosche), si può somministrare un fertilizzante liquido diluito a una concentrazione di 1/4 rispetto a quella consigliata sulla confezione. Le Sarracenia, con una crescita più vigorosa, possono tollerare una fertilizzazione più frequente.

- **Autunno e Inverno:** Durante i periodi di riposo (autunno e inverno), la crescita delle piante rallenta e, in alcuni casi, può arrestarsi del tutto. In questa fase, ridurre la frequenza di fertilizzazione è fondamentale. Si consiglia di fertilizzare solo una volta ogni 6-8 settimane, se necessario, utilizzando una soluzione molto diluita. Per le piante che entrano in letargo completo, come alcune specie di Sarracenia, la fertilizzazione potrebbe non essere necessaria durante l'inverno.

2. **Frequenza in Base al Tipo di Fertilizzante**

La frequenza di applicazione varia anche in base al tipo di fertilizzante utilizzato. I fertilizzanti liquidi, che forniscono nutrienti rapidamente disponibili, possono essere applicati più frequentemente rispetto ai fertilizzanti granulari, che rilasciano nutrienti lentamente.

- **Fertilizzanti Liquidi:** Questi sono generalmente applicati ogni 4-6 settimane durante la stagione di crescita. È essenziale seguire le indicazioni del produttore per evitare eccessi e danni alle piante.

- **Fertilizzanti Granulari:** I fertilizzanti granulari a rilascio lento possono essere applicati ogni 8-12 settimane. È consigliabile mescolare i granuli nel substrato o applicarli come top-dressing, a seconda delle istruzioni specifiche.

3. **Adattamento alle Condizioni Ambientali**

Le condizioni ambientali, come la temperatura e l'umidità, influenzano la velocità di crescita e quindi le esigenze nutrizionali delle piante carnivore. In ambienti caldi e umidi, le piante possono avere una crescita più rapida e richiedere una fertilizzazione più frequente. Al contrario, in ambienti più freschi e secchi, la crescita sarà più lenta e la frequenza di fertilizzazione può essere ridotta.

- **Ambienti Caldi e Umidi:** Aumentare leggermente la frequenza di fertilizzazione può essere utile, ma è importante monitorare le piante per segni di sovradosaggio.

- **Ambienti Freddi e Secchi:** Ridurre la frequenza di fertilizzazione e assicurarsi che la soluzione di fertilizzante sia ben diluita.

Determinazione della Quantità di Fertilizzante

La quantità di fertilizzante applicato è altrettanto importante quanto la frequenza. Utilizzare una quantità eccessiva di fertilizzante può causare danni alle radici e alle trappole delle piante carnivore. Ecco alcune linee guida pratiche per determinare la quantità giusta:

1. **Diluizione della Soluzione**

- **Fertilizzanti Liquidi:** Diluire il fertilizzante liquido a una concentrazione inferiore rispetto a quella consigliata sulla confezione. Iniziare con una diluizione di 1/4 della concentrazione suggerita e osservare la risposta delle piante. Se le piante mostrano segni di crescita sana, si può gradualmente aumentare la concentrazione.

- **Fertilizzanti Granulari:** Applicare una quantità ridotta di fertilizzante granulare e mescolare bene nel substrato. La quantità raccomandata varia a seconda del tipo di fertilizzante e delle dimensioni del vaso, ma generalmente, una piccola quantità distribuita uniformemente è sufficiente.

2. **Monitoraggio della Risposta delle Piante**

Osservare le reazioni delle piante dopo l'applicazione del fertilizzante è cruciale. Segnali di eccesso di nutrienti includono foglie ingiallite, bordi delle foglie bruciati e crescita stentata. Se si notano questi segni, ridurre immediatamente la quantità e la frequenza di fertilizzazione.

3. **Adattamenti Specifici per Specie**

- **Dionaea muscipula (Venere Acchiappamosche):** Fertilizzare con parsimonia, dato che queste piante non richiedono un eccesso di nutrienti. Una volta al mese durante la stagione di crescita con una soluzione molto diluita è generalmente sufficiente.

- **Sarracenia (Piante a Fiasco):** Queste piante possono tollerare una fertilizzazione più frequente e possono beneficiare di una fertilizzazione mensile durante la stagione di crescita.

- **Drosera (Sundews):** Le Drosera tendono a essere più sensibili agli eccessi di fertilizzante. Fertilizzare con grande attenzione e utilizzare una soluzione molto diluita, applicata ogni 6-8 settimane durante la stagione di crescita.

In conclusione, la frequenza e la quantità di fertilizzazione per le piante carnivore devono essere adattate in base alla specie, alle condizioni ambientali e al tipo di fertilizzante utilizzato. Monitorare attentamente le piante e regolare la fertilizzazione in base alle loro esigenze specifiche garantisce una crescita sana e vigorosa.

5. Effetti dell'Eccesso di Nutrienti: Come Riconoscerli e Prevenirli

L'eccesso di nutrienti è un problema comune nelle piante carnivore e può causare gravi danni se non viene gestito correttamente. Le piante carnivore sono adattate a crescere in ambienti poveri di nutrienti, e quindi la loro tolleranza agli eccessi di fertilizzante è limitata. In questo paragrafo esploreremo come riconoscere i segni di eccesso di nutrienti, le cause comuni e le strategie per prevenire e correggere questo problema.

Riconoscere i Segni di Eccesso di Nutrienti

1. **Ingiallimento delle Foglie**
   Uno dei primi segni di eccesso di nutrienti è l'ingiallimento delle foglie, noto come clorosi. Questo può verificarsi quando i sali minerali in eccesso accumulano nel substrato e bloccano l'assorbimento di nutrienti essenziali. Ad esempio, nelle Dionaea muscipula (Venere acchiappamosche), le foglie possono ingiallire e sviluppare bordi bruciati se esposte a livelli troppo elevati di fertilizzante. Per le Sarracenia, l'ingiallimento può essere accompagnato da una crescita stentata.

2. **Bruciatura delle Foglie**
   La bruciatura delle foglie, caratterizzata da margini marroni e secchi, è un altro chiaro segnale di eccesso di nutrienti. Questo si verifica quando i sali minerali in eccesso causano un eccessivo accumulo di soluti all'interno delle cellule vegetali, portando alla disidratazione. Nelle piante come la Drosera, le punte delle foglie possono diventare secche e marroni a causa di un'alta concentrazione di fertilizzante.

3. **Accrescimento Stentato**

L'accrescimento stentato, o la crescita rallentata, può anche essere un indicativo di eccesso di nutrienti. Le piante carnivore, come la Nepenthes, possono mostrare una crescita lenta o uno sviluppo anomalo delle trappole se il substrato è eccessivamente ricco di nutrienti. Questo perché un eccesso di nutrienti può interferire con i normali processi di crescita e sviluppo della pianta.

4. **Formazione di Alga e Muffa nel Substrato**

Un altro segnale di eccesso di nutrienti è la formazione di alghe e muffa sulla superficie del substrato. Questo accade quando l'eccesso di nutrienti crea un ambiente favorevole alla crescita di microorganismi. Nelle piante carnivore, come la Sarracenia, la presenza di alghe può essere un chiaro segnale che il substrato è stato sovraccaricato di nutrienti.

Cause Comuni di Eccesso di Nutrienti

1. **Eccessiva Applicazione di Fertilizzante**

La causa più comune di eccesso di nutrienti è l'applicazione eccessiva di fertilizzante. Molti principianti tendono a somministrare fertilizzanti più frequentemente o in concentrazioni più elevate di quanto sia raccomandato. Ad esempio, un fertilizzante liquido concentrato applicato troppo spesso può facilmente portare a un accumulo di sali nel substrato.

2. **Uso Inappropriato di Fertilizzanti**

Utilizzare fertilizzanti non specifici per piante carnivore o applicare fertilizzanti destinati ad altre piante può portare a eccessi di nutrienti. I fertilizzanti generici per piante da giardino contengono spesso livelli di nutrienti molto più elevati rispetto a quelli tollerati dalle piante carnivore.

3. **Substrato Povero di Drenaggio**

Un substrato che non drena bene può trattenere troppa umidità e nutrienti, aumentando il rischio di eccesso di nutrienti. Substrati compatti o non adatti, come quelli che trattengono l'acqua, possono portare a un accumulo di fertilizzante e sali minerali.

4. **Acqua di Irrigazione di Scarsa Qualità**

L'uso di acqua del rubinetto, che contiene sali minerali e cloro, può contribuire all'accumulo di nutrienti nel substrato. Anche l'uso di acqua non purificata può portare a un accumulo di sostanze indesiderate.

Prevenzione dell'Eccesso di Nutrienti

1. **Fertilizzazione con Moderazione**

Seguire sempre le indicazioni del produttore per la diluizione e la frequenza di applicazione del fertilizzante. Iniziare con soluzioni molto diluite e aumentare gradualmente solo se le piante mostrano segni di necessità. Ad esempio, un fertilizzante specifico per piante carnivore dovrebbe essere usato con una concentrazione non superiore a 1/4 rispetto a quella consigliata.

2. **Controllo Regolare del Substrato**

Monitorare regolarmente il substrato per evitare accumuli di sali e alghe. Utilizzare substrati ben drenanti e modificare il mix di terreno se si nota che l'acqua non viene assorbita correttamente.

3. **Uso di Acqua Distillata**

Utilizzare acqua distillata o piovana per evitare l'introduzione di sali minerali e contaminanti. Questo aiuta a mantenere il substrato libero da accumuli di nutrienti indesiderati.

4. **Rimozione di Eccedenze**

Se si sospetta un eccesso di nutrienti, eseguire un'accurata irrigazione con abbondante acqua distillata per diluire e rimuovere i sali in eccesso dal substrato. Questa pratica, conosciuta come "lavaggio del substrato", può aiutare a ridurre la concentrazione di nutrienti accumulati.

Correzione di Problemi di Nutrizione

1. **Rimozione di Parti Danneggiate**

Rimuovere le foglie e le trappole danneggiate per ridurre lo stress della pianta e migliorare la sua capacità di assorbire nutrienti. Per esempio, nelle Dionaea muscipula, tagliare le trappole bruciate aiuta a prevenire l'ulteriore deterioramento e favorisce la crescita di nuove trappole.

2. **Modifica del Substrato**
Se l'eccesso di nutrienti è significativo, potrebbe essere necessario sostituire completamente il substrato. Usare una miscela fresca e ben bilanciata per piante carnivore e assicurarsi che il nuovo substrato sia ben drenante.

3. **Consultazione con Esperti**
In caso di problemi persistenti, consultare esperti o risorse specifiche per ottenere consigli mirati. Forum online e gruppi di appassionati di piante carnivore possono offrire preziosi suggerimenti e soluzioni per casi complessi.

In conclusione, l'eccesso di nutrienti può compromettere la salute delle piante carnivore se non viene gestito adeguatamente. Riconoscere i segni di eccesso, comprendere le cause e adottare strategie preventive e correttive sono essenziali per mantenere le piante in salute e promuovere una crescita ottimale.

6. Metodi di Applicazione dei Fertilizzanti: Liquidità, Granuli e Altro

L'applicazione dei fertilizzanti è una pratica cruciale per garantire una crescita sana delle piante carnivore. Tuttavia, la scelta del metodo di applicazione può influenzare significativamente l'efficacia e la sicurezza della fertilizzazione. Esistono vari metodi, ognuno con i propri vantaggi e svantaggi, che possono essere adattati alle esigenze specifiche delle piante carnivore. In questo paragrafo, esploreremo i principali metodi di applicazione dei fertilizzanti: liquidi, granuli e altri metodi meno comuni. Analizzeremo le tecniche di applicazione, i momenti migliori per utilizzarli e le considerazioni pratiche per ottenere i migliori risultati.

1. Fertilizzanti Liquidi

I fertilizzanti liquidi sono una delle opzioni più popolari e versatili per la nutrizione delle piante carnivore. Sono particolarmente adatti per piante coltivate in contenitori o terrari dove il controllo dei nutrienti è cruciale.

1. Vantaggi

- **Assorbimento Rapido:** I fertilizzanti liquidi vengono assorbiti rapidamente dalle radici delle piante, garantendo un'immediata disponibilità di nutrienti. Questo è particolarmente utile per piante carnivore che hanno una risposta veloce alle variazioni nel loro ambiente di crescita.

- **Facilità di Dosaggio:** La diluizione dei fertilizzanti liquidi consente un dosaggio preciso e controllabile. È possibile preparare soluzioni con concentrazioni variabili, a seconda delle esigenze specifiche della pianta.

2. Applicazione

- **Preparazione della Soluzione:** Seguire attentamente le istruzioni del produttore per diluire il fertilizzante. Generalmente, si consiglia di utilizzare una concentrazione molto bassa, iniziando con 1/4 della dose raccomandata e aumentando gradualmente se necessario.

- **Metodo di Applicazione:** Applicare il fertilizzante liquido direttamente sul substrato o spruzzarlo leggermente sulla superficie del terreno. Assicurarsi di non applicare troppo fertilizzante, poiché l'accumulo di nutrienti può causare danni. Per le piante carnivore in terrario, evitare di spruzzare direttamente sulle foglie per prevenire la formazione di macchie o bruciature.

3. **Frequenza**

- **Intervalli di Applicazione:** Per la maggior parte delle piante carnivore, applicare fertilizzante liquido ogni 4-6 settimane durante il periodo di crescita attiva. Ridurre la frequenza durante il periodo di dormienza o quando le piante mostrano segni di eccesso di nutrienti.

2. Fertilizzanti Granulari

I fertilizzanti granulari sono solidi e vengono applicati direttamente al substrato. Sebbene meno comuni per le piante carnivore rispetto ai fertilizzanti liquidi, possono essere utili in alcuni casi.

1. **Vantaggi**

- **Lenta Rilascio:** I fertilizzanti granulari rilasciano i nutrienti lentamente nel tempo, riducendo il rischio di eccesso e fornendo una nutrizione prolungata. Questo è particolarmente utile per piante carnivore che non richiedono una fertilizzazione frequente.

- **Facilità di Applicazione:** Una volta applicati, i fertilizzanti granulari richiedono meno attenzione rispetto ai fertilizzanti liquidi, poiché i nutrienti sono rilasciati gradualmente.

2. **Applicazione**

- **Dosaggio e Distribuzione:** Applicare i granuli uniformemente sulla superficie del substrato. La quantità di fertilizzante deve essere calcolata in base alle dimensioni del vaso e alle esigenze specifiche della pianta. Per piante carnivore, utilizzare una quantità molto ridotta rispetto a quella consigliata per le piante ornamentali, poiché l'eccesso può causare danni.

- **Incorporazione nel Substrato:** Per una distribuzione uniforme, è utile mescolare i granuli con il substrato superficiale, assicurandosi che i granuli non rimangano in superficie per evitare la bruciatura delle radici.

3. **Frequenza**

- **Intervalli di Applicazione:** Applicare fertilizzante granulare ogni 2-3 mesi durante la stagione di crescita. Assicurarsi di monitorare la risposta delle piante e regolare la frequenza in base alle necessità.

3. Fertilizzanti a Lenta Cessione

I fertilizzanti a lenta cessione sono progettati per rilasciare nutrienti nel substrato gradualmente per un lungo periodo. Questi fertilizzanti sono ideali per piante che richiedono una nutrizione costante ma non intensiva.

1. Vantaggi

- **Rilascio Prolungato:** Forniscono una nutrizione costante senza la necessità di applicazioni frequenti, riducendo il rischio di sovradosaggio e facilitando la gestione della fertilizzazione.

- **Semplicità:** Una sola applicazione può durare per mesi, semplificando la cura delle piante.

2. Applicazione

- **Incorporazione nel Substrato:** Distribuire i granuli o le pastiglie nel substrato e mescolarli leggermente per garantire un rilascio uniforme. Seguire le istruzioni del produttore per la quantità appropriata.

- **Monitoraggio:** Anche se l'applicazione è meno frequente, è importante monitorare la crescita delle piante e il loro stato di salute per assicurarsi che ricevano la giusta quantità di nutrienti.

3. **Frequenza**

- **Intervalli di Applicazione:** Applicare fertilizzanti a lenta cessione una volta ogni 6-12 mesi, a seconda delle esigenze della pianta e delle raccomandazioni del produttore.

4. Fertilizzanti Fogliari

I fertilizzanti fogliari sono applicati direttamente sulle foglie della pianta e vengono assorbiti attraverso la superficie fogliare. Questo metodo è meno comune per le piante carnivore, ma può essere utile in situazioni specifiche.

1. **Vantaggi**

- **Assorbimento Rapido:** I nutrienti vengono assorbiti rapidamente attraverso le foglie, offrendo un sollievo immediato se le radici hanno difficoltà ad assorbire i nutrienti.

- **Indirizzamento Mirato:** Permette di applicare nutrienti specifici che possono essere rapidamente assorbiti dalle foglie, utile per correggere carenze di nutrienti.

2. **Applicazione**

- **Preparazione della Soluzione:** Diluite il fertilizzante secondo le indicazioni, solitamente molto più diluito rispetto ai fertilizzanti liquidi per il substrato. Usare uno spray fine per evitare accumuli.

- **Metodo di Applicazione:** Spruzzare uniformemente sulla superficie delle foglie, evitando di saturare il fogliame e creando gocciolamenti. Applicare preferibilmente nelle ore del mattino per evitare evaporazione e bruciature.

3. **Frequenza**

- **Intervalli di Applicazione:** Applicare fertilizzante fogliare ogni 4-6 settimane come supplemento alla fertilizzazione del substrato, se necessario.

Considerazioni Generali

1. **Monitoraggio e Regolazione**

   Indipendentemente dal metodo di applicazione scelto, è essenziale monitorare le risposte delle piante e adattare la frequenza e la quantità di fertilizzante in base alla crescita e alla salute delle piante. Utilizzare test di pH e misurazioni regolari del substrato per evitare accumuli di nutrienti e garantire un ambiente di crescita equilibrato.

2. **Evitare Eccessi**

   Gli eccessi di qualsiasi tipo di fertilizzante possono danneggiare le piante carnivore. È cruciale seguire le raccomandazioni specifiche per le varietà di piante che si stanno coltivando e correggere prontamente qualsiasi segnale di stress o danno.

In sintesi, la scelta del metodo di applicazione dei fertilizzanti dipende dalle esigenze specifiche delle piante carnivore e dalle condizioni ambientali. Con un'attenta pianificazione e monitoraggio, è possibile fornire una nutrizione adeguata che favorisca una crescita sana e vigorosa delle piante.

7. Nutrizione per Diverse Tipologie di Piante Carnivore: Differenze e Esigenze

Le piante carnivore, con la loro affascinante varietà di forme e strategie di cattura, hanno esigenze nutrizionali specifiche che variano notevolmente tra le diverse specie. La comprensione di queste differenze è fondamentale per fornire una nutrizione adeguata e ottimizzare la salute e la crescita delle piante. Questo paragrafo esplorerà le esigenze nutrizionali di varie tipologie di piante carnivore, suddividendole in categorie principali: **trappole a scatto e a copertura, trappole a ventosa, trappole a ventosa e a laccio, e trappole adesive**. Analizzeremo le specifiche nutrizionali di ciascun gruppo e le pratiche migliori per soddisfare le loro esigenze.

1. Trappole a Scatto e a Copertura

Le piante carnivore con trappole a scatto e a copertura, come le Dionaea muscipula (Venus flytrap) e le Sarracenia (trappole a copertura), hanno esigenze nutrizionali che riflettono la loro particolare modalità di cattura e digestione.

1. Dionaea muscipula (Venus flytrap)

- **Nutrienti Principali:** La Venus flytrap è particolarmente sensibile all'equilibrio nutrizionale. Necessita di una dieta bilanciata di macronutrienti (azoto, fosforo e potassio) e micronutrienti (ferro, manganese, zinco). Un eccesso di azoto può causare un eccessivo sviluppo vegetativo a scapito della formazione di trappole.

- **Nutrizione In Naturale:** In natura, la Venus flytrap ottiene nutrienti attraverso l'intrappolamento e la digestione di insetti. È cruciale replicare questa dieta, specialmente durante la stagione di crescita attiva. Gli insetti preferiti includono mosche, zanzare e piccoli grilli.

- **Fertilizzazione:** Durante la stagione di crescita (primavera e estate), è consigliabile fertilizzare con un fertilizzante bilanciato, diluito a una frazione di forza rispetto a quello per piante ornamentali. Applicare una volta al mese. Evitare fertilizzanti ad alto contenuto di azoto per prevenire eccessivo sviluppo vegetativo.

2. **Sarracenia (Trappole a Copertura)**

- **Nutrienti Principali:** Le Sarracenia, che utilizzano trappole a copertura, hanno un fabbisogno nutrizionale relativamente basso. Richiedono azoto e altri micronutrienti in piccole quantità. In condizioni di coltivazione domestica, è importante evitare l'accumulo eccessivo di nutrienti che può portare a marciscenze e malattie.

- **Nutrizione In Naturale:** In natura, queste piante catturano insetti e piccoli animali attraverso le loro trappole tubolari. È utile integrare la dieta delle piante con piccole quantità di fertilizzante liquido, diluito, per simulare la nutrizione che riceverebbero in natura.

- **Fertilizzazione:** Applicare fertilizzante liquido a bassa concentrazione ogni 6-8 settimane durante la stagione di crescita. Utilizzare un fertilizzante specifico per piante carnivore per garantire un bilanciamento corretto di nutrienti.

2. Trappole a Ventosa

Le piante con trappole a ventosa, come la **Nepenthes** (o pianta brocca), hanno esigenze nutrizionali specifiche che riflettono il loro habitat naturale.

1. **Nepenthes**

- **Nutrienti Principali:** Le Nepenthes richiedono una buona dose di azoto, insieme a piccole quantità di fosforo e potassio. Sono particolarmente sensibili agli eccessi di nutrienti e hanno bisogno di una nutrizione equilibrata per mantenere la salute delle loro trappole.

- **Nutrizione In Naturale:** Queste piante catturano insetti e altri piccoli animali con le loro trappole a forma di brocca. È essenziale fornire un apporto regolare di nutrizione simile a quella che ottengono in natura, attraverso l'aggiunta di insetti o un fertilizzante liquido a bassa concentrazione.

- **Fertilizzazione:** Durante la stagione di crescita, fertilizzare una volta al mese con un fertilizzante liquido molto diluito. Evitare fertilizzanti granulari o ad alto contenuto di azoto, poiché possono danneggiare le radici e le trappole.

3. Trappole a Laccio

Le piante carnivore con trappole a laccio, come **Dionaea muscipula** e alcune specie di **Drosera**, hanno specifiche esigenze nutrizionali dovute al loro metodo di cattura e digestione.

1. **Drosera (Sundew)**

- **Nutrienti Principali:** Le Drosera, che utilizzano trappole adesive, richiedono una dieta ricca di azoto e micronutrienti per sostenere la produzione di glandule appiccicose. Possono anche beneficiare di una quantità moderata di fosforo e potassio.

- **Nutrizione In Naturale:** Queste piante catturano piccoli insetti grazie alle loro foglie appiccicose. Durante la stagione di crescita, è utile somministrare piccoli insetti o una soluzione di fertilizzante liquido a bassa concentrazione.

- **Fertilizzazione:** Applicare fertilizzante liquido diluito ogni 4-6 settimane. Alternare con somministrazione di insetti per un apporto nutrizionale più naturale. Evitare l'uso di fertilizzanti ad alta concentrazione che possono danneggiare le foglie.

4. Trappole Adesive

Le piante con trappole adesive, come le **Drosera** e **Utricularia**, hanno esigenze nutrizionali particolari.

1. Utricularia (Bladderwort)

- **Nutrienti Principali:** Le Utricularia richiedono una buona fornitura di azoto e micronutrienti per sostenere la crescita delle loro trappole acquatiche. Possono beneficiare di un apporto equilibrato di fosforo e potassio.

- **Nutrizione In Naturale:** Queste piante catturano piccoli organismi acquatici, come larve e zooplancton. In coltivazione domestica, è utile utilizzare fertilizzanti liquidi specifici per piante carnivore, diluiti al massimo.

- **Fertilizzazione:** Applicare fertilizzante liquido diluito molto moderatamente ogni 6-8 settimane, evitando accumuli eccessivi che potrebbero alterare la qualità dell'acqua o danneggiare le trappole.

Considerazioni Finali

La nutrizione delle piante carnivore deve essere attentamente gestita per evitare eccessi e carenze che possono compromettere la loro salute. Ogni tipo di pianta ha esigenze specifiche basate sul suo habitat naturale e sul tipo di trappole che utilizza per catturare le prede. Applicando le giuste pratiche di fertilizzazione e monitorando regolarmente la risposta delle piante, è possibile garantire una crescita sana e una produzione ottimale di trappole.

8. Integrazione di Nutrienti Naturali: Uso di Compost e Altri Additivi

Quando si coltivano piante carnivore, la nutrizione è un aspetto cruciale che influisce direttamente sulla loro salute e vitalità. Sebbene le piante carnivore siano adattate a vivere in substrati poveri di nutrienti, l'integrazione di nutrienti naturali può migliorare il loro benessere senza compromettere le loro caratteristiche uniche. Questo paragrafo esplorerà come utilizzare compost e altri additivi naturali per arricchire il substrato delle piante carnivore, offrendo una guida pratica su come farlo in modo sicuro ed efficace.

1. Uso del Compost: Benefici e Limitazioni

Il compost è una risorsa organica eccellente che può arricchire il substrato con nutrienti essenziali e migliorare la struttura del suolo. Tuttavia, l'uso di compost nelle piante carnivore deve essere fatto con cautela per evitare eccessi di nutrienti e mantenere l'ambiente di crescita ottimale.

- **Benefici del Compost:**

    - **Miglioramento della Struttura del Suolo:** Il compost aumenta la capacità di ritenzione idrica e il drenaggio del substrato, creando un ambiente di crescita più stabile per le radici.

    - **Fornitura di Micronutrienti:** Il compost fornisce una gamma di micronutrienti, come ferro, manganese e zinco, che sono essenziali per la crescita sana delle piante.

- **Stimolazione della Microflora del Suolo:** L'uso di compost favorisce lo sviluppo di una microflora benefica nel substrato, che può contribuire alla salute delle piante.

- **Limitazioni e Precauzioni:**

    - **Eccesso di Nutrienti:** Il compost può contenere quantità variabili di nutrienti, inclusi azoto e fosforo, che possono essere troppo elevati per le piante carnivore. Un eccesso di nutrienti può portare a un'eccessiva crescita vegetativa e compromettere la produzione di trappole.

    - **Acidità del Compost:** Alcuni compost possono alterare il pH del substrato. Le piante carnivore, in particolare le specie che richiedono terreni acidi, potrebbero non adattarsi bene a un pH alterato.

Applicazione del Compost: Per utilizzare il compost in modo sicuro, mescolalo con il substrato in piccole quantità. Una miscela comune è 10-20% di compost per il substrato di base. Assicurati di utilizzare compost ben decomposto per ridurre il rischio di patogeni e semini non desiderati. Evita l'uso di compost ricco di fertilizzanti chimici o additivi che potrebbero alterare negativamente il substrato.

2. Altri Additivi Naturali: Fertilizzanti a Base di Alghe e Letame di Vermi

Oltre al compost, ci sono altri additivi naturali che possono essere utilizzati per integrare i nutrienti senza compromettere la salute delle piante carnivore.

- **Fertilizzanti a Base di Alghe:**

  - **Benefici:** I fertilizzanti a base di alghe, come l'estratto di alga marina, sono ricchi di micronutrienti e ormoni vegetali naturali che favoriscono una crescita equilibrata e una maggiore resistenza alle malattie.

  - **Applicazione:** Diluisci l'estratto di alga marina in acqua secondo le indicazioni del produttore e applica alla base delle piante una volta al mese. Questi fertilizzanti migliorano la salute delle piante senza rischiare l'eccesso di nutrienti.

- **Letame di Vermi:**

  - **Benefici:** Il letame di vermi è un fertilizzante organico eccellente, ricco di nutrienti e con una composizione equilibrata che favorisce la crescita sana delle piante. Contiene anche una gamma di enzimi e microrganismi benefici.

  - **Applicazione:** Utilizza il letame di vermi come parte della miscela di substrato o come aggiunta periodica. Mescola una piccola quantità con il substrato esistente o applica come top-dressing. Utilizzare una quantità moderata per evitare un eccesso di nutrienti.

3. Tecniche di Applicazione degli Additivi

L'applicazione corretta degli additivi naturali è fondamentale per garantire che le piante carnivore ricevano i benefici senza rischiare danni. Ecco alcune tecniche pratiche per utilizzare compost e altri additivi naturali:

- **Preparazione del Substrato:** Mescola gli additivi naturali con il substrato prima di piantare. Assicurati di distribuirli uniformemente per evitare accumuli locali di nutrienti.

- **Applicazione a Lungo Termine:** Se utilizzi additivi naturali come il letame di vermi, considera di applicare in modo periodico, monitorando la risposta delle piante e regolando le quantità se necessario.

- **Monitoraggio e Adattamento:** Controlla regolarmente la salute delle piante e il pH del substrato. Se noti sintomi di eccesso di nutrienti o problemi di crescita, regola l'applicazione degli additivi.

Considerazioni Finali

Integrare nutrienti naturali nel substrato delle piante carnivore può migliorare significativamente la loro salute e crescita. Tuttavia, è essenziale farlo con attenzione per evitare eccessi e mantenere l'ambiente di crescita ideale. Utilizzando compost ben decomposto e additivi naturali come fertilizzanti a base di alghe e letame di vermi, puoi offrire una nutrizione equilibrata e naturale che supporta il benessere delle piante carnivore senza compromettere le loro caratteristiche uniche.

9. Fertilizzazione durante il Ciclo di Crescita: Adattare le Strategie

La fertilizzazione delle piante carnivore deve essere attentamente gestita in base al ciclo di crescita della pianta, che include le fasi di germinazione, crescita vegetativa, fioritura e riposo. Ogni fase ha esigenze nutrizionali specifiche, e adattare le strategie di fertilizzazione a queste esigenze è cruciale per mantenere le piante in salute e per ottimizzare la loro crescita e produzione di trappole. In questo paragrafo, esploreremo come adattare le tecniche di fertilizzazione per rispondere alle esigenze nutrizionali delle piante carnivore durante le diverse fasi del loro ciclo di crescita.

1. Fase di Germinazione e Sviluppo Iniziale

Durante la fase di germinazione e sviluppo iniziale, le piante carnivore sono particolarmente vulnerabili e hanno bisogno di un ambiente nutritivo delicato per stabilirsi e iniziare a svilupparsi. La fertilizzazione in questa fase deve essere molto moderata per evitare l'eccesso di nutrienti che può danneggiare i giovani germogli.

- **Nutrienti Necessari:**
  - **Micronutrienti:** I giovani germogli traggono beneficio da una piccola quantità di micronutrienti, come ferro e manganese, che aiutano a formare radici forti e a promuovere una crescita sana.

- **Fertilizzanti Adatti:** Usa fertilizzanti a bassa concentrazione o soluzioni molto diluite. Fertilizzanti liquidi per piante carnivore o estratti di alghe sono ideali in questa fase. Evita fertilizzanti granulari o ad alto contenuto di nutrienti che potrebbero bruciare i delicati tessuti delle piante.

- **Applicazione:**

  - **Frequenza:** Applica fertilizzante una volta al mese, diluendo le dosi fino a ottenere una concentrazione di nutrienti di circa il 10% rispetto a quella raccomandata per le piante mature.

  - **Metodo:** Applicalo direttamente al substrato in piccole quantità o in modo sporadico per garantire una distribuzione uniforme senza sovraccaricare la giovane pianta.

2. Fase di Crescita Vegetativa

Durante la fase di crescita vegetativa, le piante carnivore sviluppano il loro apparato radicale e le foglie, e la loro richiesta di nutrienti aumenta. Questa fase è cruciale per stabilire una base forte e sana per la futura fioritura e produzione di trappole.

- **Nutrienti Necessari:**

    - **Macro e Micronutrienti:** La pianta ha bisogno di una gamma completa di macro e micronutrienti. Azoto, fosforo e potassio (NPK) sono essenziali per la crescita vegetativa, mentre micronutrienti come ferro e zinco aiutano nella sintesi delle proteine e nella produzione di energia.

    - **Fertilizzanti Adatti:** Usa fertilizzanti specifici per piante carnivore con una formulazione bilanciata, come un rapporto di NPK 1:1:1. I fertilizzanti liquidi o a lento rilascio sono utili per garantire un apporto regolare e controllato.

- **Applicazione:**

    - **Frequenza:** Aumenta la frequenza a una volta ogni due settimane. Le piante carnivore in crescita attiva beneficiano di una nutrizione regolare ma non eccessiva.

- **Metodo:** Applicare i fertilizzanti direttamente al substrato seguendo le indicazioni del produttore. Assicurati di monitorare la risposta della pianta e di regolare la concentrazione se noti segni di stress.

3. Fase di Fioritura e Produzione di Trappole

Quando le piante carnivore entrano nella fase di fioritura e produzione di trappole, le loro esigenze nutrizionali possono variare. Le piante possono richiedere più energia per sostenere la produzione di fiori o trappole e per mantenere la loro crescita generale.

- **Nutrienti Necessari:**

  - **Fosforo e Potassio:** Questi nutrienti sono particolarmente importanti durante la fioritura e la produzione di trappole. Il fosforo favorisce la fioritura e la formazione di trappole, mentre il potassio supporta la salute generale e la resistenza alle malattie.

  - **Fertilizzanti Adatti:** Utilizza fertilizzanti con un rapporto di NPK più alto in potassio e fosforo, come 1:2:2 o 2:3:2. Gli estratti di alghe e i fertilizzanti specifici per fioritura possono essere benefici.

- **Applicazione:**

  - **Frequenza:** Applica fertilizzante una volta ogni due settimane. Durante questo periodo, le piante hanno un fabbisogno energetico maggiore per sostenere la crescita intensa.

  - **Metodo:** Applicare fertilizzanti liquidi diluiti o a lento rilascio, assicurandoti di non sovraccaricare il substrato. Monitorare attentamente la risposta delle piante per evitare l'eccesso di nutrienti.

4. Fase di Riposo e Dormienza

Durante la fase di riposo o dormienza, molte piante carnivore riducono significativamente il loro metabolismo e le loro esigenze nutrizionali. È importante ridurre l'apporto di fertilizzanti per adattarsi a questo periodo di minor attività.

- **Nutrienti Necessari:**

  - **Minimo Apporto:** Durante la dormienza, le piante necessitano solo di un apporto minimo di nutrienti. Non è generalmente necessario fertilizzare, ma una leggera applicazione di micronutrienti può essere utile.

  - **Fertilizzanti Adatti:** Utilizza una soluzione molto diluita di fertilizzante a bassa concentrazione se necessario. Il fertilizzante dovrebbe contenere principalmente micronutrienti, con un basso contenuto di macro-nutrienti.

- **Applicazione:**

  - **Frequenza:** Riduci o interrompi completamente l'applicazione di fertilizzanti durante la dormienza. Se decidi di fertilizzare, fallo una volta al mese con una soluzione molto diluita.

  - **Metodo:** Applicare direttamente al substrato o come top-dressing, assicurandoti di non aumentare il contenuto di nutrienti nel substrato già ridotto durante la dormienza.

Considerazioni Finali

Adattare la fertilizzazione alle diverse fasi del ciclo di crescita delle piante carnivore è essenziale per mantenere una crescita sana e ottimizzare la loro produzione di trappole e fiori. Monitorare le risposte delle piante e regolare le strategie di fertilizzazione in base alle loro esigenze specifiche garantisce un apporto equilibrato di nutrienti e previene problemi legati all'eccesso o alla carenza di nutrienti. Con una gestione attenta e ben pianificata, le tue piante carnivore possono prosperare e mostrare tutto il loro potenziale durante ogni fase del loro ciclo di crescita.

10. Problemi Comuni nella Nutrizione delle Piante Carnivore e Come Risolverli

La gestione della nutrizione delle piante carnivore può essere una sfida, poiché queste piante hanno esigenze specifiche e sensibili che variano a seconda delle specie e delle fasi di crescita. Problemi comuni legati alla nutrizione possono includere carenze o eccessi di nutrienti, e la comprensione e la risoluzione di questi problemi è cruciale per mantenere le piante in buona salute. In questo paragrafo, esamineremo i problemi nutrizionali più frequenti nelle piante carnivore e le soluzioni pratiche per affrontarli.

1. Carenze di Nutrienti

Le carenze di nutrienti possono manifestarsi in vari modi, e identificare il tipo specifico di carenza è essenziale per correggere il problema. Ecco le carenze più comuni e le loro soluzioni:

- **Carenza di Azoto:**

    - **Sintomi:** Le foglie possono diventare gialle e il loro sviluppo può rallentare. La crescita può apparire stentata e le trappole possono essere meno vigorose.

    - **Soluzione:** Aumenta l'uso di fertilizzanti con un contenuto bilanciato di azoto. Utilizzare fertilizzanti liquidi diluiti o soluzioni a basso dosaggio per evitare l'eccesso.

- **Carenza di Fosforo:**

  - **Sintomi:** Foglie con tonalità verde scuro o bluastro e crescita lenta. Le piante potrebbero avere difficoltà a produrre nuove trappole e fiori.

  - **Soluzione:** Usa fertilizzanti con un rapporto di fosforo più alto, come 1:2:2. Applicare soluzioni liquide o fertilizzanti a lento rilascio specifici per la fase di fioritura e produzione di trappole.

- **Carenza di Potassio:**

  - **Sintomi:** Margini delle foglie che diventano marroni o necrotici e una crescita debole. Le piante possono mostrare una maggiore suscettibilità a malattie.

  - **Soluzione:** Opta per fertilizzanti che contengono una quantità equilibrata di potassio, come quelli con un rapporto di NPK 2:1:2. Applicare con moderazione per evitare il sovraccarico di nutrienti.

- **Carenza di Micronutrienti:**

  - **Sintomi:** Problemi come clorosi (ingiallimento) delle foglie, deformità, e crescita stentata. Carenze di ferro, zinco e manganese sono comuni.

- **Soluzione:** Usa fertilizzanti specifici per micronutrienti o integratori di oligoelementi. I fertilizzanti liquidi contenenti ferro chelato o soluzioni multi-micronutrienti possono essere particolarmente efficaci.

2. Eccesso di Nutrienti

Un eccesso di nutrienti può essere dannoso quanto una carenza. Identificare e correggere l'eccesso di nutrienti è cruciale per evitare danni alle piante.

- **Eccesso di Azoto:**

    - **Sintomi:** Crescita eccessiva di foglie verdi e tenere, mentre le trappole possono essere ridotte o deformate. Le piante possono mostrare segni di bruciature dalle radici.

    - **Soluzione:** Riduci l'uso di fertilizzanti azotati e aumenta la frequenza di risciacquo del substrato per eliminare il surplus di nutrienti. Assicurati che il substrato abbia un buon drenaggio per evitare l'accumulo.

- **Eccesso di Fosforo:**

    - **Sintomi:** Crescita stentata e potenziale accumulo di sali minerali nel substrato, che può portare a un ridotto assorbimento di altri nutrienti.

- **Soluzione:** Diluisci o sospendi temporaneamente l'uso di fertilizzanti ad alto contenuto di fosforo. Controlla regolarmente il substrato e utilizza un fertilizzante bilanciato per prevenire l'accumulo eccessivo.

- **Eccesso di Potassio:**

    - **Sintomi:** Secchezza dei margini delle foglie e compromissione del sistema radicale. Le piante possono diventare più suscettibili a stress ambientali e malattie.

    - **Soluzione:** Riduci l'uso di fertilizzanti ricchi di potassio e assicurati di fornire un buon drenaggio e risciacquo del substrato. Utilizza fertilizzanti con un equilibrio migliore di macro e micronutrienti.

- **Accumulo di Salinità:**

    - **Sintomi:** Alti livelli di sali nel substrato possono causare clorosi e secchezza delle foglie. Questo è spesso il risultato di un eccesso di fertilizzazione.

    - **Soluzione:** Eseguire un risciacquo profondo del substrato con acqua distillata per diluire i sali accumulati. Riduci la concentrazione dei fertilizzanti e applica con moderazione.

3. Problemi Legati alla Fertilizzazione Inadeguata

Alcuni problemi possono derivare da una fertilizzazione inadeguata, inclusa una somministrazione irregolare o l'uso di fertilizzanti non adatti.

- **Fertilizzazione Irregolare:**

    - **Sintomi:** Crescita non uniforme, con alcune parti della pianta che appaiono più forti di altre.

    - **Soluzione:** Segui un programma di fertilizzazione regolare e coerente, rispettando le dosi consigliate. Utilizza un calendario di applicazione per monitorare e mantenere la coerenza.

- **Uso di Fertilizzanti Non Specifici:**

    - **Sintomi:** Problemi generali di salute della pianta e scarsa produzione di trappole o fiori.

    - **Soluzione:** Scegli fertilizzanti progettati specificamente per piante carnivore o che soddisfano le loro esigenze nutrizionali. Evita fertilizzanti universali che potrebbero non essere adatti.

4. Controllo del pH del Substrato

Il pH del substrato può influenzare significativamente l'assorbimento dei nutrienti. Un pH non corretto può portare a carenze o eccessi di nutrienti.

- **pH Non Corretti:**

  - **Sintomi:** Disturbi nella crescita e nell'aspetto delle foglie, con sintomi che possono variare da clorosi a necrosi.

  - **Soluzione:** Testa regolarmente il pH del substrato e regola utilizzando modificatori di pH per mantenere un range ottimale per piante carnivore, che generalmente varia tra 4,5 e 5,5.

Conclusione

Affrontare i problemi nutrizionali delle piante carnivore richiede un'osservazione attenta e una risposta tempestiva. La corretta identificazione dei sintomi, l'adozione di pratiche di fertilizzazione adeguate e la regolazione del pH del substrato sono tutte componenti essenziali per garantire una crescita sana e una produzione ottimale. Utilizzando le strategie e le soluzioni descritte in questo paragrafo, i coltivatori possono gestire efficacemente i problemi nutrizionali e mantenere le loro piante carnivore in condizioni ottimali.

VIII. Propagazione e Riproduzione

1. Tecniche di Propagazione per Piante Carnivore: Metodi e Vantaggi

La propagazione delle piante carnivore è un aspetto fondamentale per espandere la propria collezione, riprodurre piante rare e garantire la salute a lungo termine delle specie. Questo processo può essere realizzato tramite diversi metodi, ognuno con i propri vantaggi e considerazioni. Questo paragrafo esplorerà le principali tecniche di propagazione per le piante carnivore, offrendo una guida dettagliata su come implementarle efficacemente.

Propagazione per Divisione dei Ciuffi

La divisione dei ciuffi è uno dei metodi più semplici e diretti per propagare piante carnivore come le SARRACENIA e le NEPENTHES. Questo metodo è particolarmente utile per le piante che formano naturalmente dei ciuffi o colonie. Per iniziare, è essenziale che la pianta madre sia sana e ben radicata. Durante la primavera o l'inizio dell'estate, quando la pianta è in fase di crescita attiva, è il momento migliore per procedere.

1. **Estrazione della Pianta Madre:** Rimuovi delicatamente la pianta madre dal vaso. Se necessario, scossa leggermente il terriccio per esporre le radici.

2. **Separazione dei Ciuffi:** Identifica i gruppi di radici e steli che possono essere separati senza danneggiare la pianta madre o i nuovi ciuffi. Utilizza un coltello affilato e sterilizzato per dividere i ciuffi, assicurandoti che ogni sezione abbia un adeguato sistema radicale.

3. **Trapianto:** Riposiziona la pianta madre nel suo vaso originale con nuovo substrato, e pianta i ciuffi separati in nuovi contenitori. Utilizza terriccio specifico per piante carnivore per garantire le condizioni ottimali di crescita.

Propagazione per Talea

La propagazione per talea è un metodo efficace per piante carnivore come le DROSERA e le VFT (VENUS FLYTRAP). Questo processo implica l'uso di porzioni di foglia o stelo per generare nuove piante. Le talee sono spesso prelevate durante la stagione di crescita attiva.

1. **Preparazione delle Talee:** Seleziona foglie giovani e sane. Per le DROSERA, una semplice foglia può essere tagliata, mentre per le VFT, un segmento di stelo con un paio di foglie potrebbe essere più appropriato. Assicurati che gli strumenti siano ben sterilizzati per evitare infezioni.

2. **Radicazione:** Le talee devono essere posizionate in un substrato umido e ben drenato. Per le DROSERA, il muschio di sphagnum è spesso preferito, mentre per le VFT, una miscela di torba e sabbia può essere utilizzata. Copri il contenitore con un coperchio trasparente o una busta di plastica per mantenere l'umidità elevata, e posiziona il contenitore in un luogo luminoso ma non esposto alla luce solare diretta.

3. **Gestione e Trapianto:** Dopo qualche settimana, quando le talee iniziano a sviluppare radici, è possibile rimuovere il coperchio e trattare le nuove piantine come piante adulte. Quando raggiungono una dimensione adeguata, possono essere trapiantate in vasi separati.

Propagazione per Semina

La semina è un metodo che permette di coltivare piante carnivore da zero. Questo processo è ideale per specie come le SARRACENIA e le NEPENTHES, che producono semi abbondanti e possono essere coltivate da seme.

1. **Preparazione dei Semi:** I semi devono essere puliti e preparati. Alcune specie richiedono una stratificazione a freddo per simulare le condizioni invernali, mentre altre possono essere seminate direttamente.

2. **Semina:** Utilizza un substrato leggero e ben drenante, come una miscela di torba e sabbia o muschio di sphagnum. Distribuisci i semi uniformemente sulla superficie del substrato senza interrarli profondamente.

3. **Cura delle Piantine:** Mantieni il substrato umido e fornisci una fonte di luce indiretta. Utilizza un coperchio trasparente per mantenere l'umidità. Le piantine possono richiedere diversi mesi per germogliare e crescere.

Vantaggi delle Diverse Tecniche

- **Divisione dei Ciuffi:** Questo metodo offre risultati rapidi e garantisce piante geneticamente identiche alla pianta madre. È ideale per le specie che formano ciuffi o colonie.

- **Talea:** Le talee sono un'opzione versatile e adatta a molte specie di piante carnivore. Permettono la clonazione di piante particolarmente pregiati o rare.

- **Semina:** La semina consente la riproduzione di piante da semi e la creazione di nuove piante con una geneticità varia, importante per l'espansione della collezione.

In sintesi, ogni metodo di propagazione ha i suoi punti di forza e requisiti specifici. La scelta della tecnica giusta dipenderà dalla specie di pianta carnivora, dalle condizioni ambientali e dalle preferenze del coltivatore. Con una comprensione approfondita e un'applicazione accurata delle tecniche, è possibile ottenere risultati soddisfacenti e mantenere una collezione sana e diversificata.

2. Divisione dei Ciuffi: Come Separare e Trapiantare le Piante Carnivore

La divisione dei ciuffi è una tecnica di propagazione fondamentale per molte piante carnivore, specialmente quelle che tendono a formare gruppi o colonie di crescita densa. Questo metodo non solo aiuta a moltiplicare le piante, ma è anche un'ottima opportunità per ringiovanire piante mature e stimolare una nuova crescita. Le specie che si prestano bene a questa tecnica includono SARRACENIA, NEPENTHES, DROSERA, e PINGUICULA. Di seguito, viene fornita una guida dettagliata su come eseguire la divisione dei ciuffi in modo efficace.

Preparazione

1. **Scelta del Momento Giusto:** La divisione dei ciuffi è più efficace durante la stagione di crescita attiva, che varia a seconda della specie. Generalmente, la primavera e l'inizio dell'estate sono i periodi ideali. Evita di eseguire la divisione durante l'inverno o i periodi di dormienza della pianta.

2. **Strumenti Necessari:** Assicurati di avere a disposizione strumenti puliti e sterilizzati per evitare infezioni. Gli strumenti comuni includono un coltello affilato, delle pinzette, e, se necessario, dei guanti da giardinaggio. Utilizzare utensili puliti è cruciale per prevenire la contaminazione e mantenere la salute delle piante.

3. **Preparazione del Substrato:** Prepara nuovi vasi o contenitori con un substrato appropriato. Per la maggior parte delle piante carnivore, una miscela di torba e sabbia o muschio di sphagnum è ideale. Assicurati che il substrato sia ben drenante per prevenire il ristagno d'acqua.

Separazione dei Ciuffi

1. **Rimozione della Pianta Madre:** Estrai con attenzione la pianta madre dal vaso. Se la pianta è particolarmente grande, potrebbe essere utile usare un paio di guanti per avere una presa migliore. Se la pianta è bloccata, puoi usare un coltello per separare delicatamente il substrato dalle radici.

2. **Esame delle Radici:** Una volta estratta, esamina le radici della pianta madre. Identifica i ciuffi che possono essere separati senza danneggiare eccessivamente la pianta madre. È importante che ogni ciuffo abbia un sistema radicale sufficiente per sostenere la nuova pianta.

3. **Separazione dei Ciuffi:** Utilizza un coltello affilato e sterilizzato per tagliare tra i ciuffi. Assicurati che ogni sezione abbia almeno una parte delle radici principali e alcuni steli o foglie. Evita di forzare la separazione, poiché ciò potrebbe danneggiare le radici e compromettere la salute delle piante.

Trapianto

1. **Preparazione dei Nuovi Contenitori:** Riempi i nuovi vasi con il substrato preparato, lasciando spazio sufficiente per le radici dei nuovi ciuffi. Assicurati che il substrato sia umido ma non inzuppato. Se il substrato è troppo secco, le radici potrebbero non adattarsi bene al nuovo ambiente.

2. **Posizionamento dei Ciuffi:** Pianta i ciuffi separati nei nuovi contenitori, assicurandoti che le radici siano distribuite uniformemente e non piegate. Riempie il vaso con il substrato, premendo delicatamente attorno alle radici per eliminare sacche d'aria, ma senza compattare troppo il substrato.

3. **Cura Post-Trapianto:** Dopo il trapianto, innaffia bene le nuove piantine e posiziona i vasi in un luogo luminoso ma privo di luce solare diretta, che potrebbe causare stress alle nuove piante. Mantieni il substrato umido e monitora le piante per segni di stress o malattia. Evita di fertilizzare subito dopo il trapianto; attendi qualche settimana per consentire alle radici di stabilirsi.

Vantaggi della Divisione dei Ciuffi

1. **Miglioramento della Salute della Pianta:** La divisione dei ciuffi aiuta a ringiovanire le piante mature, prevenendo l'affollamento delle radici e migliorando la salute generale della pianta.

2. **Espansione della Collezione:** Questo metodo permette di ottenere nuove piante a partire da esemplari esistenti, ampliando così la tua collezione senza dover acquistare nuovi esemplari.

3. **Ripristino della Crescita:** Stimola una nuova crescita e fioritura, particolarmente utile per le piante che hanno rallentato la loro attività a causa dell'affollamento.

In conclusione, la divisione dei ciuffi è una tecnica essenziale per i coltivatori di piante carnivore che desiderano espandere e mantenere in salute la loro collezione. Seguendo questi passaggi con attenzione e precisione, è possibile ottenere risultati ottimali e favorire la crescita vigorosa delle piante.

3. Riproduzione per Talea: Passaggi e Considerazioni per il Successo

La riproduzione per talea è una tecnica efficace per la propagazione di molte piante carnivore, consentendo ai coltivatori di ottenere nuove piante a partire da parti di esemplari esistenti. Questo metodo è particolarmente utile per specie come le NEPENTHES, le DROSERA, e le PINGUICULA, che spesso formano nuove piantine o ramificazioni dalle loro strutture principali. Di seguito sono delineati i passaggi dettagliati e le considerazioni necessarie per garantire un successo ottimale nella propagazione per talea delle piante carnivore.

Preparazione e Scelta delle Talee

1. **Selezione della Pianta Madre:**
    - Scegli una pianta madre sana e vigorosa. La pianta madre dovrebbe essere priva di malattie o parassiti, in modo da garantire che le talee siano di alta qualità. Preferibilmente, seleziona una pianta che abbia una crescita robusta e una buona struttura, in modo che le talee abbiano il massimo potenziale di successo.

2. **Tempistica della Raccolta delle Talee:**
    - La riproduzione per talea è più efficace durante la stagione di crescita attiva, che varia a seconda della specie. Per molte piante carnivore, la primavera e l'estate sono i periodi migliori. Le talee prelevate in questi periodi hanno maggiori probabilità di radicare e svilupparsi con successo.

3. **Taglio delle Talee:**
   - Utilizza un coltello affilato e sterilizzato o delle forbici da potatura per prelevare le talee. Fai un taglio netto e preciso, cercando di ottenere una porzione sana di stelo o foglia, preferibilmente con almeno 3-5 cm di lunghezza. Assicurati di tagliare appena sotto un nodo o una giuntura, se possibile, poiché questo favorisce la formazione delle radici.

Preparazione delle Talee

1. **Rimozione delle Parti Superflue:**
   - Rimuovi le foglie inferiori o danneggiate dalle talee, lasciando solo alcune foglie superiori o i germogli. Questo riduce la traspirazione e concentra l'energia della pianta nella produzione di radici. Per le specie come le NEPENTHES, rimuovi le foglie più vecchie e lascia solo quelle giovani e sane.

2. **Trattamento con Ormoni Radicanti:**
   - Per migliorare la probabilità di radicazione, applica un ormone radicante in polvere o liquido sulla base delle talee. Gli ormoni radicanti stimolano la formazione di radici e possono aumentare significativamente il tasso di successo. Segui le istruzioni del prodotto per la corretta applicazione.

3. **Preparazione del Substrato:**
    - Utilizza un substrato ben drenante e leggero, come una miscela di torba e perlite o muschio di sphagnum. Il substrato dovrebbe essere umido ma non inzuppato. Una miscela di torba e sabbia può essere adatta per alcune specie, mentre altre potrebbero preferire un substrato più acido.

Trapianto e Cura delle Talee

1. **Piantare le Talee:**
    - Inserisci le talee nel substrato preparato, facendo dei piccoli fori con un bastoncino o una matita per posizionarle senza danneggiare le radici appena formate. Le talee dovrebbero essere piantate a una profondità sufficiente a garantire stabilità ma senza interrare troppo il tronco.

2. **Condizioni Ambientali:**
    - Posiziona le talee in un ambiente con alta umidità e temperature moderate. Un mini serre o un contenitore di plastica trasparente può aiutare a mantenere l'umidità alta intorno alle talee. Evita l'esposizione diretta alla luce solare intensa, che può causare stress e disidratazione.

3. **Cura e Manutenzione:**
    - Mantieni il substrato umido, ma non eccessivamente bagnato. Controlla regolarmente le talee per segni di crescita delle radici, che possono richiedere da alcune settimane a diversi mesi, a seconda della specie. Quando le radici sono ben sviluppate, le talee possono essere trapiantate in contenitori più grandi o in giardino.

Vantaggi e Considerazioni

1. **Propagazione Economica:**
   - La riproduzione per talea è un metodo economico per ottenere nuove piante senza dover acquistare nuovi esemplari. Questo è particolarmente utile per le specie rare o costose.

2. **Preservazione delle Varietà:**
   - La propagazione per talea consente di mantenere le caratteristiche genetiche delle piante madri, preservando varietà particolari e cultivar di interesse.

3. **Gestione dei Problemi:**
   - Presta attenzione ai segni di marciume radicale o muffa, che possono essere causati da un'eccessiva umidità o condizioni di crescita inadeguate. Se necessario, rimuovi le talee danneggiate e migliora le condizioni ambientali.

In conclusione, la riproduzione per talea è una tecnica versatile e accessibile per espandere la tua collezione di piante carnivore. Seguendo attentamente i passaggi e le considerazioni descritti, puoi ottenere risultati positivi e creare una coltivazione sana e rigogliosa.

4. Propagazione per Semina: Tecniche e Tempistiche per un'Impostazione Ottimale

La propagazione per semina è un metodo affascinante e spesso gratificante per coltivare piante carnivore, ma richiede precisione e attenzione ai dettagli. Ogni specie di pianta carnivora ha requisiti specifici riguardanti le condizioni di germinazione, e una comprensione approfondita di queste esigenze può fare la differenza tra il successo e il fallimento. Questo paragrafo fornisce una guida completa per ottimizzare la semina delle piante carnivore, dalle tempistiche ideali alle tecniche pratiche.

Preparazione dei Semi

Prima di iniziare, è fondamentale preparare i semi correttamente. La maggior parte dei semi di piante carnivore, come i Drosera e i Sarracenia, necessita di una stratificazione fredda per simulare le condizioni invernali naturali. Questo processo può durare da 4 a 8 settimane e implica la conservazione dei semi in frigorifero all'interno di un contenitore umido, come della torba o della sabbia. Alcuni semi, come quelli della Dionaea muscipula, non richiedono questa fase e possono essere seminati direttamente.

Substrato di Semina

Il substrato ideale per la germinazione dei semi di piante carnivore deve essere ben drenante e privo di nutrienti in eccesso. Una miscela comune comprende muschio di sphagnum e sabbia silicea, che favorisce la ventilazione e previene la formazione di marciume. Per una miscela più specifica, combinare due parti di torba di sfagno con una parte di sabbia fine o perlina. Assicurati che il substrato sia ben umido ma non fradicio prima di seminare i semi.

Tecnica di Semina

Distribuisci i semi uniformemente sulla superficie del substrato. Non è necessario coprire i semi con il substrato, poiché molti semi di piante carnivore necessitano di luce per germinare. Per le specie come la Nepenthes, che richiedono una luce intensa per stimolare la germinazione, posiziona il contenitore in un luogo luminoso o sotto luci fluorescenti. Utilizza uno spruzzatore per mantenere il substrato costantemente umido, evitando però il ristagno d'acqua. Coprire il contenitore con un coperchio trasparente o una pellicola di plastica può aiutare a mantenere l'umidità e la temperatura costante.

Condizioni Ambientali

La temperatura di germinazione varia a seconda della specie. Per la maggior parte delle piante carnivore, la temperatura ideale si aggira intorno ai 20-25°C. Alcune specie, come la Drosera capensis, possono germinare a temperature più basse, mentre altre, come la Dionaea muscipula, preferiscono condizioni più calde. È cruciale monitorare la temperatura e l'umidità costantemente e apportare regolazioni se necessario. Una volta che i semi germinano, rimuovi il coperchio per migliorare la ventilazione e prevenire la formazione di muffe.

Trapianto e Cura Post-Germinazione

Quando le piantine raggiungono una dimensione adeguata e hanno sviluppato almeno due foglie vere, è il momento di trasferirle in vasetti separati. Utilizza il substrato preparato in precedenza e assicurati che le piantine siano posizionate a livello del terreno. Continua a mantenere condizioni di alta umidità e luce sufficiente per favorire una crescita sana.

Attraverso l'adozione di queste tecniche e il monitoraggio attento delle condizioni ambientali, puoi ottenere una germinazione di successo e sviluppare piante carnivore robuste e vigorose. La pazienza e la precisione sono essenziali in questo processo, ma i risultati possono essere estremamente gratificanti, offrendo la possibilità di osservare e coltivare una varietà di specie affascinanti e uniche.

5. Uso di Clonazione e Micropropagazione: Metodi Avanzati per Piante Carnivore

La clonazione e la micropropagazione rappresentano tecniche avanzate di propagazione che offrono soluzioni efficienti per la riproduzione delle piante carnivore. Questi metodi, sebbene più complessi rispetto alla riproduzione per semina o talea, permettono di ottenere piante geneticamente identiche alla pianta madre, migliorando la qualità e l'uniformità delle coltivazioni. Di seguito, esploreremo in dettaglio queste tecniche, fornendo indicazioni pratiche e consigli per la loro applicazione.

Clonazione: Fondamenti e Procedure

1. Concetti di Base della Clonazione

La clonazione vegetale consiste nella produzione di nuovi individui a partire da una singola pianta madre, utilizzando tessuti vegetali. Questo processo consente di mantenere le caratteristiche genetiche della pianta madre, creando esemplari identici. La clonazione è particolarmente utile per le piante carnivore che presentano varietà pregiate o rare, come alcune specie di NEPENTHES o DROSERA, che possono essere difficili da propagare attraverso metodi tradizionali.

2. Preparazione del Tessuto Vegetale

- **Scelta della Pianta Madre:**
  - Seleziona una pianta madre sana e vigorosa. La qualità del materiale vegetale è cruciale per il successo della clonazione. La pianta madre deve essere priva di malattie e parassiti.

- **Prelievo del Tessuto:**
  - Utilizza strumenti sterilizzati, come coltelli o forbici, per prelevare porzioni di tessuto vegetale dalla pianta madre. Questi tessuti possono includere piccole porzioni di stelo, foglie o germogli apicali. Assicurati di lavorare in un ambiente sterile per evitare contaminazioni.

3. Sterilizzazione e Preparazione del Medium

- **Sterilizzazione del Tessuto:**
  - Immergi il tessuto vegetale in una soluzione disinfettante, come una soluzione di ipoclorito di sodio, per un breve periodo. Questo passaggio è essenziale per eliminare batteri e funghi che potrebbero compromettere la crescita del tessuto in vitro.

- **Preparazione del Medium di Coltura:**
  - Utilizza un medium di coltura appositamente formulato, come il mezzo di Murashige e Skoog (MS), arricchito con nutrienti, vitamine e ormoni vegetali. Questo medium supporta la crescita e la moltiplicazione delle cellule vegetali.

4. Coltivazione e Sviluppo

- **Incubazione e Ambiente di Crescita:**
    - Posiziona il tessuto vegetale sterilizzato sul medium di coltura in contenitori di plastica o vetreria sterile. Mantieni un ambiente controllato con temperatura, umidità e luce adeguate. Una camera di crescita o un'incubatrice con luce fluorescente può fornire le condizioni ideali.

- **Monitoraggio e Trasferimento:**
    - Controlla regolarmente la crescita delle piantine in formazione. Quando le piantine raggiungono una dimensione adeguata e sviluppano radici, trasferiscile in vasi contenenti substrato per piante carnivore.

Micropropagazione: Tecniche Avanzate e Applicazioni
1. Fondamenti della Micropropagazione

La micropropagazione è una forma avanzata di clonazione che utilizza tecniche di coltura di tessuti per generare numerosi individui a partire da piccoli frammenti di pianta. Questa tecnica è particolarmente utile per le specie di piante carnivore che hanno difficoltà a produrre semi o che richiedono una riproduzione rapida e su larga scala.

2. Tecniche di Coltura In Vitro

- **Coltura di Callo e Organogenesi:**
  - Inizia con la coltura di callo, un tessuto vegetale indifferenziato che si forma dopo l'inoculazione del tessuto vegetale su un medium di coltura. Questo callo può poi differenziarsi in organi vegetali come radici e foglie attraverso un processo chiamato organogenesi.

- **Induzione della Formazione di Germogli:**
  - Aggiungi ormoni vegetali specifici, come la benziladenina (BA) e l'acido naftalenacetico (NAA), al medium di coltura per stimolare la formazione di germogli. La combinazione e la concentrazione di questi ormoni possono variare a seconda della specie.

3. Trapianto e Acclimatazione

- **Trapianto delle Piantine:**
  - Quando le piantine ottenute tramite micropropagazione hanno sviluppato radici e foglie sufficientemente, è il momento di trapiantarle in contenitori con substrato specifico per piante carnivore. Assicurati di fare il trapianto in condizioni sterili per evitare contaminazioni.

- **Acclimatazione alle Condizioni Ambientali:**
  - Gradualmente, introduci le piantine in un ambiente con condizioni di crescita normali, aumentando lentamente l'esposizione alla luce solare e alla ventilazione. Questo processo aiuta le piante a adattarsi alle condizioni di crescita esterne.

4. Vantaggi della Micropropagazione

- **Riproduzione Rapida e Scalabile:**
  - La micropropagazione consente una produzione rapida di numerosi individui a partire da pochi esemplari iniziali, rendendo questa tecnica ideale per la produzione commerciale di piante carnivore.

- **Preservazione delle Varietà:**
  - Mantiene le caratteristiche genetiche originali delle piante madri, contribuendo alla conservazione di varietà rare e pregiate.

- **Controllo delle Condizioni di Crescita:**
  - Permette un controllo preciso delle condizioni di crescita, riducendo il rischio di malattie e parassiti che possono influenzare la propagazione.

Conclusione

L'uso di clonazione e micropropagazione rappresenta un avanzamento significativo nelle tecniche di propagazione delle piante carnivore, offrendo metodi efficaci per ottenere piante identiche alla madre e ottimizzare la produzione. Sebbene richiedano una certa esperienza e attrezzature specializzate, queste tecniche possono portare a risultati eccezionali e sostenere la coltivazione di piante carnivore rare e preziose.

6. Cura e Gestione delle Piantine: Dalla Germinazione alla Crescita Iniziale

La cura e gestione delle piantine di piante carnivore, dalla germinazione alla crescita iniziale, è un passaggio cruciale che richiede attenzione ai dettagli e una comprensione approfondita delle esigenze specifiche delle giovani piante. Questo processo include il monitoraggio delle condizioni ambientali, l'adeguamento del substrato e la gestione delle risorse nutritive. Ogni fase della crescita delle piantine presenta sfide uniche e opportunità per ottimizzare il loro sviluppo. Di seguito esploreremo in dettaglio come prendersi cura delle piantine di piante carnivore durante queste fasi critiche.

1. Preparazione dell'Ambiente di Crescita

1.1 Controllo della Temperatura e dell'Illuminazione

- **Temperatura:**

    - Durante la germinazione e le prime fasi di crescita, la temperatura ideale per le piantine di piante carnivore varia a seconda della specie. Per molte specie tropicali come NEPENTHES, una temperatura di circa 22-28°C è ottimale. Per le specie temperate, come DROSERA e DIONAEA, una gamma di 15-24°C è spesso più adatta.

    - Utilizza un termometro di precisione per monitorare costantemente la temperatura e considera l'uso di tappetini riscaldanti se necessario.

- **Illuminazione:**

    - Le piantine di piante carnivore, in particolare quelle che provengono da ambienti soleggiati, necessitano di una buona illuminazione. Le lampade fluorescenti o a LED sono ottime per fornire la luce necessaria. Per la maggior parte delle specie, un ciclo di luce di 12-16 ore al giorno è consigliabile.

    - Assicurati che le lampade siano posizionate a una distanza adeguata dalle piantine per evitare scottature e garantire una distribuzione uniforme della luce.

1.2 Umidità e Ventilazione

- **Umidità:**

    - Le piantine di piante carnivore prosperano in ambienti ad alta umidità. Una umidità relativa tra il 50% e il 70% è generalmente ideale. Usa umidificatori o terrari per mantenere l'umidità elevata e previeni la disidratazione.

    - Puoi monitorare l'umidità con un igrometro e, se necessario, regolare le impostazioni dell'umidificatore per mantenere le condizioni ottimali.

- **Ventilazione:**

    - Una ventilazione adeguata è fondamentale per evitare il ristagno dell'aria e la formazione di muffe. Usa ventole per garantire una buona circolazione dell'aria intorno alle piantine. Assicurati che ci sia un equilibrio tra umidità e ventilazione per evitare condizioni di crescita eccessivamente umide o secche.

2. Gestione del Substrato e Trapianto

2.1 Preparazione del Substrato

- **Composizione del Substrato:**

    - Utilizza un substrato specifico per piante carnivore, che di solito è composto da una miscela di torba, perlite e sabbia silicea. Questa miscela garantisce un buon drenaggio e una corretta aerazione delle radici.

    - Per le specie che crescono in terreni più acidi, come SARRACENIA, aggiungere un po' di muschio di sfagno può aiutare a mantenere il pH del substrato.

2.2 Trapianto delle Piantine

- **Quando Trapiantare:**

    - Le piantine dovrebbero essere trapiantate quando hanno sviluppato un sistema radicale sufficiente per sostenere la loro crescita. Questo di solito avviene quando le radici iniziano a fuoriuscire dai fori di drenaggio del contenitore di coltivazione.

    - Usa un substrato fresco e sterilizzato per il trapianto e fai attenzione a non danneggiare le radici durante il trasferimento.

- **Tecnica di Trapianto:**

  - Rimuovi delicatamente la piantina dal contenitore originale, cercando di mantenere intatto il substrato che avvolge le radici. Pianta la piantina nel nuovo contenitore, assicurandoti che il colletto della pianta sia a livello del substrato.

  - Innaffia abbondantemente dopo il trapianto e fornisci un'adeguata umidità per aiutare le radici a stabilirsi.

3. Nutrizione e Fertilizzazione

3.1 Nutrizione Iniziale

- **Fertilizzazione:**

  - Durante la fase iniziale di crescita, evita di fertilizzare eccessivamente, poiché le piantine giovani sono sensibili ai nutrienti concentrati. Utilizza fertilizzanti a basso contenuto di nutrienti specifici per piante carnivore e applicali con parsimonia.

  - Una soluzione diluita di fertilizzante liquido può essere utilizzata una volta al mese per le piantine appena trapiantate, ma è importante seguire le indicazioni del produttore e non sovradosare.

3.2 Alimentazione Supplementare

- **Nutrizione Naturale:**
  - Se possibile, consenti alle piantine di catturare insetti e altri piccoli organismi che servono come nutrimento naturale. Questo è particolarmente utile per le piante carnivore come VENUS FLYTRAP e NEPENTHES.

4. Monitoraggio della Salute delle Piantine

4.1 Segnali di Stress e Malattie

- **Osservazione:**

  - Monitorare regolarmente le piantine per segni di stress, come foglie ingiallite, crescita stentata o avvizzimento. Questi possono essere indicatori di problemi ambientali o di salute della pianta.

  - Ispeziona le piantine per segni di malattie fungine, parassiti o infezioni e intervieni tempestivamente per trattare eventuali problemi.

4.2 Manutenzione e Cura

- **Pulizia e Manutenzione:**
  - Mantieni l'ambiente di crescita pulito e privo di detriti per prevenire malattie. Pulisci i contenitori e gli strumenti di coltivazione regolarmente e sostituisci il substrato se necessario.

Conclusione

La cura e la gestione delle piantine di piante carnivore, dalla germinazione alla crescita iniziale, richiedono un impegno costante e un'attenzione ai dettagli. Monitorando attentamente le condizioni ambientali, gestendo il substrato e fornendo una nutrizione adeguata, è possibile favorire una crescita sana e robusta delle piantine. Con le giuste pratiche e una gestione attenta, le giovani piante carnivore possono prosperare e svilupparsi in esemplari forti e vitali.

7. Problemi Comuni nella Propagazione: Come Risolverli Efficacemente

La propagazione delle piante carnivore è un processo affascinante ma complesso che può presentare una serie di sfide. Identificare e risolvere tempestivamente i problemi comuni è essenziale per garantire una propagazione di successo. Questo paragrafo esplorerà i problemi frequenti che possono sorgere durante la propagazione delle piante carnivore e fornirà soluzioni pratiche e dettagliate per affrontarli.

1. Problemi di Germinazione

1.1 Scarsa Germinazione dei Semi

- **Cause:**
    - La scarsa germinazione dei semi può essere causata da vari fattori, tra cui la qualità dei semi, le condizioni ambientali inadeguate o un substrato non adatto. I semi di piante carnivore, come quelli di DROSERA O SARRACENIA, richiedono condizioni specifiche di temperatura, umidità e luce per germogliare correttamente.

- **Soluzioni:**

    - **Verifica della Qualità dei Semi:** Assicurati che i semi siano freschi e di alta qualità. I semi più vecchi o mal conservati potrebbero avere una bassa percentuale di germinazione. Acquista semi da fornitori affidabili e conserva i semi in un luogo fresco e asciutto fino al momento della semina.

    - **Ottimizzazione delle Condizioni Ambientali:** Regola la temperatura e l'umidità in base alle esigenze specifiche della specie. Alcuni semi richiedono un periodo di stratificazione fredda o una temperatura elevata per germogliare. Utilizza tappetini riscaldanti, umidificatori e lampade fluorescenti per creare un ambiente ideale.

    - **Uso di Substrati Adeguati:** Utilizza un substrato leggero e ben drenante, come una miscela di torba e perlite. Evita l'uso di terricci comuni che possono trattenere troppa umidità e causare marciume.

1.2 Malformazioni e Deformità delle Piantine

- **Cause:**
    - Malformazioni o deformità delle piantine possono derivare da un'illuminazione inadeguata, carenze nutrizionali o condizioni di crescita non ottimali.

- **Soluzioni:**

    - **Regola l'Illuminazione:** Assicurati che le piantine ricevano una quantità adeguata di luce. Le piantine di NEPENTHES e DIONAEA necessitano di luce intensa, mentre altre specie potrebbero richiedere meno luce. Regola l'intensità e il ciclo di luce delle lampade per soddisfare le esigenze specifiche.

    - **Controlla i Nutrienti e il Substrato:** Evita l'eccesso di fertilizzanti e assicurati che il substrato fornisca i nutrienti necessari senza causare accumulo di sali. Per le piantine appena germinate, un substrato sterile e ben bilanciato è fondamentale.

2. Problemi di Radicazione

2.1 Radici Deperite o Marce

- **Cause:**
    - Le radici possono deteriorarsi a causa di un eccesso di umidità, un drenaggio inadeguato o un substrato troppo compatto. Questo è particolarmente problematico per specie come SARRACENIA, che sono sensibili al ristagno d'acqua.

- **Soluzioni:**

    - **Assicurati di un Buon Drenaggio:** Utilizza contenitori con fori di drenaggio e un substrato che garantisca un buon flusso d'acqua. Evita di lasciare le radici in acqua stagnante e controlla regolarmente il substrato per evitare accumuli di acqua.

    - **Regola l'Innaffiatura:** Innaffia le piantine solo quando il substrato è asciutto al tatto. Per le piante carnivore, l'uso di acqua distillata o piovana è preferibile per evitare accumuli di sali che possono danneggiare le radici.

2.2 Sviluppo Lento delle Radici

- **Cause:**
    - Un lento sviluppo delle radici può essere causato da condizioni di crescita non ottimali, come temperature troppo basse o un substrato non adatto.

- **Soluzioni:**

    - **Ottimizza la Temperatura e l'Umidità:** Assicurati che le piantine siano in un ambiente con temperatura e umidità adeguate per la crescita delle radici. Per molte piante carnivore, la temperatura ideale è tra i 20 e i 25°C e l'umidità deve essere mantenuta alta.

- **Utilizza Ormoni Radicanti:** Per le talee, considera l'uso di ormoni radicanti che possono stimolare lo sviluppo delle radici. Applicali seguendo le istruzioni del produttore e assicurati che le talee siano trattate correttamente.

3. Problemi di Adattamento Post-Trapianto

3.1 Shock da Trapianto

- **Cause:**
  - Il trapianto può causare shock alle piantine, portando a crescita stentata o morte. Questo può essere dovuto a cambiamenti bruschi nelle condizioni ambientali, danni alle radici o stress da trapianto.

- **Soluzioni:**

  - **Minimizza lo Stress da Trapianto:** Riduci al minimo il tempo in cui le radici sono esposte all'aria durante il trapianto e utilizza un substrato simile a quello del contenitore originale per facilitare l'adattamento.

  - **Forni un Ambiente Protetto:** Dopo il trapianto, posiziona le piantine in un ambiente protetto con condizioni stabili di temperatura e umidità. Mantieni un'umidità elevata e una buona ventilazione per aiutare le piantine a riprendersi dallo shock.

3.2 Crescita Stentata Post-Trapianto

- **Cause:**
    - La crescita stentata dopo il trapianto può derivare da un substrato inadeguato, condizioni ambientali non ottimali o una cura insufficiente.

- **Soluzioni:**

    - **Controlla le Condizioni Ambientali:** Assicurati che le piantine abbiano accesso alla luce adeguata e siano mantenute in un ambiente con temperatura e umidità ottimali. Regola le condizioni secondo le esigenze specifiche della specie.

    - **Gestisci il Substrato:** Verifica che il substrato sia ben drenante e adatto alla specie. Evita di fertilizzare eccessivamente e monitora regolarmente la salute delle radici e delle foglie per identificare eventuali carenze nutrizionali o problemi di crescita.

Conclusione

Affrontare i problemi comuni nella propagazione delle piante carnivore richiede attenzione e una comprensione approfondita delle esigenze delle piante. Identificando tempestivamente le cause dei problemi e adottando soluzioni pratiche, è possibile ottimizzare il successo della propagazione e garantire una crescita sana e robusta delle piante. Con una gestione accurata e una conoscenza approfondita, è possibile superare le sfide e ottenere risultati soddisfacenti nella propagazione delle piante carnivore.

8. Riproduzione delle Piante Carnivore per Meristema: Procedura e Vantaggi

La riproduzione delle piante carnivore per meristema, nota anche come micropropagazione, è una tecnica avanzata di propagazione vegetativa che utilizza il tessuto meristematico per produrre nuove piante. Questo metodo è particolarmente utile per le piante carnivore che si riproducono difficilmente attraverso i metodi convenzionali di semina o divisione. La micropropagazione offre numerosi vantaggi, tra cui la produzione rapida di piante identiche e la possibilità di ottenere esemplari sani e vigorosi. In questo paragrafo, esploreremo la procedura dettagliata della riproduzione per meristema e i benefici associati a questa tecnica.

1. Preparazione e Raccolta del Meristema

1.1 Selezione e Preparazione della Pianta Madre

- **Selezione della Pianta Madre:** La scelta della pianta madre è cruciale per il successo della micropropagazione. La pianta madre dovrebbe essere sana, priva di malattie e con caratteristiche desiderabili. Ad esempio, se si desidera propagare una NEPENTHES con trappole particolarmente grandi e vigorose, è fondamentale selezionare una pianta che manifesti queste qualità.

- **Preparazione della Pianta Madre:** Prima di raccogliere il tessuto meristematico, sterilizza la pianta madre. Rimuovi le foglie e le parti esterne per ridurre il rischio di contaminazione. Pulisci il materiale vegetale con una soluzione disinfettante, come l'ipoclorito di sodio, e risciacqualo con acqua sterile.

1.2 Raccolta del Meristema

- **Identificazione del Meristema:** Il tessuto meristematico è costituito da cellule indifferenziate situate nelle estremità dei germogli e nelle gemme laterali. Per le piante carnivore, come DIONAEA MUSCIPULA (Venus Flytrap) o DROSERA, il meristema si trova nella parte superiore del germoglio, dove le cellule sono in attiva divisione.

- **Raccolta del Meristema:** Utilizza strumenti sterili, come pinzette e coltelli, per prelevare il tessuto meristematico. Assicurati di raccogliere una piccola porzione del meristema, inclusi i tessuti circostanti che possono contenere cellule meristematiche. Lavora in un ambiente sterile, come una cabina a flusso laminare, per minimizzare il rischio di contaminazione.

2. Preparazione del Mezzo di Coltura

2.1 Composizione del Mezzo di Coltura

- **Componenti del Mezzo di Coltura:** Il mezzo di coltura deve fornire ai meristemi tutti i nutrienti necessari per la crescita. Una formula comune è il MURASHIGE AND SKOOG (MS) MEDIUM, che contiene macro e micronutrienti, vitamine, aminoacidi e ormoni vegetali. A seconda della specie e delle esigenze, il mezzo può essere arricchito con ormoni di crescita come la auxina e la citochinina.

- **Sterilizzazione del Mezzo di Coltura:** Sterilizza il mezzo di coltura utilizzando una autoclave a 121°C per 20 minuti. Questo processo elimina qualsiasi contaminante microbico e garantisce un ambiente sterile per la crescita del meristema.

2.2 Preparazione e Inoculazione

- **Preparazione del Mezzo di Coltura:** Dopo la sterilizzazione, versa il mezzo di coltura in contenitori sterili, come provette di cultura o barattoli di Petri. Lascia raffreddare il mezzo prima di inoculare i meristemi per evitare danni termici alle cellule.

- **Inoculazione dei Meristemi:** Trasferisci i pezzi di meristema nel mezzo di coltura sterile utilizzando strumenti sterili. Assicurati che il meristema sia completamente immerso nel mezzo per garantire una buona crescita. Sigilla i contenitori per prevenire l'evaporazione e contaminazioni.

3. Condizioni di Crescita e Sviluppo

3.1 Condizioni Ambientali

- **Temperatura e Luce:** Mantieni i contenitori in un ambiente con temperatura controllata, tipicamente tra 20 e 25°C, e fornisci una luce fluorescente di 16 ore al giorno per stimolare la crescita. La luce deve essere intensa ma non eccessiva, per evitare stress alle piante.

- **Umidità e Ventilazione:** Mantieni un'alta umidità intorno ai contenitori utilizzando sacchetti di plastica trasparenti o umidificatori. Assicurati che l'ambiente sia ben ventilato per evitare l'accumulo di gas tossici.

3.2 Monitoraggio e Substrato di Crescita

- **Monitoraggio della Crescita:** Controlla regolarmente lo sviluppo dei meristemi. Osserva la formazione di nuovi germogli e radici. Eventuali segni di contaminazione, come muffe o batteri, devono essere trattati immediatamente rimuovendo i meristemi contaminati e, se necessario, trattando il mezzo di coltura.

- **Sostituzione del Mezzo di Coltura:** Dopo qualche settimana, potrebbe essere necessario sostituire il mezzo di coltura per fornire nutrienti freschi e rimuovere i residui di crescita. Effettua il trasferimento dei germogli in un nuovo mezzo sterile per stimolare una crescita continua.

4. Trasferimento e Acclimatazione

4.1 Trasferimento delle Piantine

- **Preparazione al Trapianto:** Quando le piantine hanno raggiunto una dimensione adeguata e hanno sviluppato un buon sistema radicale, è il momento di trasferirle in contenitori più grandi o in un substrato definitivo. Usa un substrato leggero e ben drenante, come una miscela di torba e perlite, per adattare le piante all'ambiente esterno.

- **Processo di Trapianto:** Rimuovi delicatamente le piantine dal mezzo di coltura e trapiantale nel nuovo substrato. Evita di danneggiare le radici e assicurati che le piantine siano ben fissate nel substrato.

4.2 Acclimatazione delle Piantine

- **Condizioni di Acclimatazione:** Gradualmente, esponi le piantine a condizioni ambientali più secche e alla luce naturale. Questo processo aiuta le piante a adattarsi ai cambiamenti e a diventare più robuste. Mantieni una buona umidità e proteggi le piantine dalle temperature estreme e dalle correnti d'aria.

Vantaggi della Riproduzione per Meristema
La riproduzione per meristema offre numerosi vantaggi, tra cui:

- **Produzione Rapida e Abbonante:** Permette la produzione di un grande numero di piante in tempi relativamente brevi. Questo è particolarmente utile per specie rare o minacciate.

- **Uniformità Genetica:** Garantisce che le piante prodotte siano geneticamente identiche alla pianta madre, preservando caratteristiche desiderabili come dimensioni delle trappole o colori delle foglie.

- **Salute e Vigorosità:** Riduce il rischio di malattie e parassiti che possono colpire le piante ottenute tramite semina o talea, grazie alla sterilità del processo di coltura in vitro.

La riproduzione per meristema è una tecnica avanzata che, sebbene complessa, offre risultati eccellenti per la propagazione delle piante carnivore, contribuendo alla loro conservazione e alla produzione di esemplari di alta qualità.

9. Preparazione e Conservazione dei Semi: Tecniche per Massimizzare la Germinazione

La preparazione e la conservazione dei semi sono passaggi cruciali per garantire una germinazione di successo delle piante carnivore. Queste piante, caratterizzate da esigenze particolari, richiedono un'attenzione speciale non solo nella fase di preparazione dei semi, ma anche durante la loro conservazione per mantenere elevata la loro vitalità. In questo paragrafo, esploreremo in dettaglio le tecniche migliori per preparare e conservare i semi di piante carnivore, con particolare attenzione ai metodi che possono ottimizzare la germinazione e garantire una crescita sana delle nuove piantine.

1. Preparazione dei Semi per la Germinazione

1.1 Raccolta e Selezione dei Semi

- **Raccolta dei Semi:** Raccogli i semi quando sono completamente maturi. Per molte piante carnivore, come DIONAEA MUSCIPULA (Venus Flytrap) o DROSERA, i semi sono pronti per la raccolta quando i baccelli o le capsule diventano marroni e secchi. Utilizza strumenti puliti e sterilizzati, come pinzette e forbici, per evitare contaminazioni.

- **Selezione dei Semi:** Dopo la raccolta, seleziona i semi di alta qualità. Scarta quelli danneggiati, vuoti o con segni di infestazione. Un buon metodo per testare la qualità dei semi è metterli in un bicchiere d'acqua: i semi galleggianti sono spesso non vitali.

1.2 Scarificazione e Stratificazione

- **Scarificazione:** Alcuni semi di piante carnivore, come quelli di SARRACENIA (sarracenia), hanno una buccia dura che può richiedere scarificazione per favorire la germinazione. Puoi eseguire questa operazione graffiando leggermente la superficie dei semi con carta vetrata fine o immergendoli in una soluzione di acido diluito per un breve periodo.

- **Stratificazione:** Alcuni semi necessitano di un periodo di freddo per simulare le condizioni invernali e rompere la dormienza. Per questo, posiziona i semi in un sacchetto di plastica con del torba umida e conserva in frigorifero a circa 4°C per un periodo di 4-6 settimane. Questo processo, noto come stratificazione, stimola la germinazione in molte specie di piante carnivore.

1.3 Preparazione del Mezzo di Coltura

- **Composizione del Mezzo di Coltura:** Per la germinazione dei semi di piante carnivore, utilizza un substrato leggero e ben drenante. Una miscela comune include torba di sfagno e perlite, in proporzioni variabili a seconda della specie. Per alcuni semi, come quelli di NEPENTHES (nepenthes), una miscela di torba e sabbia fine può essere più adatta.

- **Sterilizzazione del Mezzo di Coltura:** Sterilizza il mezzo di coltura per prevenire la crescita di muffe e batteri. Puoi farlo cuocendo il substrato in forno a 180°C per 30 minuti o utilizzando un autoclave. Una volta raffreddato, riempi i contenitori di germinazione, come piatti di Petri o vasetti di plastica, con il substrato preparato.

2. Condizioni di Germinazione

2.1 Ambiente di Germinazione

- **Temperatura e Luce:** Le piante carnivore generalmente richiedono temperature specifiche per la germinazione. La maggior parte dei semi germina bene a temperature tra 20 e 25°C. Alcuni semi, come quelli di SARRACENIA, possono richiedere temperature più fresche. Fornisci una fonte di luce indiretta o una luce fluorescente per 12-16 ore al giorno per imitare le condizioni di crescita naturali.

- **Umidità:** Mantieni un ambiente umido durante la germinazione. Copri i contenitori con un coperchio trasparente o una pellicola di plastica per creare un effetto serra e mantenere l'umidità elevata. Controlla regolarmente il livello di umidità e il substrato, evitando che diventi eccessivamente bagnato o asciutto.

2.2 Monitoraggio e Trattamento

- **Monitoraggio della Germinazione:** Controlla i contenitori di germinazione quotidianamente per segni di crescita. I semi di piante carnivore possono richiedere da poche settimane a diversi mesi per germinare. Durante questo periodo, rimuovi eventuali semi non germinati o muffe per evitare problemi alle piantine in sviluppo.

- **Trattamento di Problemi Comuni:** Se noti segni di infezioni fungine o batteriche, tratta con fungicidi specifici per piante carnivore o aumenta la ventilazione. Se i semi non germinano dopo il periodo previsto, verifica se le condizioni di temperatura e umidità sono adeguate o se è necessario un ulteriore periodo di stratificazione.

3. Conservazione dei Semi

3.1 Tecniche di Conservazione

- **Essiccazione dei Semi:** Prima di conservare i semi, assicurati che siano completamente asciutti. I semi umidi sono più suscettibili alla formazione di muffe e alla perdita di vitalità. Puoi essiccare i semi su un foglio di carta assorbente in un luogo asciutto e ventilato.

- **Immagazzinamento:** Conservali in contenitori ermetici, come sacchetti di plastica sigillati o barattoli di vetro con coperchi a prova di aria. Conserva i contenitori in un luogo fresco e buio, come un armadietto refrigerato. La temperatura ideale di conservazione è di circa 4°C, e l'umidità relativa dovrebbe essere bassa per evitare che i semi assorbano umidità.

3.2 Test di Viabilità dei Semi

- **Test di Germinazione:** Periodicamente, esegui test di germinazione per assicurarti che i semi conservati mantengano la loro vitalità. Puoi fare questo test mettendo una piccola quantità di semi in un substrato di germinazione e monitorando il tasso di germinazione. Se il tasso è inferiore al 50%, considera di utilizzare i semi più vecchi per la germinazione immediata.

3.3 Durata di Conservazione

- **Durata di Vita dei Semi:** I semi di piante carnivore possono variare notevolmente nella durata di vita. Alcuni semi possono rimanere vitali per diversi anni se conservati correttamente, mentre altri possono perdere la loro capacità di germinazione più rapidamente. Consulta risorse specifiche per la specie che stai coltivando per ottenere indicazioni precise sulla durata di conservazione.

La preparazione e la conservazione dei semi sono fondamentali per ottenere una germinazione di successo e una crescita sana delle piante carnivore. Utilizzando le tecniche appropriate, puoi garantire una produzione continua e sana di nuove piantine, contribuendo così alla sostenibilità e alla diversità delle tue coltivazioni di piante carnivore.

10. Trapianto e Acclimatazione delle Nuove Piantine: Strategie per il Successo a Lungo Termine

Il trapianto e l'acclimatazione delle nuove piantine di piante carnivore sono fasi critiche che determinano la salute e la crescita a lungo termine delle piante. Una volta che le piantine hanno superato le prime fasi di germinazione e crescita, è essenziale trasferirle nel loro ambiente definitivo con le condizioni ottimali. Questo paragrafo esplorerà dettagliatamente le tecniche per il trapianto e l'acclimatazione delle piantine, fornendo esempi pratici e strategie per garantire il successo a lungo termine delle piante carnivore.

1. Preparazione per il Trapianto

1.1 Scelta del Momento Giusto

- **Tempistica del Trapianto:** Il trapianto dovrebbe avvenire quando le piantine hanno sviluppato un buon sistema radicale e mostrano segni di crescita robusta. Per la maggior parte delle piante carnivore, questo momento si verifica quando le piantine hanno almeno 2-4 foglie vere e radici ben formate. Trapiantare troppo presto può stressare le piante, mentre un trapianto ritardato può rallentare la loro crescita.

- **Condizioni Ambientali:** Scegli un momento in cui le condizioni ambientali sono favorevoli. Evita di trapiantare durante periodi di caldo estremo o freddo intenso, poiché queste condizioni possono stressare le piante. Idealmente, trapianta durante una giornata nuvolosa o alla sera per ridurre l'impatto del sole diretto e del calore.

1.2 Preparazione del Nuovo Contenitore e Substrato

- **Scegliere il Contenitore:** Il contenitore per il trapianto dovrebbe essere adatto alle esigenze della specie di pianta carnivora. Opta per vasi con buon drenaggio per prevenire l'accumulo di acqua, che potrebbe causare marciume radicale. I vasi in plastica con fori di drenaggio o vasi di terracotta sono opzioni valide. Assicurati che il contenitore sia di dimensioni adeguate per permettere una crescita sana e spazio sufficiente per le radici.

- **Preparare il Substrato:** Usa un substrato specifico per piante carnivore, che sia ben drenante e leggero. Una miscela comune include torba di sfagno e perlite in proporzioni variabili a seconda delle esigenze della specie. Prepara il substrato mescolandolo bene e assicurati che sia umido ma non eccessivamente bagnato prima di trasferirvi le piantine.

2. Tecniche di Trapianto

2.1 Rimozione delle Piantine

- **Rimozione Delicata:** Estrai le piantine dal contenitore di germinazione con molta attenzione per evitare di danneggiare le radici. Usa uno strumento piccolo e pulito, come un bastoncino di legno o una pinza, per sollevare il substrato e liberare delicatamente le radici. Se necessario, bagna leggermente il substrato per facilitare la rimozione senza stressare le radici.

- **Controllo delle Radici:** Esamina le radici delle piantine. Se noti radici danneggiate o deboli, tagliale con delle forbici sterilizzate. Le radici sane dovrebbero essere bianche e ben ramificate. Un buon sistema radicale è essenziale per una rapida acclimatazione e crescita.

2.2 Posizionamento nel Nuovo Contenitore

- **Piantare al Giusto Livello:** Posiziona le piantine nel nuovo contenitore in modo che il livello del substrato sia alla stessa altezza delle radici. Evita di seppellire il colletto della pianta, che è la parte tra le radici e il fusto. Assicurati che le piantine siano ben fissate nel substrato e che non si muovano facilmente.

- **Compattazione del Substrato:** Dopo aver posizionato le piantine, compatta leggermente il substrato attorno alle radici per eliminare le bolle d'aria e garantire un buon contatto tra le radici e il substrato. Non comprimere troppo, poiché un substrato troppo compatto può limitare il drenaggio e l'areazione delle radici.

3. Acclimatazione delle Piantine

3.1 Graduale Introduzione alla Luce

- **Regolazione della Luce:** Dopo il trapianto, le piantine dovrebbero essere acclimate gradualmente alla luce solare diretta, se necessario. Se le piantine erano precedentemente abituate a una luce indiretta, inizia esponendole alla luce solare diretta per brevi periodi e aumenta gradualmente la durata dell'esposizione nel tempo. Per le piante carnivore come DIONAEA MUSCIPULA (Venus Flytrap), una luce intensa è fondamentale, ma è importante evitare scottature nelle prime fasi di acclimatazione.

- **Condizioni di Luce:** Utilizza una lampada di crescita se non hai accesso a una buona esposizione alla luce naturale. Le lampade fluorescenti o LED progettate per la coltivazione di piante possono fornire lo spettro di luce necessario per la crescita delle piantine. Mantieni la lampada a una distanza adeguata per evitare il surriscaldamento delle piantine.

3.2 Gestione dell'Acqua e dell'Umidità

- **Regolazione dell'Annaffiatura:** Dopo il trapianto, è importante monitorare attentamente l'umidità del substrato. Mantieni il substrato umido ma non fradicio. Evita di annaffiare eccessivamente, poiché le radici giovani sono particolarmente vulnerabili al marciume. Usa un terreno ben drenante per evitare l'accumulo di acqua.

- **Controllo dell'Umidità:** Per le piante carnivore che preferiscono ambienti umidi, come le DROSERA, puoi utilizzare un umidificatore o posizionare i contenitori su un vassoio di ghiaia umida per aumentare l'umidità ambientale. Assicurati che l'umidità non sia eccessiva, poiché un ambiente troppo umido può favorire la crescita di muffe e funghi.

3.3 Monitoraggio e Cura Post-Trapianto

- **Controllo della Salute:** Osserva attentamente le piantine per i primi segni di stress o malattie. Le foglie ingiallite, la crescita stentata o la presenza di macchie scure possono indicare problemi. Fornisci il trattamento adeguato se noti segni di infestazione o malattie, come l'uso di fungicidi specifici per piante carnivore.

- **Nutrizione e Fertilizzazione:** Durante il periodo di acclimatazione, limita la fertilizzazione per non stressare ulteriormente le piantine. Una volta che le piantine si sono stabilizzate e mostrano una crescita sana, puoi iniziare a somministrare nutrienti leggeri, seguendo le indicazioni specifiche per la specie.

4. Conclusioni e Considerazioni Finali

Il trapianto e l'acclimatazione delle nuove piantine di piante carnivore sono processi che richiedono attenzione e cura per garantire il successo a lungo termine. Seguendo queste tecniche dettagliate, puoi ottimizzare le condizioni per una crescita sana e vigorosa delle tue piante carnivore, assicurando che prosperino nel loro nuovo ambiente. Con pazienza e pratica, diventerai esperto nella gestione delle piantine e potrai godere della bellezza e della complessità di queste affascinanti piante.

IX. Gestione di Parassiti e Malattie

1. Identificazione dei Parassiti Comuni nelle Piante Carnivore

La gestione efficace delle piante carnivore richiede una comprensione approfondita dei parassiti che possono minacciare la loro salute. Le piante carnivore, essendo particolarmente sensibili agli stress ambientali, sono suscettibili a una serie di parassiti che possono compromettere la loro crescita e il loro sviluppo. In questo paragrafo, esploreremo come identificare i parassiti più comuni che infettano queste piante affascinanti e discuteremo i segni distintivi di infestazioni che ogni coltivatore dovrebbe riconoscere per intervenire tempestivamente.

Afidi

Gli afidi sono piccoli insetti che succhiano la linfa dalle piante, causando deformazioni delle foglie e un rallentamento della crescita. Questi parassiti, di solito verdi o neri, possono essere trovati su foglie giovani e germogli. Un segno caratteristico della loro presenza è la formazione di una sostanza appiccicosa chiamata melata, che può attirare altre infestazioni come le formiche. Per identificare gli afidi, esaminare attentamente la parte inferiore delle foglie e i nodi delle piante. Un'azione efficace contro gli afidi è l'uso di insetticidi naturali come l'olio di neem o la miscela di acqua e sapone.

Tripidi

I tripidi sono minuscoli insetti striscianti che causano danni alle piante con le loro punture. Sono spesso difficili da vedere ad occhio nudo, ma i danni che causano sono più evidenti. Le foglie colpite mostrano spesso macchie argentee o decolorazioni e possono sviluppare una superficie rugosa o deformata. I tripidi possono anche lasciare una peluria grigia sulla superficie delle foglie. L'uso di trappole adesive blu è un metodo comune per monitorare e catturare questi parassiti, mentre il trattamento con insetticidi specifici per tripidi può aiutare a controllarli.

Cocciniglie

Le cocciniglie sono insetti a forma di scudetto che si attaccano alle foglie e ai gambi delle piante carnivore. Appaiono come piccole macchie bianche o grigie e sono ricoperte da una sostanza cerosa. La loro presenza può causare ingiallimento delle foglie e una riduzione della crescita. Le cocciniglie emettono anche melata, che può portare alla formazione di muffa nera. Per controllare le cocciniglie, si possono usare trattamenti con alcol isopropilico applicato direttamente sulle aree infette o utilizzare insetticidi sistemici che penetrano nella pianta per combattere le infestazioni.

Acari Raspatori

Gli acari raspatori sono piccoli aracnidi che si nutrono delle cellule delle foglie, lasciando un caratteristico aspetto maculato o screpolato. Questi parassiti sono spesso visibili solo con una lente d'ingrandimento e possono causare danni significativi alle piante, inclusa la caduta precoce delle foglie. I segni di un'infestazione includono la presenza di sottili ragnatele su e sotto le foglie. Per il trattamento, si possono utilizzare acaricidi specifici o soluzioni di acqua e olio di neem, che aiutano a ridurre la popolazione di acari e a prevenire ulteriori danni.

Nematodi

I nematodi sono vermi microscopici che vivono nel terreno e possono infettare le radici delle piante carnivore. I sintomi di un'infestazione da nematodi includono crescita stentata, foglie ingiallite e radici deformate. Per identificare la presenza di nematodi, è utile esaminare il terreno e le radici delle piante per segni di danno. L'uso di nematocidi o l'implementazione di pratiche di rotazione delle colture e l'uso di substrati sterilizzati possono aiutare a controllare e prevenire le infestazioni da nematodi.

Conclusione

L'identificazione precoce dei parassiti è cruciale per mantenere la salute delle piante carnivore. Monitorare regolarmente le piante e riconoscere i segni di infestazione aiuterà a intervenire tempestivamente e a utilizzare metodi di controllo appropriati. Conoscere i parassiti comuni e le loro caratteristiche specifiche consente ai coltivatori di adottare misure preventive e correttive efficaci, garantendo la crescita sana e vigorosa delle loro piante carnivore.

2. Tecniche di Controllo dei Afidi e dei Tripidi

Gli afidi e i tripidi sono parassiti comuni che possono danneggiare significativamente le piante carnivore, compromettendo la loro salute e crescita. Entrambi questi parassiti richiedono approcci specifici per il loro controllo e gestione. In questo paragrafo, esploreremo le tecniche dettagliate per combattere efficacemente gli afidi e i tripidi, con suggerimenti pratici e strategie basate su esperienze dirette con piante carnivore.

Controllo degli Afidi

Gli afidi sono insetti succhiatori di linfa che possono causare danni diretti e indiretti alle piante carnivore. Ecco alcune tecniche per il loro controllo:

1. Rimozione Manuale:

- **Osservazione e Rimozione:** Per infestazioni leggere, gli afidi possono essere rimossi manualmente utilizzando un pennello morbido o un batuffolo di cotone imbevuto di alcool isopropilico. Questa tecnica è utile soprattutto per piante di piccole dimensioni o per aree localizzate dell'infestazione.

- **Lavaggio con Acqua:** Un'altra tecnica efficace è l'uso di un getto d'acqua forte per sciacquare gli afidi dalle foglie e dai gambi. Questa pratica deve essere eseguita delicatamente per evitare di danneggiare le piante.

2. Insetticidi Naturali:

- **Olio di Neem:** Questo olio vegetale è noto per le sue proprietà insetticide e antifungine. Diluito in acqua (circa 5 ml di olio per litro d'acqua), può essere spruzzato sulle piante per uccidere gli afidi e prevenire nuove infestazioni. Ripetere l'applicazione ogni 7-10 giorni fino a che l'infestazione non è sotto controllo.

- **Sapone Insetticida:** I saponi insetticidi a base di potassio possono essere utilizzati per trattare le piante affette da afidi. Sono efficaci nel disidratare e uccidere gli insetti. Applicare una soluzione di sapone diluito (circa 1-2 cucchiai di sapone per litro d'acqua) direttamente sulle foglie e i gambi.

3. **Predatori Naturali:**

    - **Coccinelle:** Le coccinelle sono predatori naturali degli afidi. Introducendo questi insetti nel giardino o nella serra, si può ridurre la popolazione di afidi in modo ecologico.

    - **Ladysbug Larvae:** Le larve di coccinella sono altrettanto efficaci contro gli afidi e possono essere utilizzate come alternativa alle coccinelle adulte.

Controllo dei Tripidi

I tripidi sono piccoli insetti che possono causare danni significativi alle piante carnivore, creando macchie e deformazioni sulle foglie. Ecco come affrontarli:

1. **Monitoraggio e Trappole:**

    - **Trappole Adesive Blu:** I tripidi sono attratti dal colore blu. Utilizzare trappole adesive blu per monitorare e catturare questi insetti. Posizionare le trappole vicino alle piante infete aiuta a ridurre il numero di adulti e a monitorare l'efficacia delle strategie di controllo.

2. **Insetticidi Naturali e Chimici:**

    - **Olio di Neem:** Simile al controllo degli afidi, l'olio di neem è efficace anche contro i tripidi. Applicare come descritto sopra.

    - **Insetticidi a Base di Piperonyl Butoxide:** Questi insetticidi chimici possono essere utilizzati per trattare infestazioni gravi. Assicurarsi di seguire le istruzioni del produttore e utilizzare in ambienti ben ventilati.

3. **Rimozione e Disinfestazione:**

    - **Potatura:** Rimuovere e distruggere le parti infette della pianta per ridurre la popolazione di tripidi. Questa misura è particolarmente utile se le infestazioni sono localizzate.

    - **Disinfestazione Ambientale:** Mantenere puliti i contenitori e l'area di coltivazione, poiché i tripidi possono proliferare in ambienti sporchi. Utilizzare disinfettanti naturali o commerciali per trattare le superfici e ridurre il rischio di reinfestazione.

Strategie Preventive

Per prevenire future infestazioni, è fondamentale implementare alcune pratiche preventive:

- **Controllo Regolare:** Ispezionare le piante frequentemente per segni di infestazione. Un monitoraggio regolare consente di intervenire precocemente e prevenire danni estesi.

- **Cura Ambientale:** Mantenere un ambiente di crescita sano e privo di stress, poiché le piante stressate sono più suscettibili ai parassiti. Assicurarsi che le piante abbiano una buona ventilazione e che le condizioni ambientali siano ottimali.

Conclusione

Il controllo degli afidi e dei tripidi richiede un approccio combinato che include metodi fisici, naturali e chimici. Adottare una strategia mirata basata sull'entità dell'infestazione e monitorare regolarmente le piante sono passi cruciali per mantenere le piante carnivore sane e vigorose. Con la giusta attenzione e le tecniche adeguate, è possibile gestire efficacemente questi parassiti e garantire il successo nella coltivazione delle piante carnivore.

3. Metodi per Gestire le Cocciniglie e gli Acari Raspatori

Le cocciniglie e gli acari raspatori sono parassiti che possono rappresentare una sfida significativa nella cura delle piante carnivore. La loro presenza può compromettere seriamente la salute delle piante, rendendo necessario un approccio mirato per il loro controllo e gestione. Questo paragrafo esplorerà le strategie dettagliate per affrontare entrambi i tipi di parassiti, fornendo indicazioni pratiche su come identificare, trattare e prevenire le infestazioni.

Gestione delle Cocciniglie

Le cocciniglie sono insetti che succhiano la linfa dalle piante e possono essere riconosciuti per la loro caratteristica copertura cerosa. Esistono diversi metodi per gestire e controllare le cocciniglie:

1. **Rimozione Manuale:**

   - **Ispezione e Pulizia:** Per infestazioni leggere, rimuovere le cocciniglie manualmente è spesso efficace. Utilizzare un cotton fioc imbevuto di alcool isopropilico per pulire delicatamente le aree infette. L'alcool dissolve la cera protettiva e uccide gli insetti. Questa tecnica è ideale per piante di piccole dimensioni o per infestazioni localizzate.

   - **Potatura:** In caso di infestazioni più gravi, è consigliabile potare le parti della pianta gravemente infette. Assicurarsi di sterilizzare gli strumenti di potatura per evitare la diffusione delle cocciniglie ad altre piante.

2. **Trattamenti Insetticidi:**

   - **Olio di Neem:** Questo olio vegetale, diluito in acqua (5 ml di olio per litro d'acqua), può essere spruzzato sulle piante. L'olio di neem agisce come insetticida e repellente, riducendo la popolazione di cocciniglie. Applicare ogni 7-10 giorni fino a controllo dell'infestazione.

- **Insetticidi Sistemici:** In caso di infestazioni gravi, gli insetticidi sistemici possono essere utilizzati. Questi prodotti vengono assorbiti dalle piante e uccidono le cocciniglie che si nutrono della linfa. È importante seguire attentamente le istruzioni per l'uso e non applicare eccessivamente il prodotto.

3. **Metodi Naturali:**

    - **Insetti Benefici:** Le coccinelle e i loro stadi larvali sono predatori naturali delle cocciniglie. L'introduzione di questi insetti nel giardino o nella serra può aiutare a ridurre la popolazione di cocciniglie in modo ecologico.

    - **Sapone Insetticida:** Un sapone insetticida a base di potassio può essere utile per trattare le infestazioni. Preparare una soluzione diluendo il sapone (1-2 cucchiai per litro d'acqua) e spruzzare direttamente sulle cocciniglie.

Gestione degli Acari Raspatori

Gli acari raspatori sono piccoli aracnidi che si nutrono delle cellule vegetali, causando danni visibili come macchie e decolorazione delle foglie. Ecco come gestirli:

1. Controllo Ambientale:

- **Umidità:** Gli acari raspatori prosperano in ambienti secchi. Aumentare l'umidità ambientale intorno alle piante può aiutare a ridurre la popolazione di acari. Utilizzare un umidificatore o spruzzare le piante con acqua può essere efficace. Tuttavia, evitare l'eccesso di umidità che potrebbe favorire la crescita di funghi.

- **Ventilazione:** Assicurare una buona ventilazione nella serra o nell'ambiente di crescita per ridurre il rischio di infestazioni di acari. Gli acari prosperano in ambienti stagnanti e poco ventilati.

2. Trattamenti Insetticidi:

- **Olio di Neem:** L'olio di neem è utile anche contro gli acari raspatori. Applicare una soluzione diluita come descritto sopra. Il neem agisce sia come insetticida che come repellente.

- **Acari Predatori:** Utilizzare acari predatori, come **Phytoseiulus persimilis** o **Amblyseius californicus**, che si nutrono di acari raspatori. Questi predatori naturali possono essere acquistati e rilasciati nelle aree infette per controllare la popolazione di acari.

3. **Trattamenti Alternativi:**

- **Insetticidi a Base di Zolfo:** Il zolfo può essere usato per trattare le infestazioni di acari raspatori. Preparare una soluzione di zolfo (seguire le indicazioni del prodotto) e applicare sulle piante infette. Il zolfo agisce come fungicida e acaricida, ma è essenziale non utilizzare in combinazione con altri trattamenti per evitare reazioni chimiche avverse.

- **Oli Essenziali:** Alcuni oli essenziali, come l'olio di rosmarino e l'olio di menta, possono avere effetti repellenti contro gli acari. Diluirli in acqua e spruzzarli sulle piante può aiutare a tenere lontani gli acari raspatori.

Strategie Preventive

Per prevenire le infestazioni future di cocciniglie e acari raspatori, adottare le seguenti pratiche preventive:

- **Ispezione Regolare:** Controllare frequentemente le piante per segni di infestazione. Un monitoraggio regolare consente di intervenire precocemente e prevenire danni estesi.

- **Cura Ambientale:** Mantenere condizioni ambientali ottimali per le piante, inclusa una ventilazione adeguata e livelli di umidità controllati. Ambiente sano riduce il rischio di infestazioni di parassiti.

Conclusione

Gestire cocciniglie e acari raspatori richiede un approccio combinato che include metodi fisici, chimici e naturali. Adottare una strategia mirata basata sull'entità dell'infestazione e monitorare regolarmente le piante sono passi cruciali per mantenere le piante carnivore in salute e vigorose. Con le giuste tecniche e pratiche preventive, è possibile controllare efficacemente questi parassiti e garantire una coltivazione di successo.

4. Trattamenti e Prevenzione delle Malattie Fungine nelle Piante Carnivore

Le malattie fungine sono tra le problematiche più comuni che colpiscono le piante carnivore, e la loro gestione efficace è cruciale per garantire la salute e la crescita ottimale delle piante. Questi patogeni possono causare danni significativi, dall'ingiallimento e caduta delle foglie alla formazione di muffe e marciumi. Questo paragrafo esplorerà i trattamenti e le strategie preventive per le malattie fungine, fornendo esempi pratici e tecniche dettagliate per aiutare i coltivatori, sia principianti che esperti, a mantenere le loro piante carnivore in ottima forma.

Riconoscimento delle Malattie Fungine

Prima di intraprendere qualsiasi trattamento, è essenziale identificare correttamente il tipo di malattia fungina. Le malattie fungine nelle piante carnivore possono manifestarsi in vari modi:

- **Marciume Radicali:** Causato da funghi come PHYTOPHTHORA e PYTHIUM, si manifesta con radici nere e molli e una crescita stentata delle piante.

- **Muffa Grigia:** Questo fungo, BOTRYTIS CINEREA, appare come una polvere grigia o marrone sulle foglie e i fiori.

- **Oidio:** Questa malattia, causata da ERYSIPHE spp., provoca una patina bianca o grigia sulle foglie e sui fiori.

- **Ruggine:** Causata da PUCCINIA spp., si manifesta con pustole arancioni o gialle sulle foglie.

Trattamenti Efficaci per le Malattie Fungine

1. **Trattamenti Chimici:**

- **Fungicidi Sistemici:** Per le malattie fungine gravi, l'uso di fungicidi sistemici può essere necessario. Questi prodotti vengono assorbiti dalla pianta e forniscono una protezione duratura contro i patogeni fungini. Esempi di fungicidi sistemici includono il TRIFLOXYSTROBIN e il PROPICONAZOLE. Applicare seguendo le istruzioni specifiche per la diluizione e la frequenza di trattamento.

- **Fungicidi di Contatto:** Fungicidi come il CLOROTALONIL e il MANCOZEB agiscono sulla superficie delle piante per prevenire l'infezione. Sono particolarmente utili per il trattamento di infezioni superficiali e devono essere applicati con regolarità per garantire un'efficace protezione.

2. **Trattamenti Naturali e Biologici:**

   - **Olio di Neem:** L'olio di neem ha proprietà antifungine e può essere usato per trattare varie malattie fungine. Diluire 5 ml di olio di neem in un litro d'acqua e spruzzare sulle piante, coprendo tutte le superfici. Applicare ogni 7-10 giorni per controllare l'infestazione.

   - **Estratti di Aglio:** L'aglio ha proprietà antimicrobiche e antifungine. Preparare un decotto di aglio e diluirlo in acqua (5-10 spicchi d'aglio per litro d'acqua). Spruzzare sulle piante infette e ripetere ogni settimana.

3. **Metodi di Controllo Fisico:**

   - **Rimozione delle Parti Infette:** In caso di infezioni localizzate, rimuovere e distruggere le parti infette della pianta, come foglie e steli. Questo aiuta a prevenire la diffusione del fungo ad altre aree della pianta o ad altre piante.

   - **Potatura e Ventilazione:** Potare le piante per migliorare la circolazione dell'aria e ridurre l'umidità, creando condizioni meno favorevoli per la crescita dei funghi. Assicurarsi che le piante siano disposte in modo da consentire una buona ventilazione tra di loro.

Prevenzione delle Malattie Fungine

1. Condizioni Ambientali:

- **Controllo dell'Umidità:** Gli ambienti umidi favoriscono la crescita dei funghi. Mantenere una buona ventilazione e evitare l'irrigazione eccessiva. In serra, utilizzare deumidificatori per mantenere i livelli di umidità sotto controllo.

- **Illuminazione Adeguata:** Fornire una buona illuminazione per le piante può aiutare a ridurre l'umidità e migliorare la salute generale delle piante. Le lampade fluorescenti o LED possono essere utili per le piante coltivate in ambienti chiusi.

2. Pratiche di Coltivazione:

- **Rotazione delle Colture:** Evitare di piantare piante carnivore nello stesso substrato o contenitore per periodi prolungati. La rotazione delle colture aiuta a ridurre l'accumulo di patogeni fungini nel terreno.

- **Sterilizzazione dei Contenitori:** Prima di utilizzare contenitori per nuove piante, sterilizzarli con una soluzione di acqua e candeggina (1 parte di candeggina in 10 parti di acqua). Questo aiuta a eliminare eventuali spore fungine residue.

3. **Scegliere Varietà Resistenti:**

- **Selezione delle Varietà:** Alcune varietà di piante carnivore possono essere più resistenti alle malattie fungine. Quando possibile, scegliere varietà conosciute per la loro resistenza alle malattie.

Conclusione

La gestione e la prevenzione delle malattie fungine nelle piante carnivore richiedono un approccio integrato che combina trattamenti chimici, naturali e pratiche di coltivazione preventive. Identificare tempestivamente le malattie e intervenire con i metodi appropriati può aiutare a mantenere le piante in salute e vigorose. Adottare pratiche preventive regolari e monitorare attentamente le condizioni ambientali sono passi cruciali per evitare le malattie fungine e garantire una crescita ottimale delle piante carnivore.

5. Strategie per Combattere le Infezioni Batteriche e Virali

Le infezioni batteriche e virali nelle piante carnivore, sebbene meno comuni rispetto alle malattie fungine, possono comunque causare gravi danni e compromettere la salute delle piante. Il trattamento e la prevenzione di queste infezioni richiedono un approccio mirato e ben informato, poiché le strategie variano notevolmente rispetto a quelle usate per le malattie fungine. Questo paragrafo esplorerà le principali strategie per combattere le infezioni batteriche e virali nelle piante carnivore, fornendo dettagli su identificazione, trattamento e misure preventive.

Identificazione delle Infezioni Batteriche e Virali

Infezioni Batteriche: Le infezioni batteriche nelle piante carnivore possono causare sintomi come marciume, macchie necrotiche sulle foglie e sulle radici, e crescita stentata. I batteri più comuni includono PSEUDOMONAS e XANTHOMONAS. Ecco alcuni segnali indicativi di infezioni batteriche:

- **Macchie Bianche o Gialle:** Le macchie sulle foglie che tendono ad ingrandirsi e a marcire possono essere segni di infezioni batteriche.

- **Marciume delle Radici:** Le radici che diventano nere, molli e maleodoranti possono indicare la presenza di batteri patogeni.

- **Essiccazione delle Foglie:** Le foglie che seccano e cadono prematuramente, con una consistenza rugosa, possono essere colpite da batteri.

Infezioni Virali: Le infezioni virali, sebbene più rare, possono causare deformità fogliari, crescita stentata e mosaico delle foglie. I virus comuni includono il CUCUMBER MOSAIC VIRUS (CMV). I segni di infezioni virali includono:

- **Mosaico delle Foglie:** Variazioni di colore sulle foglie, spesso con aree di verde chiaro e scuro.

- **Deformità delle Foglie:** Foglie deformate e crescita irregolare, con possibile arricciamento o ondulazione.

- **Crescita Stentata:** Piante che mostrano una crescita ridotta e uno sviluppo stentato.

Trattamenti per le Infezioni Batteriche

1. **Antibiotici e Trattamenti Chimici:**

- **Antibiotici Vegetali:** Per infezioni batteriche gravi, l'uso di antibiotici vegetali come la streptomicina può essere efficace. Tuttavia, è fondamentale seguire le istruzioni del prodotto e non superare le dosi raccomandate per evitare effetti collaterali.

- **Trattamenti con Rame:** Il rame è un antimicrobico naturale efficace contro molti batteri. Preparare una soluzione di solfato di rame (10 g in 1 litro d'acqua) e applicare sulle aree infette. Questo metodo può essere usato preventivamente e come trattamento.

2. **Misure di Controllo e Prevenzione:**

- **Potatura delle Parti Infette:** Rimuovere e distruggere le parti infette della pianta per limitare la diffusione dei batteri. Usare strumenti sterilizzati per evitare la contaminazione incrociata.

- **Igiene e Sterilizzazione:** Mantenere l'area di coltivazione pulita e sterilizzare i contenitori e gli strumenti di coltivazione regolarmente. Utilizzare soluzioni di candeggina (1 parte di candeggina in 10 parti di acqua) per disinfettare i contenitori e gli strumenti.

Trattamenti per le Infezioni Virali

1. **Non Esistono Cure Dirette:**

- **Attualmente, non esistono trattamenti chimici o antibiotici specifici per le infezioni virali delle piante carnivore.** La gestione si basa principalmente su strategie di prevenzione e controllo della diffusione.

2. **Misure di Controllo e Prevenzione:**

- **Rimozione delle Piante Infette:** La rimozione e distruzione delle piante infette è cruciale per limitare la diffusione del virus. Evitare di toccare le piante sane dopo aver maneggiato piante infette.

- **Controllo degli Insetti Vettori:** Molti virus sono trasmessi da insetti. Usare trappole e insetticidi per controllare gli insetti vettori, come afidi e cicaline, che possono trasmettere i virus.

3. **Scegliere Varietà Resistenti:**

- **Varietà Resistenti:** Alcune varietà di piante carnivore sono più resistenti ai virus rispetto ad altre. Quando possibile, scegliere varietà conosciute per la loro resistenza ai virus.

Strategie Preventive Generali

1. **Mantenere Buone Condizioni Ambientali:**

- **Evitare l'Eccessiva Umidità:** L'umidità eccessiva può favorire la proliferazione di batteri e virus. Mantenere un buon drenaggio e evitare l'irrigazione eccessiva per ridurre i rischi.

- **Assicurare una Buona Ventilazione:** Una buona ventilazione aiuta a mantenere un ambiente sano e a ridurre l'umidità eccessiva, che può essere favorevole alla proliferazione di agenti patogeni.

2. **Monitoraggio e Manutenzione Regolari:**

- **Ispezione Regolare:** Controllare regolarmente le piante per segni di malattia. La diagnosi precoce è fondamentale per una gestione efficace.

- **Pratiche di Manutenzione:** Mantenere le pratiche di coltivazione pulite e igieniche, sterilizzare strumenti e contenitori, e assicurarsi che le piante abbiano abbastanza spazio per una crescita sana.

Conclusione

La gestione delle infezioni batteriche e virali nelle piante carnivore richiede una combinazione di trattamenti mirati e misure preventive. Sebbene non esistano cure specifiche per le infezioni virali, adottare pratiche preventive e mantenere condizioni ambientali ottimali può aiutare a ridurre il rischio di malattie e mantenere le piante in buona salute. La chiave per un successo duraturo è una diagnosi tempestiva e una gestione proattiva.

6. Utilizzo di Insetticidi Naturali e Chimici per Piante Carnivore

Il controllo degli insetti parassiti è essenziale per mantenere le piante carnivore in salute, dato che molte di esse sono particolarmente vulnerabili a infestazioni. Le piante carnivore, sebbene abbiano sviluppato meccanismi naturali per catturare e nutrirsi di piccoli insetti, non sempre riescono a gestire tutti i parassiti che possono attaccarle. Per questo motivo, è cruciale utilizzare insetticidi, sia naturali che chimici, in modo efficace e sicuro. Questo paragrafo esplorerà dettagliatamente i diversi tipi di insetticidi, come usarli correttamente e le migliori pratiche per la loro applicazione.

Insetticidi Naturali

Gli insetticidi naturali, spesso preferiti per la loro minore tossicità e il minor impatto ambientale, offrono soluzioni efficaci per il controllo dei parassiti. Ecco alcuni dei più utilizzati e le loro applicazioni pratiche:

1. **Olio di Neem:**

- **Composizione e Funzionamento:** L'olio di neem è estratto dai semi di AZADIRACHTA INDICA e contiene azadiractina, un composto che altera il ciclo vitale degli insetti impedendo la loro crescita e riproduzione.

- **Applicazione:** Diluito in acqua (generalmente 5-10 ml per litro di acqua), l'olio di neem può essere spruzzato sulle foglie e sui gambi delle piante. È particolarmente efficace contro afidi, cocciniglie e tripidi. Applicare ogni 7-14 giorni per garantire una copertura continua e ottimale.

2. **Sapone Insetticida:**

- **Composizione e Funzionamento:** I saponi insetticidi, spesso a base di potassio o sodio, agiscono disidratando e soffocando gli insetti. Sono particolarmente utili per trattare infestazioni leggere e prevenire la proliferazione di parassiti.

- **Applicazione:** Preparare una soluzione diluendo il sapone (circa 5-10 ml per litro di acqua) e spruzzare uniformemente sulle aree infette. Assicurarsi che tutte le superfici delle foglie e dei gambi siano ben coperte.

3. **Estratto di Aglio:**

    - **Composizione e Funzionamento:** L'estratto di aglio possiede proprietà repellenti naturali grazie ai composti solforati che irritano gli insetti.

    - **Applicazione:** Mescolare 2-3 spicchi d'aglio schiacciati in 1 litro di acqua e lasciar riposare per 24 ore. Filtrare e spruzzare sulle piante una volta alla settimana per tenere lontani parassiti come afidi e acari.

4. **Olio di Canna (Canola Oil):**

    - **Composizione e Funzionamento:** Questo olio, quando miscelato con acqua e un detergente, può soffocare insetti e uova.

    - **Applicazione:** Usare una miscela di 1-2 cucchiai di olio per litro d'acqua e spruzzare su tutte le parti della pianta. Ripetere ogni 7-10 giorni per risultati ottimali.

Insetticidi Chimici

Gli insetticidi chimici possono essere molto efficaci per infestazioni gravi o difficili da controllare con metodi naturali. Tuttavia, è importante usarli con cautela e seguire le istruzioni per minimizzare i rischi per le piante e per l'ambiente circostante.

1. **Insetticidi a Base di Pirimicarb:**

- **Composizione e Funzionamento:** Il pirimicarb è un insetticida sistemico che interferisce con il sistema nervoso degli insetti, inibendo la loro alimentazione e riproduzione.

- **Applicazione:** Diluito secondo le indicazioni del produttore, può essere applicato direttamente sulle foglie e sui gambi delle piante. È efficace contro afidi e tripidi, ma deve essere usato con attenzione per evitare danni alle piante.

2. **Insetticidi a Base di Permetrina:**

- **Composizione e Funzionamento:** La permetrina è un piretroide sintetico che agisce come neurotossina per gli insetti. È efficace contro una vasta gamma di parassiti.

- **Applicazione:** Diluirlo secondo le istruzioni del prodotto e spruzzare su tutte le superfici della pianta. Evitare di applicare durante le ore più calde della giornata per prevenire la possibile bruciatura delle foglie.

3. **Insetticidi a Base di Imidacloprid:**

    - **Composizione e Funzionamento:**
    L'imidacloprid è un insetticida sistemico che viene assorbito dalle radici e distribuito attraverso tutta la pianta, colpendo gli insetti che si nutrono delle sue parti.

    - **Applicazione:** Applicare per irrigazione secondo le raccomandazioni del produttore. È particolarmente utile contro le cocciniglie e i tripidi. Essere consapevoli delle potenziali implicazioni ecologiche e usarlo con parsimonia.

Pratiche di Applicazione e Sicurezza

1. **Precauzioni Generali:**

    - **Test di Compatibilità:** Prima di applicare qualsiasi insetticida, sia naturale che chimico, eseguire un test su una piccola area della pianta per assicurarsi che non causi danni.

    - **Protezione Personale:** Usare guanti e maschera durante l'applicazione di insetticidi chimici per evitare contatti diretti con la pelle e le vie respiratorie.

2. **Temporizzazione e Frequenza:**

   - **Applicazione Regolare:** Seguire un programma di applicazione regolare per controllare i parassiti, ma evitare trattamenti eccessivi che possono stressare le piante.

   - **Monitoraggio e Adattamento:** Monitorare continuamente le piante e adattare le strategie di trattamento in base alla gravità dell'infestazione e alla risposta delle piante.

3. **Evitare la Resistenza agli Insetticidi:**

   - **Rotazione dei Prodotti:** Alternare tra diversi tipi di insetticidi per evitare che i parassiti sviluppino resistenza. Questo approccio aiuta a mantenere l'efficacia dei trattamenti nel lungo periodo.

Conclusione

L'utilizzo di insetticidi naturali e chimici per le piante carnivore richiede una comprensione approfondita dei diversi tipi di insetticidi disponibili e delle loro applicazioni specifiche. Le soluzioni naturali offrono opzioni meno invasive e più ecologiche, mentre i prodotti chimici possono essere necessari per infestazioni più gravi. Adottare una gestione integrata dei parassiti che combina metodi naturali e chimici, quando necessario, può garantire la salute e la prosperità delle piante carnivore. Ricordare sempre di seguire le istruzioni dei prodotti e di adottare pratiche sicure per proteggere le piante e l'ambiente circostante.

7. Gestione dell'Infestazione da Nematodi nel Terreno

I nematodi, piccoli vermi microscopici che infestano il terreno, possono rappresentare una seria minaccia per le piante carnivore, compromettendo il loro sviluppo e la loro salute generale. Questi parassiti del suolo si nutrono delle radici delle piante, causando danni che possono manifestarsi sotto forma di crescita stentata, foglie ingiallite e una riduzione della capacità di assorbire nutrienti e acqua. Affrontare un'infestazione da nematodi richiede un approccio sistematico che include la diagnosi accurata, la gestione preventiva e le tecniche di intervento diretto.

Identificazione dei Nematodi

1. **Osservazione dei Sintomi:**

    - **Manifestazioni Visibili:** Le piante infestati da nematodi possono mostrare sintomi come foglie scolorite, crescita rallentata e radici deformate. Le radici danneggiate possono apparire annerite, gonfie o atrofizzate.

    - **Rilevamento nel Terreno:** Per identificare l'infestazione da nematodi, prelevare campioni di terreno dalle radici delle piante e inviarli a un laboratorio specializzato per l'analisi. I nematodi sono difficili da individuare senza un microscopio, quindi è spesso necessario l'ausilio di esperti.

2. **Analisi del Suolo:**

- **Campionamento:** Raccogliere campioni di terreno da diverse aree del letto di coltivazione per ottenere una visione rappresentativa dell'infestazione. Assicurarsi che i campioni includano sia il suolo superficiale che quello più profondo.

- **Esame Microscopico:** Utilizzare un microscopio per esaminare il terreno e identificare i nematodi presenti. Esistono diverse specie di nematodi, e ogni specie può richiedere un trattamento specifico.

Tecniche di Controllo e Prevenzione

1. **Rotazione delle Colture:**

- **Pratica della Rotazione:** Alternare le piante carnivore con altre colture che non sono ospiti preferiti dai nematodi. La rotazione delle colture aiuta a ridurre la popolazione di nematodi nel terreno e a prevenire future infestazioni.

- **Specie Non-Ospiti:** Piante come il cavolo, i legumi o le erbe aromatiche possono essere utilizzate come colture di rotazione per interrompere il ciclo vitale dei nematodi.

2. **Trattamenti del Suolo:**

- **Solarizzazione del Suolo:** Questa tecnica prevede l'uso della luce solare per riscaldare il terreno, uccidendo i nematodi e altri patogeni. Coprire il terreno con plastica trasparente durante i mesi più caldi e lasciare la plastica in posizione per 4-6 settimane.

- **Ammendanti del Suolo:** Incorporare ammendanti organici come compost e letame ben decomposto può migliorare la struttura del suolo e favorire la presenza di microrganismi benefici che competono con i nematodi.

3. **Uso di Nematocidi:**

- **Nematocidi Chimici:** Questi prodotti sono specificamente progettati per uccidere nematodi e possono essere applicati al suolo secondo le indicazioni del produttore. I nematocidi chimici, come il cloropicrina o il metil bromuro, devono essere usati con cautela per evitare effetti collaterali negativi sull'ambiente e sulla salute delle piante.

- **Nematocidi Naturali:** Esistono anche opzioni naturali, come l'uso di estratti di neem o l'additivo di batteri antagonisti che possono aiutare a controllare le popolazioni di nematodi senza ricorrere a sostanze chimiche aggressive.

4. **Implementazione di Pratiche di Cura e Manutenzione:**

    - **Miglioramento della Struttura del Suolo:** Garantire che il terreno sia ben drenato e non compattato aiuta a mantenere le radici delle piante in buona salute e ridurre l'impatto dei nematodi. Utilizzare substrati ben aerati e evitare l'uso eccessivo di fertilizzanti che possono alterare l'equilibrio del terreno.

    - **Monitoraggio e Manutenzione:** Controllare regolarmente lo stato delle piante e del terreno per individuare segni di infestazione da nematodi in modo tempestivo. Implementare strategie di monitoraggio, come l'uso di trappole per nematodi, per rilevare la presenza di nematodi e adattare le pratiche di controllo di conseguenza.

Considerazioni Finali

La gestione dell'infestazione da nematodi richiede un approccio olistico che combina prevenzione, diagnosi tempestiva e interventi mirati. Mentre le tecniche di trattamento come la solarizzazione e l'uso di nematocidi possono essere molto efficaci, è fondamentale adottare anche pratiche di cura del suolo e rotazione delle colture per garantire un controllo duraturo e ridurre il rischio di future infestazioni. Un'adeguata gestione del terreno e una risposta proattiva ai segni di infestazione sono essenziali per mantenere le piante carnivore in salute e vigorose.

8. Prevenzione e Trattamento delle Malattie Legate all'Eccesso di Umidità

L'eccesso di umidità è uno dei problemi più comuni e insidiosi nella coltivazione delle piante carnivore. Questo eccesso può portare a una serie di malattie fungine e batteriche che minacciano la salute e la vitalità delle piante. Le condizioni di alta umidità favoriscono la proliferazione di patogeni come muffe, funghi e batteri, che possono causare marciumi radicali, macchie fogliari e altre malattie gravi. Per prevenire e trattare queste malattie, è essenziale adottare una serie di strategie mirate che includano la gestione dell'umidità, l'uso di trattamenti specifici e l'adozione di buone pratiche di coltivazione.

Identificazione delle Malattie Legate all'Eccesso di Umidità

1. **Sintomi Comuni:**

- **Marciume Radicale:** Le radici delle piante colpite possono apparire marroni o nere e avere una consistenza molle. Questo sintomo è spesso accompagnato da un cattivo odore e dalla presenza di funghi visibili sul substrato.

- **Muffa e Muffa Grigia:** Le foglie e i fiori delle piante possono presentare una patina grigia o biancastra, segno di infezioni fungine. La muffa grigia (Botrytis cinerea) è particolarmente insidiosa e può diffondersi rapidamente in condizioni di alta umidità.

- **Macchie Fogliari:** Le foglie possono sviluppare macchie marroni o gialle, talvolta circondate da un alone scuro. Queste macchie possono essere causate da diversi tipi di funghi che prosperano in ambienti umidi.

2. **Diagnosi Accurata:**

- **Esame Visivo:** Ispezionare attentamente le piante e il substrato per identificare segni di umidità e malattie. Utilizzare una lente d'ingrandimento per esaminare le foglie e le radici alla ricerca di segni di infestazione.

- **Campionamento e Test:** In caso di sintomi gravi, prelevare campioni di substrato e piante malate per l'analisi in laboratorio. Questo aiuta a identificare il tipo specifico di patogeno e a determinare il trattamento più efficace.

Strategie di Prevenzione

1. **Gestione dell'Umidità:**

- **Drenaggio Efficiente:** Assicurarsi che i contenitori utilizzati per le piante carnivore abbiano fori di drenaggio adeguati. L'uso di substrati ben drenanti, come una miscela di torba e perlite, aiuta a prevenire l'accumulo di umidità.

- **Ventilazione Adeguata:** Mantenere una buona circolazione dell'aria intorno alle piante. Posizionare i contenitori in ambienti ben ventilati e considerare l'uso di ventole per migliorare il flusso d'aria, soprattutto in ambienti chiusi come serre.

2. **Tecniche di Irrigazione:**

- **Evitare l'Eccesso di Acqua:** Annaffiare le piante carnivore solo quando necessario, assicurandosi che il substrato sia asciutto tra un'annaffiatura e l'altra. Utilizzare metodi di irrigazione che minimizzino l'umidità eccessiva sul fogliame e sulle radici.

- **Uso di Substrati Assorbenti:** Utilizzare substrati che favoriscano l'evaporazione dell'acqua in eccesso. Mix di sabbia e perlite possono essere particolarmente utili per mantenere un buon equilibrio di umidità.

3. **Manutenzione e Pulizia:**

- **Pulizia dei Contenitori:** Pulire regolarmente i contenitori e gli attrezzi da giardinaggio con una soluzione disinfettante per prevenire la proliferazione di patogeni.

- **Rimozione di Parti Malate:** Rimuovere e smaltire le foglie e le parti di piante infette per ridurre la diffusione delle malattie. Assicurarsi di disinfettare le forbici e gli strumenti utilizzati per evitare la contaminazione.

Trattamenti per Malattie da Eccesso di Umidità

1. **Trattamenti Fitosanitari:**

- **Fungicidi:** Applicare fungicidi specifici per le malattie fungine identificate. I fungicidi a base di rame o a base di zolfo sono spesso efficaci contro diverse malattie fungine, ma è fondamentale seguire le istruzioni del produttore e le indicazioni per la dose e la frequenza di applicazione.

- **Antifungini Naturali:** Utilizzare rimedi naturali come estratti di neem o olio di tea tree, che hanno proprietà antifungine e possono aiutare a controllare le infezioni in modo sicuro per le piante.

2. **Trattamenti del Substrato:**

- **Miglioramento del Drenaggio:** Aggiungere materiale drenante al substrato per migliorare il drenaggio e ridurre l'umidità in eccesso. Incorporare sabbia grossolana o perlite può aiutare a mantenere un buon equilibrio di umidità.

- **Trattamenti Specifici:** Applicare trattamenti specifici per il substrato infetto, come ammendanti che possono aiutare a migliorare la qualità del suolo e ridurre la proliferazione di patogeni.

3. **Controllo Ambientale:**

- **Regolazione delle Condizioni Ambientali:** Monitorare e regolare le condizioni ambientali, come la temperatura e l'umidità, per creare un ambiente meno favorevole alla proliferazione di malattie. Utilizzare deumidificatori o sistemi di ventilazione per mantenere l'umidità a livelli ottimali.

Considerazioni Finali

La gestione delle malattie legate all'eccesso di umidità nelle piante carnivore richiede un approccio integrato che combina prevenzione, controllo ambientale e trattamenti mirati. Implementando pratiche di coltivazione adeguate e monitorando attentamente le condizioni delle piante, è possibile ridurre significativamente il rischio di malattie e mantenere le piante carnivore in salute e vigorose. La chiave per il successo è una gestione proattiva dell'umidità e una risposta rapida e mirata ai segni di infezione.

9. Tecniche di Monitoraggio e Ispezione Regolare delle Piante

Il monitoraggio e l'ispezione regolare delle piante carnivore sono pratiche fondamentali per garantire la loro salute e prevenire problemi che possono compromettere la loro crescita e vitalità. Una sorveglianza attenta e sistematica permette di identificare precocemente segni di infestazioni parassitarie, malattie o condizioni ambientali avverse, facilitando interventi tempestivi e mirati. Questo paragrafo offre una guida dettagliata su come eseguire un monitoraggio efficace e quali tecniche utilizzare per mantenere le piante carnivore in condizioni ottimali.

Importanza della Sorveglianza Regolare

1. **Prevenzione e Prevenzione Precoce:**

    - **Identificazione Anticipata:** Le infestazioni parassitarie e le malattie spesso iniziano con sintomi sottili. Un'ispezione regolare consente di rilevare segni iniziali, come macchie fogliari, foglie appassite o cambiamenti nel colore, prima che diventino gravi e difficili da trattare.

    - **Controllo Ambientale:** Monitorare le condizioni ambientali, come l'umidità e la temperatura, è essenziale per prevenire problemi derivanti da condizioni non ottimali. Questo include il controllo dei livelli di umidità e il mantenimento di una ventilazione adeguata.

2. **Miglioramento della Salute delle Piante:**

    - **Crescita e Sviluppo:** Le piante carnivore che ricevono una cura attenta e una sorveglianza costante tendono a svilupparsi più vigorosamente. Un monitoraggio regolare aiuta a ottimizzare le condizioni di crescita e a garantire che le piante ricevano tutto il necessario per prosperare.

    - **Ottimizzazione dei Trattamenti:** Conoscere la condizione attuale delle piante permette di personalizzare i trattamenti e le cure, migliorando l'efficacia dei fertilizzanti, dei pesticidi e dei trattamenti antifungini.

Tecniche di Monitoraggio e Ispezione

1. **Ispezione Visiva:**

    - **Controllo Quotidiano:** Eseguire ispezioni visive giornaliere delle piante per rilevare eventuali segni di infestazioni o malattie. Controllare attentamente le foglie, i gambi e il substrato per eventuali anomalie.

    - **Esame Dettagliato:** Utilizzare una lente d'ingrandimento per esaminare le foglie e i gambi in cerca di piccoli insetti o segni di malattia. Prestare particolare attenzione alla parte inferiore delle foglie, dove molti parassiti tendono a nascondersi.

2. **Monitoraggio del Substrato:**

   - **Controllo dell'Umidità:** Verificare regolarmente l'umidità del substrato con un misuratore di umidità o semplicemente toccando la superficie del terreno. Assicurarsi che il substrato non sia né troppo secco né troppo umido.

   - **Ispezione delle Radici:** Periodicamente, rimuovere le piante dai contenitori per ispezionare le radici. Le radici sane dovrebbero essere bianche o di un colore chiaro e con una consistenza solida. Radici marroni, nere o molli indicano marciume radicale.

3. **Controllo Ambientale:**

   - **Temperatura e Umidità:** Monitorare le condizioni ambientali, assicurandosi che la temperatura e l'umidità siano appropriate per la specie di pianta carnivora coltivata. Utilizzare termometri e igrometri per raccogliere dati precisi.

   - **Ventilazione e Luce:** Verificare che le piante ricevano la quantità adeguata di luce e che l'aria circostante sia ben ventilata. La ventilazione può essere migliorata con l'uso di ventilatori o l'apertura di finestre in serre.

4. **Registrazione dei Dati:**

- **Diario di Ispezione:** Tenere un diario dettagliato delle ispezioni, annotando le osservazioni, le condizioni ambientali e qualsiasi problema riscontrato. Questa pratica aiuta a identificare tendenze e a pianificare interventi futuri.

- **Foto e Documentazione:** Fotografare regolarmente le piante e i problemi riscontrati. Le immagini possono essere utili per confrontare i cambiamenti nel tempo e per riferirsi a guide visive durante la diagnosi e il trattamento.

5. **Strumenti Utilizzati:**

- **Lente d'Ingrandimento:** Utilizzare una lente d'ingrandimento per ispezionare dettagliatamente le foglie e le radici.

- **Misuratore di Umidità:** Un misuratore di umidità del suolo per monitorare l'umidità del substrato.

- **Termometro e Igrometro:** Strumenti per misurare la temperatura e l'umidità ambientale.

Tecniche Avanzate di Monitoraggio

1. **Monitoraggio Elettronico:**

- **Sensori Ambientali:** Utilizzare sensori elettronici per monitorare continuamente la temperatura, l'umidità e altri parametri ambientali. I dati raccolti possono essere visualizzati tramite app o software per un controllo più preciso.

- **Telecamere di Sorveglianza:** In ambienti più grandi o in serre, l'uso di telecamere può aiutare a monitorare le piante senza dover effettuare ispezioni fisiche frequenti.

2. **Analisi dei Dati:**

- **Software di Analisi:** Utilizzare software specializzati per analizzare i dati raccolti e identificare schemi o problemi ricorrenti. Questo può aiutare a prevedere potenziali problemi prima che diventino gravi.

- **Rapporti e Diagnosi:** Preparare rapporti regolari basati sulle osservazioni e i dati raccolti. Questo aiuta a mantenere una panoramica della salute delle piante e a pianificare interventi correttivi se necessari.

Conclusione

Il monitoraggio e l'ispezione regolare delle piante carnivore sono essenziali per mantenerle in salute e per prevenire e trattare i problemi prima che diventino gravi. Adottando tecniche di sorveglianza sistematica e utilizzando strumenti e metodi adeguati, i coltivatori possono garantire che le loro piante carnivore prosperino e rimangano vigili contro minacce parassitarie e malattie. Implementare una routine di controllo efficace non solo migliora la salute delle piante, ma contribuisce anche a una gestione più efficiente e a lungo termine del giardino carnivoro.

10. Metodi di Disinfezione e Pulizia degli Strumenti di Giardinaggio

La pulizia e la disinfezione degli strumenti di giardinaggio sono pratiche essenziali nella cura delle piante carnivore. Strumenti contaminati possono trasferire malattie e parassiti alle piante, compromettendo la salute dell'intero giardino. Per garantire una crescita sana e vigorosa delle piante carnivore, è cruciale adottare metodi efficaci di pulizia e disinfezione. Questo paragrafo esplora tecniche dettagliate per mantenere gli strumenti di giardinaggio in condizioni ottimali.

Importanza della Pulizia Regolare

La pulizia regolare degli strumenti di giardinaggio non solo previene la diffusione di malattie e parassiti, ma estende anche la vita utile degli strumenti stessi. Polvere, terra e residui organici possono accumularsi sugli attrezzi, creando un ambiente favorevole per la proliferazione di batteri e funghi. Inoltre, l'uso di strumenti puliti assicura una manipolazione più precisa e sicura delle piante, riducendo il rischio di danni accidentali.

Metodi di Pulizia

1. **Rimozione dei Residui Visibili:** Inizia rimuovendo i residui di terra e detriti dalle superfici degli strumenti con una spazzola a setole rigide o un pennello. Per strumenti come le cesoie e le forbici, utilizza un attrezzo per la pulizia delle lame. Questo passaggio preliminare è fondamentale per evitare che i residui interferiscano con il processo di disinfezione.

2. **Lavaggio con Sapone e Acqua:** Dopo aver rimosso i residui, lavare gli strumenti con acqua calda e sapone delicato. Un sapone neutro è preferibile per non danneggiare i materiali degli strumenti. Utilizza una spazzola o uno straccio per pulire accuratamente tutte le superfici, prestando particolare attenzione alle giunzioni e alle aree difficili da raggiungere. Assicurati di risciacquare bene per eliminare ogni traccia di sapone.

3. **Disinfezione:** Dopo il lavaggio, disinfetta gli strumenti per eliminare eventuali patogeni residui. Alcuni dei disinfettanti più efficaci includono:

    - **Alcol Isopropilico:** Immersere gli strumenti in una soluzione di alcol isopropilico al 70% per almeno 10 minuti. L'alcol è efficace contro la maggior parte dei batteri e dei funghi.

- **Candeggina:** Preparare una soluzione di candeggina (1 parte di candeggina e 9 parti di acqua) e immergere gli strumenti per 10-15 minuti. Questo metodo è utile per la disinfezione profonda ma deve essere seguito da un risciacquo abbondante per rimuovere qualsiasi residuo di candeggina, che potrebbe danneggiare le piante.

- **Perossido di Idrogeno:** Utilizzare una soluzione di perossido di idrogeno al 3% per disinfettare gli strumenti. Questo disinfettante è meno aggressivo della candeggina e può essere usato per una pulizia frequente senza danneggiare gli strumenti.

4. **Asciugatura e Conservazione:** Dopo la disinfezione, asciuga accuratamente gli strumenti con un panno pulito e asciutto. Evita di lasciarli asciugare all'aria, poiché l'umidità residua può favorire la crescita di muffe e batteri. Conserva gli strumenti in un luogo asciutto e ben ventilato per evitare la formazione di ruggine e altre corrosioni.

Tecniche di Manutenzione

Oltre alla pulizia regolare, è importante eseguire manutenzioni periodiche sugli strumenti di giardinaggio. Oli per lubrificare le parti mobili, come le lame delle cesoie, possono prevenire l'usura e mantenere gli strumenti in ottimo stato di funzionamento. Inoltre, controlla e affila le lame quando necessario per garantire tagli precisi e puliti.

Adottare queste pratiche non solo contribuirà a mantenere gli strumenti in condizioni eccellenti ma anche a garantire un ambiente di coltivazione più sano e produttivo per le tue piante carnivore. La pulizia e la disinfezione sono investimenti nella salute a lungo termine del tuo giardino e nella qualità delle tue coltivazioni.

X. Coltivazione Avanzata e Specie Rare

1. Coltivazione di Drosera Capensis: Tecniche Avanzate per una Crescita Ottimale

La **Drosera capensis**, conosciuta anche come "sundew capensis", è una delle piante carnivore più affascinanti e popolari tra gli appassionati. Originaria del Sudafrica, questa pianta è nota per le sue foglie a forma di rosetta ricoperte da numerosi peli ghiandolari che secernono una sostanza appiccicosa per catturare e digerire piccoli insetti. Per ottenere risultati ottimali nella coltivazione di Drosera capensis, è essenziale adottare tecniche avanzate che garantiscano condizioni ideali di crescita.

Ambiente di Coltivazione

La Drosera capensis prospera in ambienti che simulano le condizioni del suo habitat naturale.

Luce: La pianta richiede una quantità abbondante di luce per crescere vigorosamente. Idealmente, dovrebbe ricevere 12-16 ore di luce al giorno, specialmente durante la fase di crescita attiva. Utilizzare lampade fluorescenti compatte a spettro completo o lampade LED progettate per piante carnivore può fornire l'illuminazione necessaria. Se si coltiva in esterno, è preferibile collocare la pianta in una posizione luminosa ma non esposta a luce solare diretta intensa che potrebbe bruciare le foglie.

Temperatura e Umidità: Drosera capensis è abbastanza tollerante riguardo alle temperature, ma preferisce ambienti caldi. La temperatura ideale varia tra 20°C e 30°C durante il giorno e può scendere leggermente durante la notte. L'umidità elevata è fondamentale; si consiglia di mantenere l'umidità ambientale sopra il 50% per evitare che le foglie si secchino e perdere la loro capacità di cattura. Un umidificatore o un terrario possono essere utili per raggiungere e mantenere questi livelli di umidità.

Substrato: La Drosera capensis necessita di un substrato ben drenante e acido. La miscela ideale comprende torba di sfagno e perlite in proporzioni 2:1. Questo substrato simula il terreno povero e acido delle zone di origine della pianta e previene il ristagno d'acqua, che potrebbe causare la marcescenza delle radici. È importante evitare l'uso di terreni ricchi di nutrienti o fertilizzanti chimici, che possono danneggiare la pianta.

Irrigazione

L'irrigazione è un aspetto cruciale nella coltivazione della Drosera capensis. Utilizzare acqua distillata, deionizzata o piovana per evitare l'accumulo di sali e minerali nocivi nel substrato. Mantenere il substrato umido ma non inzuppato. Durante i mesi estivi, si consiglia di annaffiare frequentemente, mentre in inverno, la frequenza può essere ridotta leggermente. Un metodo efficace è quello di posizionare il vaso in un sottovaso con acqua, permettendo alla pianta di assorbire l'umidità attraverso i fori di drenaggio.

Fertilizzazione

La Drosera capensis ha bisogno di una fertilizzazione molto moderata, poiché è adattata a vivere in terreni poveri di nutrienti. Se la pianta è coltivata in un ambiente chiuso, come un terrario, e si nota una crescita stentata, si può somministrare un fertilizzante liquido specifico per piante carnivore, diluito a una frazione di forza rispetto alla dose consigliata. Un'altra opzione è l'uso di integratori organici, come il compost di vermi, applicato con parsimonia. È cruciale non sovraccaricare la pianta di nutrienti, poiché può provocare danni alle foglie e ridurre l'efficacia della cattura degli insetti.

Potatura e Manutenzione

La Drosera capensis è una pianta relativamente facile da mantenere. Per stimolare una crescita sana e vigorosa, rimuovere regolarmente le foglie morte o appassite. Queste foglie possono essere eliminate delicatamente con delle pinzette per evitare di danneggiare le foglie sane e il substrato. Inoltre, è utile ripulire le foglie dalle ragnatele o dai resti di insetti catturati per prevenire infestazioni di parassiti.

Considerazioni Finali

Coltivare Drosera capensis può essere un'esperienza estremamente gratificante, soprattutto quando si comprendono e si applicano le tecniche avanzate di cura. Con un ambiente adeguato, un substrato appropriato, una corretta irrigazione e una fertilizzazione limitata, è possibile mantenere piante robuste e vitali che offriranno una crescita rigogliosa e una cattura efficace degli insetti.

2. Cura e Coltivazione della Nepenthes Rafflesiana: Strategie per un'Assistenza Specializzata

La **Nepenthes rafflesiana** è una delle specie di Nepenthes più imponenti e affascinanti, conosciuta per i suoi grandi e spettacolari trappole a forma di brocca. Originaria delle foreste tropicali del Sud-est asiatico, questa pianta carnivora richiede condizioni specifiche per prosperare e mostrare il suo pieno potenziale. La cura e la coltivazione di Nepenthes rafflesiana possono risultare impegnative, ma con le giuste strategie e attenzioni, è possibile ottenere risultati eccezionali.

Ambiente di Coltivazione

Luce: Nepenthes rafflesiana è una pianta che cresce in ambienti molto luminosi, ma non tollera la luce solare diretta intensa, che può danneggiare le foglie e ridurre la produzione di trappole. Una luce indiretta brillante è ideale. Se coltivata in interno, utilizzare lampade fluorescenti a spettro completo o LED progettati per la crescita delle piante carnivore. L'intensità luminosa deve essere sufficientemente alta per simulare le condizioni di luce filtrata delle foreste tropicali. Un posizionamento vicino a una finestra esposta a est o ovest, ma coperta da una tenda trasparente, può anche funzionare bene.

Temperatura e Umidità: La Nepenthes rafflesiana prospera a temperature calde durante il giorno, idealmente tra 25°C e 30°C, e a temperature notturne leggermente più fresche, tra 15°C e 20°C. Le temperature superiori a 35°C possono causare stress alla pianta, mentre temperature inferiori a 10°C potrebbero danneggiarla. L'umidità è cruciale: mantenere l'umidità ambientale tra il 50% e l'80%. Un terrario o una serra è altamente raccomandato per mantenere questi livelli di umidità. In ambienti domestici, è possibile utilizzare umidificatori o vaschette con acqua e ghiaia per incrementare l'umidità.

Substrato: La Nepenthes rafflesiana richiede un substrato che garantisca un buon drenaggio e una bassa concentrazione di nutrienti. Una miscela efficace è costituita da muschio di sfagno (sphagnum) e perlite in proporzioni di 1:1. Questa miscela aiuta a mantenere il substrato acido e ben aerato, prevenendo il ristagno d'acqua che può causare marciume radicale. È importante evitare l'uso di terreni ricchi di nutrienti o fertilizzanti chimici, poiché possono danneggiare la pianta.

Irrigazione

L'irrigazione è una componente essenziale nella cura della Nepenthes rafflesiana. Utilizzare esclusivamente acqua distillata, deionizzata o piovana per evitare l'accumulo di sali e minerali che potrebbero danneggiare la pianta. Mantenere il substrato umido ma non eccessivamente bagnato. È consigliabile annaffiare la pianta quando i primi centimetri superiori del substrato iniziano a seccarsi. Un metodo efficace è posizionare il vaso in un sottovaso con acqua, permettendo alla pianta di assorbire l'umidità attraverso i fori di drenaggio, ma evitando il contatto diretto del substrato con l'acqua stagnante.

Fertilizzazione

La Nepenthes rafflesiana, come molte altre piante carnivore, ha bisogno di una fertilizzazione molto limitata. Le trappole della pianta catturano insetti e piccoli animali, che forniscono la maggior parte dei nutrienti necessari. Se la pianta non è in grado di catturare abbastanza prede, è possibile somministrare un fertilizzante liquido specifico per piante carnivore, diluito a un quarto della concentrazione raccomandata. Applicare il fertilizzante solo una volta al mese e preferibilmente durante la stagione di crescita attiva. È cruciale evitare l'eccesso di fertilizzazione per prevenire danni alle radici e alle trappole.

Potatura e Manutenzione

La Nepenthes rafflesiana richiede una manutenzione regolare per mantenere una crescita sana. Potare le foglie morte o danneggiate con attenzione per evitare di stressare la pianta. Utilizzare pinzette o forbici sterili per rimuovere delicatamente le foglie secche o malate. È anche utile pulire le trappole regolarmente per rimuovere i resti di insetti e prevenire l'accumulo di muffe o funghi. La potatura e la pulizia aiutano a mantenere la pianta vigorosa e favoriscono una crescita continua di nuove trappole.

Considerazioni Finali

Coltivare la Nepenthes rafflesiana con successo richiede attenzione ai dettagli e una comprensione delle sue esigenze specifiche. Fornendo le condizioni ambientali adeguate, un substrato appropriato, una corretta irrigazione e una fertilizzazione moderata, è possibile ottenere una pianta sana e vigorosa che mostra il suo fascino unico. Con una cura adeguata, la Nepenthes rafflesiana non solo prospererà, ma diventerà anche un elemento distintivo e affascinante del vostro giardino o del vostro spazio verde.

3. Coltivare Utricularia: Condizioni Ideali per Specie Acquatiche e Terrestri

L'Utricularia, comunemente nota come pianta vescicolare, è una delle piante carnivore più affascinanti e diversificate, con specie che possono essere acquatiche, terrestri o semi-acquatiche. Ogni specie di Utricularia ha requisiti di coltivazione specifici, che possono variare notevolmente in base al loro habitat naturale. La coltivazione di Utricularia richiede una comprensione approfondita delle loro condizioni ideali per garantire una crescita ottimale e una fioritura abbondante. Questo paragrafo esplorerà le condizioni ideali per le specie acquatiche e terrestri di Utricularia, offrendo consigli pratici per ottenere risultati eccellenti.

Utricularia Acquatiche

Ambiente e Luce: Le specie acquatiche di Utricularia, come UTRICULARIA AUSTRALIS e UTRICULARIA GIBBA, crescono in ambienti d'acqua stagnante o a bassa corrente, come paludi, laghi e stagni. Queste piante richiedono una posizione in piena luce per una crescita ottimale, ma non tollerano la luce solare diretta intensa, che può causare alghe e competizione per i nutrienti. Un'illuminazione di 12-16 ore al giorno è ideale, e per coltivare queste piante in acquari o serbatoi, si consiglia l'uso di lampade fluorescenti a spettro completo o LED specifici per piante acquatiche.

Substrato e Acqua: Le specie acquatiche di Utricularia prosperano in acqua acida o leggermente alcalina. Utilizzare acqua distillata, deionizzata o acqua piovana per evitare accumuli di sali minerali e impurità. Il substrato non è sempre necessario per le specie completamente acquatiche, ma se utilizzato, deve essere un mix leggero di sabbia silicea e torba. Mantenere un livello d'acqua che varia da pochi centimetri a circa 10 cm sopra il substrato, a seconda della specie e delle dimensioni del contenitore.

Nutrizione e Fertilizzazione: Le Utricularia acquatiche catturano insetti e piccoli organismi acquatici tramite le loro vescicole sottomarine. Non richiedono fertilizzazione regolare, ma un'alimentazione occasionale con piccoli insetti o cibo per pesci può stimolare la crescita e la fioritura. Evitare l'eccesso di nutrienti, che può portare alla proliferazione di alghe e competizione per i nutrienti.

Manutenzione e Cura: Rimuovere regolarmente le alghe e i detriti per mantenere l'acqua pulita e ridurre il rischio di malattie. Monitorare la qualità dell'acqua e mantenere pH e durezza in livelli appropriati. Durante i mesi invernali o se la temperatura dell'acqua scende sotto i 15°C, ridurre gradualmente l'intensità della luce e mantenere l'acqua a temperatura costante.

Utricularia Terrestri

Ambiente e Luce: Le specie terrestri di Utricularia, come UTRICULARIA SANDERSONII e UTRICULARIA LIVIDA, richiedono un substrato ben drenante e condizioni di luce variabili. Preferiscono una luce indiretta brillante o parziale, simulando l'ombra filtrata delle foreste. Una combinazione di luce naturale e fluorescente è ideale se coltivata in ambienti chiusi. Durante la crescita attiva, un'illuminazione di 12-14 ore al giorno aiuta a stimolare la produzione di trappole e fiori.

Substrato e Irrigazione: Le Utricularia terrestri prosperano in substrati acidi e ben drenanti, come un mix di torba e perlite o sabbia silicea in proporzioni variabili. Il substrato deve essere mantenuto umido, ma non bagnato, e si deve evitare il ristagno d'acqua, che può causare marciume radicale. Annaffiare con acqua distillata o piovana e mantenere il substrato costantemente umido durante la stagione di crescita.

Nutrizione e Fertilizzazione: Simile alle specie acquatiche, le Utricularia terrestri catturano insetti per integrare la loro dieta. La fertilizzazione non è necessaria se la pianta ha accesso a una dieta naturale di insetti. Tuttavia, se necessario, utilizzare un fertilizzante diluito per piante carnivore una volta al mese durante il periodo di crescita attiva. Evitare un'eccessiva fertilizzazione per prevenire danni alle radici.

Manutenzione e Cura: Le Utricularia terrestri devono essere potate regolarmente per rimuovere le foglie morte o danneggiate. Monitorare la crescita e assicurarsi che il substrato non si asciughi completamente. Durante il riposo invernale, ridurre l'irrigazione e mantenere la pianta in un ambiente fresco, con temperature tra 10°C e 15°C.

Considerazioni Finali

La coltivazione di Utricularia, sia acquatiche che terrestri, offre sfide e soddisfazioni uniche. Adattando le condizioni di coltivazione alle esigenze specifiche delle varie specie, è possibile ottenere piante carnivore sane e vigorose.
L'osservanza delle pratiche di cura raccomandate garantirà che le Utricularia non solo sopravvivano, ma fioriscano magnificamente, contribuendo alla bellezza e alla varietà del vostro giardino di piante carnivore.

4. Sphagnum e Il Suo Ruolo nella Coltivazione di Piante Carnivore Rare

Il muschio di **Sphagnum** riveste un ruolo cruciale nella coltivazione di molte piante carnivore, soprattutto quelle rare e particolarmente esigenti. Questo muschio, noto anche come torba di sfagno, non è solo un substrato versatile ma anche un elemento fondamentale per replicare le condizioni del loro habitat naturale. Comprendere l'importanza dello Sphagnum e come utilizzarlo in modo efficace può fare la differenza nella crescita e nella salute delle vostre piante carnivore. Questo paragrafo esplorerà dettagliatamente le caratteristiche dello Sphagnum, il suo impiego nella coltivazione e le tecniche migliori per sfruttarlo a vantaggio delle piante carnivore rare.

Caratteristiche dello Sphagnum

Proprietà Fisiche e Chimiche: Lo Sphagnum è un muschio con la capacità unica di trattenere grandi quantità di acqua, fino a 20 volte il suo peso secco, grazie alla sua struttura cellulare altamente porosa. Questa caratteristica lo rende ideale per mantenere un ambiente umido e ben drenato, cruciale per molte piante carnivore che richiedono substrati costantemente umidi. Inoltre, lo Sphagnum tende a mantenere il pH del substrato leggermente acido, creando condizioni favorevoli per piante come le DROSERA e le NEPENTHES, che prosperano in ambienti acidi.

Capacità di Sostituzione della Torba: Lo Sphagnum fresco e secco può essere usato come sostituto della torba di sfagno in molti mix di coltivazione, offrendo vantaggi in termini di sostenibilità ambientale e miglioramento delle proprietà del substrato. Il muschio di Sphagnum ha anche proprietà antibatteriche naturali che possono contribuire a prevenire malattie fungine e batteriche, creando un ambiente più sano per le piante.

Uso dello Sphagnum nella Coltivazione

Substrato di Coltivazione: Nella coltivazione di piante carnivore rare, lo Sphagnum viene spesso utilizzato come substrato principale o miscelato con altri materiali per ottenere la giusta consistenza e drenaggio. Per piante come NEPENTHES e SARRACENIA, un mix di Sphagnum con perlite e sabbia silicea può garantire un buon drenaggio, evitando il ristagno d'acqua che può portare a marciume radicale.

Per le specie di DROSERA che richiedono un substrato più compatto, lo Sphagnum può essere usato quasi in purezza, creando una base ideale per la loro crescita e cattura degli insetti. Il muschio, una volta sbriciolato o ridotto in piccoli pezzi, può essere mescolato con torba di sfagno per formare una miscela che conserva bene l'umidità e favorisce la radicazione.

Preparazione e Manutenzione: Prima dell'uso, è importante preparare lo Sphagnum correttamente. Se si utilizza muschio fresco, deve essere pulito per rimuovere impurità e microrganismi indesiderati. Un buon metodo è quello di sciacquarlo abbondantemente con acqua distillata e, se necessario, trattarlo con un fungicida a base di rame o zolfo per prevenire malattie fungine. Dopo la preparazione, lo Sphagnum può essere conservato in un ambiente asciutto e fresco fino al momento dell'uso.

Applicazioni Speciali

Coltivazione in Serre e Terrari: Nelle coltivazioni in serra o terrario, lo Sphagnum è particolarmente utile per mantenere livelli di umidità costanti, essenziali per le piante carnivore rare. Può essere utilizzato come uno strato di pacciamatura sopra il substrato principale per ridurre l'evaporazione e mantenere un'umidità elevata. Inoltre, può essere collocato tra le piante o nei vasi per aiutare a mantenere la temperatura e l'umidità ambientale stabili, creando microclimi favorevoli.

Ripristino del Suolo: Lo Sphagnum può anche essere usato per il ripristino del suolo in aree dove è stato danneggiato o impoverito. Per le piante carnivore rare che hanno esigenze specifiche di suolo, l'integrazione di Sphagnum nel substrato può migliorare la struttura del suolo, aumentando la sua capacità di ritenzione dell'acqua e fornendo un ambiente più adatto per la crescita delle radici.

Considerazioni Finali

L'utilizzo dello Sphagnum nella coltivazione delle piante carnivore rare rappresenta una pratica essenziale per ottenere risultati ottimali. Con le sue proprietà uniche di ritenzione dell'acqua e acidità naturale, lo Sphagnum offre un substrato ideale per molte piante carnivore, supportando una crescita sana e vigorosa. La preparazione accurata e l'uso strategico di questo muschio possono contribuire significativamente al successo nella coltivazione di specie rare e delicate, rendendo il processo più gratificante per i coltivatori esperti e principianti.

5. Gestione delle Temperature per la Collezione di Piante Carnivore Tropicali

La gestione delle temperature è cruciale nella coltivazione delle piante carnivore tropicali, poiché queste piante hanno esigenze termiche specifiche che devono essere soddisfatte per garantire una crescita sana e una fioritura ottimale. Le piante carnivore tropicali, come le NEPENTHES, le DROSERA tropicali e le UTRICULARIA acquatiche, provengono da ambienti caratterizzati da temperature costanti e elevate. Pertanto, la capacità di replicare queste condizioni all'interno di un ambiente controllato è essenziale per il loro successo. Questo paragrafo esplorerà in dettaglio come gestire le temperature per creare un ambiente ideale per la coltivazione di queste piante esotiche.

Comprendere le Esigenze Termiche

Temperature Ideali: Le piante carnivore tropicali prosperano in ambienti con temperature costanti e elevate. In generale, la temperatura ideale per queste piante oscilla tra i 22 e i 30 gradi Celsius durante il giorno e non scende sotto i 15 gradi Celsius durante la notte. Alcune specie, come le NEPENTHES RAFFLESIANA e le NEPENTHES ALATA, possono tollerare temperature leggermente più alte durante il giorno, ma una temperatura notturna costante è fondamentale per il loro ciclo di crescita.

Differenziazione tra Giorno e Notte: Mentre le piante carnivore tropicali preferiscono temperature elevate durante il giorno, è importante fornire una variazione di temperatura anche durante la notte. La differenza tra le temperature diurne e notturne simula il ciclo naturale delle foreste tropicali e aiuta a mantenere le piante in uno stato di salute ottimale. Un'escursione di circa 5 gradi Celsius tra giorno e notte è spesso consigliata.

Strategie di Controllo della Temperatura

Uso di Riscaldatori e Ventilatori: Nei terrari e nelle serre, l'uso di riscaldatori è essenziale per mantenere temperature costanti. I riscaldatori a infrarossi o a convezione possono essere impiegati per riscaldare l'ambiente in modo uniforme. È cruciale scegliere un riscaldatore che possa mantenere una temperatura stabile senza causare sbalzi termici improvvisi. Inoltre, l'uso di ventilatori aiuta a distribuire uniformemente l'aria calda, prevenendo zone di calore eccessivo e creando un microclima equilibrato.

Controllo dell'Umidità: L'umidità è strettamente legata alla gestione della temperatura. Nei terrari e nelle serre, l'uso di umidificatori può aiutare a mantenere l'umidità alta, evitando che l'aria secca influisca negativamente sulla temperatura e sul benessere delle piante. Un'umidità relativa del 60-80% è ideale per le piante carnivore tropicali. Monitorare e regolare l'umidità è quindi altrettanto importante quanto controllare la temperatura.

Sistemi di Raffreddamento: In climi particolarmente caldi o durante i mesi estivi, l'uso di sistemi di raffreddamento come i condizionatori d'aria o i raffreddatori ad evaporazione può prevenire il surriscaldamento dell'ambiente. È importante assicurarsi che i sistemi di raffreddamento non generino correnti d'aria dirette che potrebbero danneggiare le piante o disturbare l'equilibrio termico.

Tecniche di Monitoraggio della Temperatura

Termometri e Controllori: L'uso di termometri digitali con sensori di temperatura è fondamentale per monitorare e mantenere le temperature ottimali. Molti termometri digitali moderni sono dotati di funzionalità di registrazione e allerta, che consentono di monitorare le variazioni di temperatura e di intervenire prontamente in caso di deviazioni.

Rilevatori di Temperatura con Regolazione Automatica: I sistemi di controllo climatico avanzati possono essere programmati per regolare automaticamente la temperatura e l'umidità in base alle impostazioni predefinite. Questi sistemi possono essere particolarmente utili per i coltivatori che gestiscono collezioni di piante carnivore tropicali di grandi dimensioni o in ambienti commerciali.

Adattamento e Prevenzione

Adattamento alle Variazioni Ambientali: In ambienti non controllati, come i giardini o le serre all'aperto, è importante proteggere le piante carnivore tropicali da temperature estreme. Utilizzare coperture ombreggianti durante il giorno e protezioni termiche durante la notte può aiutare a mantenere le temperature stabili. In inverno, considerare l'uso di serre riscaldate o tunnel per proteggere le piante dalle basse temperature.

Prevenzione di Stress Termico: Lo stress termico può compromettere la salute delle piante, quindi è cruciale evitare sbalzi improvvisi di temperatura. Introducendo gradualmente le piante a nuove condizioni di temperatura e utilizzando sistemi di controllo termico affidabili, è possibile ridurre il rischio di stress e migliorare la crescita complessiva delle piante.

Conclusione

Gestire efficacemente le temperature per le piante carnivore tropicali richiede una combinazione di riscaldamento, raffreddamento, umidificazione e monitoraggio. Creare e mantenere un ambiente termico ideale non solo migliora la salute e la crescita delle piante, ma favorisce anche la loro capacità di catturare insetti e produrre foglie carnivore vibranti. Con le giuste tecniche e strumenti, è possibile replicare fedelmente le condizioni ambientali delle foreste tropicali e garantire una coltivazione di successo delle vostre piante carnivore rare.

6. Tecniche di Riproduzione e Propagazione per Specie Carnivore Rare

La riproduzione e la propagazione delle piante carnivore rare possono sembrare complesse, ma con le giuste tecniche e una comprensione approfondita dei metodi disponibili, è possibile ottenere risultati eccellenti. Ogni specie carnivora ha le sue peculiarità in termini di riproduzione, e le tecniche di propagazione devono essere adattate di conseguenza. Questo paragrafo esplorerà in dettaglio le tecniche avanzate di riproduzione e propagazione, con esempi pratici e consigli per le specie rare e meno comuni.

Riproduzione per Semina

Preparazione dei Semi: Per molte specie carnivore rare, la semina è il metodo principale di propagazione. La preparazione dei semi è un passo cruciale. I semi di piante carnivore, come la DROSERA e la NEPENTHES, richiedono trattamenti specifici per garantire una buona germinazione. Ad esempio, i semi di NEPENTHES beneficiano di una stratificazione a freddo, mentre i semi di DROSERA spesso necessitano di una luce indiretta per germinare. È consigliabile immergere i semi in acqua distillata per 24 ore prima della semina per ammorbidirli e migliorare il tasso di germinazione.

Condizioni di Germinazione: I semi di piante carnivore rare devono essere piantati in substrati ben drenanti e specifici per carnivore, come una miscela di muschio di sfagno e perlite. Mantenere una temperatura costante di 22-25°C e un'umidità elevata è fondamentale. Utilizzare terrari o sacchetti di plastica per creare un ambiente umido può migliorare le probabilità di germinazione. Inoltre, posizionare i semi in luce indiretta aiuta a simulare le condizioni di crescita naturali e favorisce una germinazione uniforme.

Propagazione per Talea

Scelta delle Talee: Per alcune specie rare come la NEPENTHES e la SARRACENIA, la propagazione per talea è un metodo efficace. Le talee dovrebbero essere prelevate durante la stagione di crescita attiva, preferibilmente all'inizio della primavera o dell'estate. Utilizzare solo talee sane e vigorose che abbiano almeno 2-3 foglie e un segmento di fusto di 5-10 cm.

Processo di Radicazione: Le talee di NEPENTHES possono essere radicate in un substrato di muschio di sfagno leggermente umido o in acqua distillata. È consigliabile usare ormoni radicanti per stimolare la formazione delle radici. Le talee devono essere coperte con una campana di plastica o un sacchetto per mantenere l'umidità alta e ridurre l'evaporazione. Mantenere una temperatura di circa 25°C e una luce indiretta moderata migliora il processo di radicazione.

Trapianto delle Talee Radicate: Una volta che le talee sviluppano radici sufficienti, possono essere trapiantate in un substrato per piante carnivore standard. Durante il trapianto, evitare di disturbare eccessivamente le radici e assicurarsi che il nuovo ambiente sia ben drenante per prevenire il marciume radicale.

Propagazione per Divisione dei Ciuffi

Selezione e Preparazione: Alcune piante carnivore, come la SARRACENIA e la DROSERA CAPENSIS, si propagano efficacemente per divisione dei ciuffi. Questa tecnica consiste nel separare i ciuffi di radici e foglie in più porzioni e piantarli singolarmente. La divisione dovrebbe essere effettuata durante la stagione di crescita attiva, quando la pianta è più vigorosa.

Procedura di Divisione: Per dividere una pianta carnivora, rimuovere delicatamente la pianta dal contenitore e separare i ciuffi con un coltello sterile. Ogni porzione deve avere un buon numero di radici e foglie per garantire una crescita sana. Piantare i ciuffi in contenitori separati con un substrato ben drenante e mantenere le nuove piante in condizioni di luce e umidità ottimali.

Cura Post-Divisione: Dopo la divisione, le nuove piante possono essere sensibili e necessitano di un'attenzione particolare. Mantenere un'alta umidità e proteggere le piante da condizioni estreme aiuta a stabilizzare le nuove porzioni. Monitorare la crescita e assicurarsi che le piante ricevano abbastanza luce per incoraggiare lo sviluppo delle nuove foglie e radici.

Propagazione per Micropropagazione

Introduzione alla Micropropagazione: La micropropagazione è una tecnica avanzata che utilizza colture di tessuti vegetali per produrre nuove piante. Questa tecnica è particolarmente utile per specie rare e difficili da propagare. Richiede l'uso di un laboratorio o una camera sterile per evitare contaminazioni.

Procedure di Coltura in Vitro: Iniziare con il prelievo di tessuti vegetali, come le gemme apicali o le porzioni di foglie, e sterilizzarli con soluzioni disinfettanti. Successivamente, i tessuti vengono coltivati su terreni di crescita specifici arricchiti con nutrienti e ormoni per stimolare la crescita e la formazione di nuovi germogli.

Trasferimento e Acclimatazione: Una volta che i germogli sono abbastanza grandi, devono essere trasferiti in ambienti di crescita più grandi e acclimatati gradualmente a condizioni ambientali normali. Questo processo può richiedere diverse settimane e deve essere monitorato attentamente per evitare shock ambientali.

Conclusione

La riproduzione e la propagazione delle specie carnivore rare richiedono un'attenzione meticolosa e l'uso di tecniche avanzate. Dalla semina alla micropropagazione, ogni metodo offre opportunità uniche per moltiplicare e preservare queste affascinanti piante. Adattare le tecniche di propagazione alle specifiche esigenze di ciascuna specie è fondamentale per il successo e la sostenibilità della coltivazione di piante carnivore rare. Con pazienza e cura, è possibile ottenere piante vigorose e prosperose, contribuendo alla conservazione e alla bellezza di queste specie uniche.

7. Sfide e Soluzioni nella Coltivazione di Piante Carnivore Endemiche

La coltivazione di piante carnivore endemiche può presentare una serie di sfide uniche dovute alle loro esigenze specifiche e alla loro adattabilità a condizioni ambientali particolari. Queste specie, spesso limitate a habitat ristretti e specifici, richiedono condizioni di crescita molto precise e attenzioni particolari per prosperare al di fuori del loro ambiente naturale. In questo paragrafo, esploreremo le principali sfide e le soluzioni pratiche per affrontarle, fornendo consigli dettagliati per la coltivazione di queste piante affascinanti e rare.

Sfide Ambientali

Condizioni Ambientali Estreme: Molte piante carnivore endemiche, come la DROSERA REGIA o la NEPENTHES MACROPHYLLA, provengono da habitat con condizioni climatiche estreme, come le torbiere fredde o le foreste pluviali umide. Replicare queste condizioni in un ambiente di coltivazione domestico può essere difficile. Le sfide includono mantenere temperature e umidità costanti, oltre a garantire la corretta qualità del substrato.

Soluzione: Per replicare le condizioni ambientali, è essenziale utilizzare terrari o camere di crescita controllate. Per le piante che richiedono umidità elevata, installare umidificatori o utilizzare serbatoi d'acqua vicino alle piante può aiutare a mantenere l'umidità. Per le piante che necessitano di temperature fresche, utilizzare ventilatori e sistemi di raffreddamento per mantenere la temperatura all'interno di un intervallo specifico. Monitorare e regolare regolarmente le condizioni ambientali con termometri e igrometri è cruciale per il successo.

Qualità del Substrato

Substrato Inadeguato: Le piante carnivore endemiche spesso crescono in terreni particolari, come torbe acide o sabbie silicee. Un substrato inadeguato può influire negativamente sulla salute della pianta, portando a radici deboli e crescita compromessa. Inoltre, l'uso di terreni da giardino comuni può contenere fertilizzanti o additivi che danneggiano le piante carnivore.

Soluzione: Utilizzare substrati specifici per piante carnivore, come una miscela di muschio di sfagno, perlite e sabbia silicea, che replicano le condizioni naturali. Per le specie che crescono in torbiere, preparare una miscela di torba di sfagno e sabbia silicea in proporzioni adatte. Assicurarsi che il substrato sia ben drenante e privo di sali o fertilizzanti che potrebbero alterare l'acidità del terreno.

Nutrizione e Fertilizzazione

Esigenze Nutrizionali Specifiche: Le piante carnivore endemiche possono avere esigenze nutrizionali particolari a causa del loro adattamento a terreni poveri di nutrienti. Un eccesso di fertilizzazione o l'uso di nutrienti sbagliati può danneggiare queste piante delicate.

Soluzione: Nutrire le piante carnivore con fertilizzanti specifici per piante carnivore, che sono formulati per essere a basso contenuto di nutrienti e privi di additivi chimici. Utilizzare fertilizzanti in quantità molto ridotte e solo durante il periodo di crescita attiva. In alternativa, utilizzare metodi di fertilizzazione naturale, come l'uso di insetti, per fornire i nutrienti necessari senza rischiare eccessi.

Malattie e Parassiti

Resistenza a Malattie e Parassiti: Le piante carnivore endemiche possono essere particolarmente vulnerabili a malattie e parassiti specifici che non colpiscono le specie comuni. Questi possono includere muffe, cocciniglie e acari che si sviluppano in condizioni di umidità elevata o substrato inadeguato.

Soluzione: Monitorare regolarmente le piante per segni di infestazioni o malattie. Utilizzare metodi di controllo biologico, come l'introduzione di predatori naturali (ad esempio, coccinelle per i parassiti), o insetticidi specifici per piante carnivore per gestire infestazioni. Mantenere condizioni ambientali stabili e evitare eccessi di umidità che possono favorire lo sviluppo di malattie fungine.

Conservazione e Riproduzione

Conservazione delle Specie Rare: Le piante carnivore endemiche sono spesso minacciate dalla perdita di habitat e dalle condizioni ambientali alterate. La loro conservazione in coltivazione richiede attenzione e strategie di riproduzione efficaci.

Soluzione: Implementare tecniche di riproduzione avanzate come la micropropagazione per garantire una buona biodiversità e sostenere le popolazioni di piante rare. Partecipare a programmi di conservazione e collaborare con giardini botanici e istituzioni per preservare e propagare queste specie. Documentare e condividere le pratiche di coltivazione con la comunità di coltivatori per migliorare le tecniche e garantire la sostenibilità.

Conclusione

Affrontare le sfide nella coltivazione di piante carnivore endemiche richiede una combinazione di conoscenze approfondite, attenzione ai dettagli e l'implementazione di soluzioni pratiche. Adattare le condizioni ambientali, utilizzare substrati e fertilizzanti appropriati, monitorare le piante per malattie e parassiti, e impegnarsi nella conservazione sono elementi fondamentali per il successo nella coltivazione di queste specie rare e affascinanti. Con la giusta preparazione e cura, è possibile creare ambienti di crescita ideali e contribuire alla preservazione di queste piante uniche.

8. Creazione e Manutenzione di Habitat per Specie di Piante Carnivore Rare

La creazione e manutenzione di habitat per piante carnivore rare è un aspetto cruciale della coltivazione avanzata di queste specie straordinarie. La progettazione di ambienti che imitano fedelmente il loro habitat naturale è essenziale per il loro benessere e crescita ottimale. Questo paragrafo esplorerà le tecniche e le considerazioni necessarie per creare e mantenere habitat ideali per le piante carnivore rare, con esempi pratici e suggerimenti dettagliati per aiutare i principianti a diventare esperti nella cura di queste piante esigenti.

Progettazione dell'Habitat

1. Comprendere l'Ambiente Naturale

Ogni specie di pianta carnivora ha esigenze ambientali uniche basate sul suo habitat naturale. Ad esempio, la NEPENTHES VILLOSA cresce nelle foreste montane dell'Asia, dove le temperature sono fresche e l'umidità è alta. D'altra parte, la DROSERA CAPENSIS prospera nelle torbiere del Sud Africa, con temperature più calde e alta umidità. Prima di progettare un habitat, è essenziale ricercare le condizioni specifiche di crescita della specie che si intende coltivare.

2. Costruzione di Terrari e Camere di Crescita

Per replicare l'ambiente naturale, è spesso necessario costruire terrari o camere di crescita che offrano controllo preciso delle condizioni ambientali. I terrari possono essere realizzati in vetro o plastica trasparente e devono essere sufficientemente spaziosi per ospitare la pianta e il substrato senza comprometterne la crescita.

- **Temperatura e Umidità:** Utilizzare riscaldatori o raffreddatori e umidificatori per mantenere la temperatura e l'umidità all'interno di un intervallo specifico. Ad esempio, per le piante tropicali come la NEPENTHES, mantenere una temperatura tra 22-28°C e un'umidità dell'80-90%.

- **Illuminazione:** Fornire una fonte di luce artificiale che emuli la luce naturale. Le lampade fluorescenti a spettro completo o i LED specializzati per piante possono essere utilizzati per simulare il ciclo giorno-notte necessario per la fotosintesi.

3. Creazione del Substrato

Il substrato è cruciale per la salute delle piante carnivore, poiché molte di esse richiedono terreni ben drenanti e acidi. Per piante come la DROSERA e la SARRACENIA, utilizzare una miscela di torba di sfagno e sabbia silicea in proporzioni adatte. Per specie che crescono in terreni più umidi, come alcune UTRICULARIA, il substrato può includere muschio di sfagno e perlite.

- **Preparazione del Substrato:** Assicurarsi che il substrato sia privo di nutrienti aggiuntivi che potrebbero alterare l'acidità. È possibile sterilizzare il substrato mediante riscaldamento in forno per prevenire contaminazioni.

Manutenzione dell'Habitat

1. Monitoraggio delle Condizioni Ambientali

Una volta allestito l'habitat, il monitoraggio costante è essenziale per mantenere le condizioni ideali. Utilizzare strumenti di controllo come termometri, igrometri e pH-metri per assicurarsi che temperatura, umidità e pH del substrato siano sempre ottimali.

- **Temperatura e Umidità:** Effettuare misurazioni giornaliere e regolare i dispositivi di riscaldamento, raffreddamento e umidificazione secondo le necessità. Considerare l'installazione di un termostato e un igrostato automatici per mantenere le condizioni costanti.

- **Ventilazione:** Garantire una buona circolazione dell'aria per prevenire l'accumulo di umidità e la formazione di muffe. Installare ventilatori piccoli o aprire le aperture del terrario regolarmente per evitare l'aria stagnante.

2. Pulizia e Manutenzione del Terrario

La pulizia regolare del terrario è fondamentale per prevenire malattie e infestazioni di parassiti. Rimuovere foglie morte, avanzi di cibo e altre detriti che potrebbero favorire la crescita di funghi o batteri.

- **Pulizia:** Disinfettare le superfici e il substrato utilizzando soluzioni sicure per le piante, come una miscela di acqua e aceto bianco. Evitare l'uso di detergenti chimici che potrebbero danneggiare le piante.

- **Controllo dei Parassiti:** Ispezionare regolarmente le piante per segni di parassiti. Utilizzare metodi di controllo biologico o insetticidi specifici per piante carnivore se necessario.

3. Fertilizzazione e Nutrizione

Le piante carnivore rare, come la NEPENTHES, richiedono una fertilizzazione moderata per sostenere la loro crescita. Utilizzare fertilizzanti specializzati e applicarli in piccole quantità.

- **Fertilizzazione:** Applicare fertilizzanti a bassa concentrazione, preferibilmente sotto forma di liquido, e solo durante il periodo di crescita attiva. Evitare di fertilizzare eccessivamente, poiché ciò può danneggiare le piante.

4. Riproduzione e Conservazione

Per mantenere una collezione sana di piante carnivore rare, è importante considerare la loro riproduzione e conservazione. Le tecniche di propagazione, come il seme e la talea, possono aiutare a garantire una popolazione sostenibile e sana.

- **Riproduzione:** Utilizzare metodi di propagazione appropriati per la specie, come la divisione dei ciuffi per piante come la SARRACENIA o la semina per la DROSERA. Seguire le linee guida specifiche per ogni metodo di propagazione.

- **Conservazione:** Documentare le condizioni di crescita e le tecniche di coltivazione utilizzate. Collaborare con altre istituzioni o giardini botanici per condividere informazioni e contribuire alla conservazione delle specie rare.

Conclusione

La creazione e manutenzione di habitat per piante carnivore rare richiedono un impegno significativo e una comprensione approfondita delle loro esigenze ambientali specifiche. Progettare ambienti che replicano fedelmente il loro habitat naturale, monitorare e mantenere le condizioni ottimali, e gestire correttamente la pulizia e la fertilizzazione sono tutti aspetti fondamentali per il successo nella coltivazione di queste piante uniche. Con le giuste tecniche e un'attenta cura, è possibile garantire che queste specie rare prosperino e contribuiscano alla biodiversità delle piante carnivore.

9. Controllo delle Malattie e dei Parassiti nelle Specie Carnivore Non Comuni

Il controllo delle malattie e dei parassiti nelle specie carnivore non comuni è un aspetto cruciale della coltivazione avanzata, poiché molte di queste piante raramente incontrano problemi patogeni nella loro habitat naturale, ma possono essere particolarmente vulnerabili in coltivazione domestica. Questo paragrafo esplorerà le strategie dettagliate per il monitoraggio, la prevenzione e il trattamento di malattie e parassiti, fornendo indicazioni pratiche per garantire la salute e la prosperità di queste specie rare.

1. Identificazione e Monitoraggio

1.1 Identificazione dei Parassiti

I parassiti possono variare notevolmente a seconda della specie e dell'habitat. Per le piante carnivore non comuni, i parassiti più comuni includono afidi, tripidi, cocciniglie, acari e nematodi. È essenziale sapere come identificare questi parassiti per intervenire tempestivamente.

- **Afidi:** Piccole insetti di forma allungata che si attaccano alle foglie e ai fusti, succhiando linfa e causando deformazioni. Possono essere visibili ad occhio nudo o attraverso l'uso di una lente di ingrandimento.

- **Tripidi:** Insetti allungati e sottili che possono danneggiare le piante mordendo e succhiando il loro contenuto cellulare. Le loro tracce includono foglie striate e macchie argentee.

- **Cocciniglie:** Insetti rotondi ricoperti di una cera bianca o brunastra. Si trovano spesso sulla parte inferiore delle foglie e sui fusti.

- **Acari:** Microrganismi che possono causare scolorimento e macchie sulle foglie. Un ingrandimento è spesso necessario per la loro identificazione.

- **Nematodi:** Vermi microscopici nel suolo che infettano le radici, causando gonfiori e deformazioni. La loro presenza può essere difficile da rilevare senza analisi del suolo.

1.2 Monitoraggio Regolare

Effettuare ispezioni regolari delle piante è fondamentale per prevenire e identificare precocemente infestazioni. Ecco alcune tecniche efficaci:

- **Esame Visivo:** Controllare quotidianamente le foglie, i fusti e il substrato per segni di parassiti o malattie. Utilizzare una lente di ingrandimento per esaminare le aree più nascoste.

- **Trappole e Monitoraggi:** Utilizzare trappole adesive gialle per catturare insetti volanti come afidi e tripidi. Le trappole aiutano anche a monitorare l'intensità dell'infestazione.

- **Campioni di Suolo e Pianta:** Prelevare campioni di suolo e parti di piante per l'analisi in laboratorio, soprattutto se si sospettano infestazioni di nematodi o malattie radicolari.

2. Prevenzione

2.1 Tecniche di Prevenzione

La prevenzione è la chiave per mantenere le specie carnivore rare sane e prive di malattie. Implementare le seguenti pratiche preventive può ridurre notevolmente il rischio di problemi:

- **Condizioni Ambientali Ottimali:** Mantenere le piante in condizioni ambientali ideali per ridurre lo stress e la vulnerabilità a parassiti e malattie. Regolare temperatura, umidità e illuminazione secondo le necessità della specie.

- **Pulizia e Igiene:** Pulire regolarmente il terrario e gli attrezzi utilizzati per la cura delle piante. Rimuovere foglie morte e detriti che possono ospitare parassiti e patogeni.

- **Sterilizzazione del Substrato:** Utilizzare substrati sterili per ridurre il rischio di infezioni. Sterilizzare il substrato attraverso il riscaldamento in forno o il trattamento con vapore.

- **Isolamento delle Nuove Piante:** Quarantena le nuove piante per almeno due settimane prima di introdurle nella collezione esistente. Questo aiuta a prevenire la diffusione di parassiti e malattie.

2.2 Uso di Metodi Biologici

Il controllo biologico è spesso preferibile ai pesticidi chimici, specialmente per le specie carnivore rare. Ecco alcuni metodi biologici:

- **Insetti Predatori:** Introduzione di predatori naturali, come coccinelle per afidi o nematodi predatori per insetti del suolo, può aiutare a mantenere le popolazioni di parassiti sotto controllo.

- **Preparati Naturali:** Utilizzare preparati a base di neem o estratti di piante come il piretro, che hanno effetti repellente o insetticida senza essere troppo aggressivi per le piante.

3. Trattamenti e Interventi

3.1 Trattamenti Chimici

Se i metodi biologici non sono sufficienti, può essere necessario ricorrere a trattamenti chimici. È cruciale scegliere prodotti specifici e applicarli con attenzione:

- **Insetticidi Selettivi:** Utilizzare insetticidi che mirano specificamente ai parassiti senza danneggiare la pianta. Seguire attentamente le istruzioni per evitare sovradosaggi e danni collaterali.

- **Fungicidi:** Applicare fungicidi approvati per le piante carnivore se si identificano malattie fungine. Preferire fungicidi sistemici che penetrano nella pianta e offrono protezione duratura.

3.2 Interventi Manuali

In alcuni casi, l'intervento manuale può essere la soluzione migliore:

- **Rimozione Manuale:** Rimuovere manualmente i parassiti visibili come le cocciniglie o le larve di tripidi utilizzando pinzette o spazzole morbide.

- **Potatura:** Tagliare le parti infette delle piante per ridurre la diffusione di malattie e migliorare la salute generale della pianta.

3.3 Cura e Recupero

Dopo aver trattato un'infestazione, fornire cure adeguate per aiutare le piante a riprendersi:

- **Monitoraggio Post-Trattamento:** Continuare a monitorare le piante dopo il trattamento per assicurarsi che il problema sia risolto e che non vi siano ricadute.

- **Supporto Nutrizionale:** Fornire una nutrizione adeguata per supportare la ripresa delle piante. Evitare fertilizzazioni eccessive che potrebbero stressare ulteriormente le piante.

Conclusione

Il controllo delle malattie e dei parassiti nelle specie carnivore non comuni richiede un approccio integrato che combina identificazione accurata, prevenzione rigorosa e trattamenti mirati. Implementare tecniche di monitoraggio regolare, mantenere ambienti puliti e controllare le condizioni ottimali sono passaggi fondamentali per garantire la salute e la prosperità delle piante rare. Con una gestione adeguata e interventi tempestivi, è possibile mantenere una collezione di piante carnivore rare sana e vibrante.

10. Utilizzo di Terrari e Ambienti Controllati per la Coltivazione di Specie Rare

La coltivazione di specie rare di piante carnivore può rappresentare una sfida significativa, dato che molte di queste piante hanno esigenze ambientali molto specifiche che non possono essere facilmente soddisfatte negli ambienti domestici standard. L'uso di terrari e ambienti controllati è una soluzione eccellente per replicare le condizioni naturali e garantire che queste piante prosperino. Questo paragrafo esplorerà in dettaglio come utilizzare terrari e ambienti controllati per ottimizzare la crescita delle specie rare, fornendo esempi pratici e tecniche specifiche.

1. Progettazione e Costruzione di Terrari

1.1 Scelta del Terrario

Il primo passo nella coltivazione di specie carnivore rare è scegliere il tipo di terrario adatto. I terrari possono variare in dimensioni e materiali, e la scelta dipende dalle esigenze specifiche delle piante che si desidera coltivare. Ecco alcuni punti da considerare:

- **Dimensioni:** Scegli un terrario abbastanza grande da ospitare le piante senza comprometterne la crescita. Le specie rare, come alcune Nepenthes o Drosera, possono crescere molto e richiedere spazio verticale. I terrari a forma di torre o a parete possono essere adatti per queste piante.

- **Materiali:** I terrari possono essere realizzati in vetro, acrilico o plastica. Il vetro è ideale per la visualizzazione e per un ambiente ben sigillato, mentre l'acrilico e la plastica sono più leggeri e resistenti agli urti. Assicurati che il materiale scelto consenta una buona visibilità e una facile pulizia.

- **Ventilazione:** La ventilazione è cruciale per evitare l'accumulo di umidità e la formazione di muffe. I terrari dovrebbero avere prese d'aria o ventilatori integrati per garantire una circolazione dell'aria adeguata. Per piante che richiedono alta umidità, come le Utricularia, considera l'installazione di un sistema di ventilazione controllato.

1.2 Allestimento del Terrario

Una volta scelto il terrario, è importante allestirlo correttamente per soddisfare le esigenze delle specie rare:

- **Substrato:** Utilizza un substrato specifico per piante carnivore, come un mix di sfagno, sabbia e perlite. Le piante come Drosera e Nepenthes beneficiano di un substrato acido e ben drenato. Evita l'uso di terriccio normale, che può contenere nutrienti che danneggiano queste piante.

- **Illuminazione:** Fornisci un'illuminazione adeguata per simulare il ciclo giorno-notte naturale. Le lampade fluorescenti a spettro completo o le lampade a LED specifiche per piante possono imitare la luce solare e favorire la fotosintesi. Regola l'intensità e la durata dell'illuminazione in base alle esigenze della specie.

- **Umidità e Temperatura:** Installa un sistema di controllo dell'umidità, come un umidificatore o un nebulizzatore, per mantenere l'umidità relativa alta. Le piante tropicali, come la Nepenthes rafflesiana, richiedono umidità elevata e temperature calde. Utilizza un termometro e un igrometro per monitorare costantemente le condizioni.

2. Ambienti Controllati

2.1 Uso di Terrari a Ciclo Chiuso

Un terrario a ciclo chiuso può essere particolarmente efficace per le specie carnivore rare. Questo tipo di terrario crea un ambiente autosufficiente dove l'umidità e la temperatura possono essere controllate in modo preciso. Ecco come ottimizzare un terrario a ciclo chiuso:

- **Ciclo dell'Acqua:** Installa un sistema di raccolta e ricircolo dell'acqua per mantenere un ambiente umido senza eccessi. Le piante come le Utricularia possono beneficiare di un substrato costantemente umido. Aggiungi un serbatoio d'acqua sul fondo e utilizza un sistema di drenaggio per evitare ristagni.

- **Controllo Ambientale:** Utilizza un controller ambientale per regolare temperatura e umidità. Questi dispositivi possono essere programmati per mantenere le condizioni ottimali in base alle esigenze specifiche delle piante.

- **Manutenzione:** La manutenzione regolare è essenziale per il successo a lungo termine. Controlla periodicamente il sistema di ventilazione, il substrato e le condizioni generali del terrario per assicurarti che tutto funzioni correttamente.

2.2 Ambienti Specifici per Piante Tropicali e Temperate

Le piante carnivore rare possono provenire da ambienti tropicali o temperati, e ciascuno di questi ambienti richiede un trattamento specifico:

- **Piante Tropicali:** Per piante come la Nepenthes, assicurati che il terrario abbia un'alta umidità e temperature calde. Usa un riscaldatore o una lampada riscaldante per mantenere temperature stabili tra i 22 e i 30 gradi Celsius.

- **Piante Temperate:** Piante come alcune specie di Drosera possono richiedere un ciclo di dormienza invernale. Utilizza un terrario che può essere raffreddato o un'unità di refrigerazione per simulare le temperature più basse necessarie.

3. Manutenzione e Monitoraggio

3.1 Controllo Regolare

La manutenzione del terrario e dell'ambiente controllato è cruciale per la salute delle specie rare. Segui questi passaggi:

- **Ispezioni Periodiche:** Controlla regolarmente il terrario per segni di problemi come muffe, alghe o parassiti. Rimuovi prontamente le foglie morte e altri detriti.

- **Regolazioni Ambientali:** Monitora e regola la temperatura e l'umidità per mantenere le condizioni ideali. Le piante carnivore rare sono particolarmente sensibili ai cambiamenti ambientali.

3.2 Supporto alla Crescita

Offri supporto alla crescita delle piante con fertilizzanti specifici per piante carnivore, se necessario. Le esigenze nutrizionali variano a seconda della specie, e l'uso eccessivo di fertilizzanti può danneggiare le piante.

Conclusione

L'utilizzo di terrari e ambienti controllati per la coltivazione di specie rare di piante carnivore consente di replicare con precisione le condizioni naturali e ottimizzare la crescita delle piante. La scelta del terrario giusto, l'allestimento adeguato e il monitoraggio regolare sono essenziali per il successo. Con le giuste tecniche e un'attenzione ai dettagli, è possibile coltivare e curare con successo anche le specie più rare e delicate.

Vuoi un nostro libro a soli 0,99€? Ecco come fare!

Ciao!
Se ti è piaciuto questo libro, puoi ricevere il prossimo titolo **a soli 0,99€**, scegliendo tra:

- eBook
- PDF di un libro cartaceo

Segui questi semplici passaggi:

1. Condividi la tua esperienza sul sito dove hai effettuato l'acquisto.

2. Invia uno screenshot **del tuo feedback** dove si legge anche la dicitura "Acquisto verificato" a: info.testicreativi@gmail.com

3. Riceverai un codice sconto personale da utilizzare sul nostro store online, valido per ottenere il prossimo libro **a soli 0,99€**.

La tua opinione conta davvero: ogni recensione ci aiuta a crescere e permette a nuovi lettori di scoprire i nostri libri.

Grazie di cuore per il tuo tempo e buona lettura!

www.ingramcontent.com/pod-product-compliance
Lightning Source LLC
Chambersburg PA
CBHW071051240526
45471CB00015B/1418